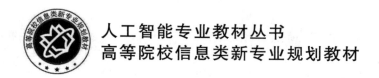

人工智能专业教材丛书

高等院校信息类新专业规划教材

图像处理与识别

（第2版）

李　珂　张洪刚　编著

U0282564

北京邮电大学出版社

www.buptpress.com

内 容 简 介

本书系统地介绍了图像处理与识别的基本概念、基本原理与方法、技术和应用实例。全书共分 10 章,内容包括绪论、图像变换、图像增强、图像编码、图像分割、图像特征分析、图像识别、目标检测、语义分割与实例分割、图像生成。本书取材新颖,论述深入浅出、简明扼要,图例丰富,注重理论与实践相结合,可作为高等学校计算机应用、自动化、图像处理与模式识别、通信与电子系统、信号与信息处理等专业学生的教材,也可作为从事图像处理与识别技术研究人员和工程技术人员的参考书。

图书在版编目(CIP)数据

图像处理与识别 / 李珂,张洪刚编著. -- 2 版. -- 北京:北京邮电大学出版社,2024.6
ISBN 978-7-5635-7221-2

Ⅰ.①图… Ⅱ.①李… ②张… Ⅲ.①图像处理—程序设计②图像识别—程序设计 Ⅳ.①TP391.413

中国国家版本馆 CIP 数据核字(2024)第 081334 号

策划编辑:彭 楠　　责任编辑:彭 楠 耿 欢　　责任校对:张会良　　封面设计:七星博纳

出版发行:北京邮电大学出版社
社　　址:北京市海淀区西土城路 10 号
邮政编码:100876
发 行 部:电话:010-62282185　传真:010-62283578
E-mail:publish@bupt.edu.cn
经　　销:各地新华书店
印　　刷:保定市中画美凯印刷有限公司
开　　本:787 mm×1 092 mm　1/16
印　　张:15.25
字　　数:409 千字
版　　次:2006 年 9 月第 1 版　2024 年 6 月第 2 版
印　　次:2024 年 6 月第 1 次印刷

ISBN 978-7-5635-7221-2　　　　　　　　　　　　　　　　　定价:45.00 元

图像是与视觉相关的最贴近我们日常生活的信息,它是客观世界的物体直接或间接作用于人眼而产生视知觉的实体。传统的图像处理技术就是指对图像进行保存、处理、压缩、传输和重现。随着信息时代的到来,用计算机处理的各种信息越来越多,多媒体信息处理技术已成为日常生活各领域的迫切需要。人们希望用计算机技术处理人类视觉问题,例如:利用人脸、指纹识别技术处理与个人有关的一切事务;利用视觉自动监控系统监视环境中发生的非常事件;利用字符识别技术实现文档图像的自动录入与处理。因此,把传统的图像处理技术与模式识别处理技术相结合是图像处理的新趋势。

本书作者多年来承担并完成了多项和图像处理与识别相关的863项目和企业合作项目,积累了丰富的科研经验,除此之外,还完成了相关的教学任务。本书内容正是多年科研和教学的成果,力求具有系统性、理论性、实用性和实时性。考虑到图像处理与识别涵盖面广、发展迅速,本书在内容上既认真选取了有代表性的经典内容,也选取了一些最新的研究成果(主要是与图像处理与识别相关的基本内容和应用)。本书既有一定的深度,也有一定的广度,在论述上力求严谨,在论证上简明扼要,并列举了大量实例使理论概念具体化。

全书共分10章,内容包括绪论、图像变换、图像增强、图像编码、图像分割、图像特征分析、图像识别、目标检测、语义分割与实例分割、图像生成。与国内同类教材相比,本书有如下几个特色。

(1) 本书除了介绍传统的图像处理技术(图像的获取、变换、增强、编码、分割等)之外,还主要讨论图像识别的相关理论、方法和最新发展,如图像的特征分析方法、识别方法、智能应用技术,具有前沿性与先进性。

(2) 本书在详细阐述理论知识的同时,还结合大量的实验数据,且很多实验数据都是作者从事图像处理工作多年的科研成果,注重理论与实践相结合。

(3) 本书介绍了图像处理技术中与智能处理有关的、代表性的思想、算法与应用,具有很强的实用性。

(4) 本书详细介绍了图像识别、目标检测、语义分割、实例分割和图像生成等最近几年的学术研究成果,具有很强的前沿性。

本书涉及面较宽、内容较新,鉴于作者水平有限,难免有不妥之处,望读者批评指正。

本书参考了众多前辈和青年学者的著作和研究论文,在此对他们表示感谢。

目 录

第 1 章

绪　　论

1.1　引　　言

图像处理与识别是一门跨学科的前沿技术,从 20 世纪 80 年代中期到 90 年代取得了突飞猛进的发展,现在已经广泛地应用在文件处理、计算机视觉、军事、生物医学、海洋、气象、金融、公安、智能交通、电子商务和多媒体网络通信等领域。

人类传递信息主要有三个渠道,分别是语言、文字和图像。从信息论的角度来看,图像所包含的信息量最大,不仅有灰度还有色彩,不仅有平面还有立体,其内容极为广泛。人类所得到的外界信息有 70% 以上来自眼睛摄取的图像。在很多场合下,没有任何其他形式比图像所传递的信息更丰富和真切。

图像处理技术始于 20 世纪 50 年代,1964 年美国喷射推进实验室使用计算机对太空船送回的大批月球照片处理后得到了清晰、逼真的图像。这是图像处理技术发展的重要里程碑。此后,图像处理技术在空间研究方面得到了广泛的应用。20 世纪 70 年代初,由于大量的研究和应用,数字图像处理已具有自己的技术特色,并形成了较完善的学科体系,从而成为一门独立的新学科。21 世纪初,深度学习特别是深度卷积神经网络的出现,极大地促进了图像处理技术的发展,图像处理技术各项任务的精度取得了跨越式的提升。

图像识别所讨论的问题,是研究如何用计算机代替人自动地处理大量的物理信息,从而部分代替人的脑力劳动。人类在识别图像的过程中总是先找出它们外形或颜色的某些特征进行比较、分析和判断,然后加以分类识别。我们在研究图像识别的时候,往往借鉴人类的思维活动,采用同样的处理方法。然而,图像的灰度与色彩是由光强和波长不同的光波所引起的,它们与景物表面的特性、方向、光线条件以及干扰等多种因素有关,在各种恶劣的工作环境里,图像与实际景物有较大的差异,因此要区分图像属于哪一类,往往需要对图像采取预处理、图像分割、特征抽取、分析、分类等一系列操作。

近 50 年来,图像处理与识别技术的发展更为深入、广泛和迅速。现在人们已充分认识到数字图像处理是认识世界、改造世界的重要手段。目前图像处理与识别技术已应用于许多领域,并已成为 21 世纪信息时代的一门重要的高新技术。

1.2　图像处理与识别的相关术语

数字图像处理系统的三个基本部件是：处理图像的计算机、图像数字化仪和图像显示设备。在其自然的形式下，图像并不能直接由计算机分析。因为计算机只能处理数字而不能处理图片，所以在用计算机处理一幅图像前必须先将其转化为数字形式。

图 1.1 表明如何用一个数字阵列来表示一个物理图像。物理图像可划分为被称作图像元素（picture element）的小区域，图像元素简称为像素（pixel）。最常见的划分方案是图中所示的方形采样网格，图像被分割成由相邻像素组成的许多水平线，赋予每个像素位置的数值反映了物理图像上对应点的亮度。

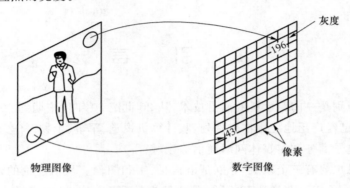

图 1.1　物理图像及对应的数字图像

图像转化的过程称为数字化，常见的形式如图 1.2 所示。在每个像素位置，对图像的亮度进行采样和量化，从而得到图像对应点上表示其亮暗程度的一个整数值。对所有的像素都进行上述转化后，图像就被表示成一个整数矩阵。每个像素具有两个属性：位置和灰度。位置（或称地址）由扫描线内的采样点的两个坐标决定，它们又称为行和列。表示该像素位置上亮暗程度的整数称为灰度。此整数矩阵就作为计算机处理的对象了。

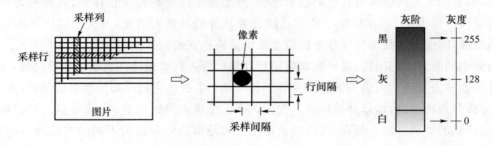

图 1.2　图像数字化

图像会以各种各样的形式出现：可视的和非可视的；抽象的和实际的；适于和不适于计算机处理的。因此意识到不同种类图像之间的区别是必要的，否则会引起混淆与误解，尤其是当具有不同概念的人们在相互交流时，这种误解尤为严重。

在定义数字图像处理前，我们必须就图像（image）一词的定义达成一致。虽然大多数人知道一幅图像是什么,但对图像却没有精确的定义。在几种韦氏(Webster)字典中,图像一词有如下定义:"物件或事物的一种表示、写真或临摹,……一个生动的或图形化的描述,……用以表示其他事物的东西。"这样,在一般的意义下,一幅图像是另一个东西的一个表示。例如,一张林肯的照片,是这位美国总统某次出现在镜头前的一个表示。

一幅图像包含了有关其所表示物体的描述信息。一张照片(photograph)以人可以看见的方式显示这一信息。注意,在上述相对较广的定义下,图像也包括人眼不能感知的各种"表示"。

图像可根据其形式或产生方法来分类。为此,引入一个集合论的方法是有益的。如果我们考虑所有物体的集合(见图 1.3),图像形成了其中的一个子集,并且在该子集中的每幅图像都和它所表示的物体存在对应关系。在图像集合中,有一个非常重要且包含了所有可见的图像(visible image),即可由人眼看见的图像的子集。该子集又包含两个由几种不同方法产生的图像的子集:一个子集为图片(picture),它包括照片(photograph)、图(drawings,指用线条画成的)和画(paintings);另一个子集为光图像(optical images),即用透镜、光栅和全息术产生的图像。

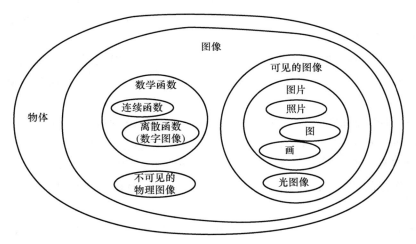

图 1.3 图像的类型

物理图像(physical images)是物质或能量的实际分布。例如,光(学)图像是光强度的空间分布,它们能被肉眼所看到,因此也是可见图像。不可见的物理图像的例子有温度、压力、高度以及人口密度等的分布图。物理图像的一个子集是多光谱图像——它的每一个点上具有不止一个局部特性。一个例子是红、绿、蓝三光谱图像,它普遍用于彩色照相和彩色电视。黑白图像在每个点只有一个亮度值,而彩色图像则在每个点具有红、绿、蓝三个亮度值。这三个值表示在不同光波段上的强度,从人眼看来就是不同的颜色。

图像的另一个子集是由连续函数和离散函数组成的抽象的数学图像,其中后一种就是能被计算机处理的数字图像。

图片(picture)是图像的一种类型。韦氏字典对图片的定义是:"由图、画或照相所产生的表示,……一个物体或事物生动的、图形的、精确的描述,从而会在人脑中产生一幅图像或给出有关事物准确的概念。"在本书中,我们将图片定义为经过合适的光照后可见的物体分布。在图像处理的行话中,它有时等价于图像一词。

数字一词与采用数字方法或离散单元进行的计算有关。如果我们定义数字图像为一个物体的数字表示(注意该物体本身也可能是图像),则像素就是离散的单元,量化的(整数)灰度就是数字量值。

处理是指让某个事物受到一个过程的作用。一个过程(process)是指能导致某个所期望目标的一系列动作或操作。对一个物体施加一系列的动作可以按照所期望的方式改变其形式。

至此,可将数字图像处理定义为:对一个物体的数字表示施加一系列的操作,以得到所期望的结果。在图片的例子中,处理可改变图片的样子使其更称心或更具吸引力,或者达到某种别的预定的目标。

为讨论方便,有必要限制一下数字图像的一般定义。如不特别指明,本书将使用这个限制的定义:数字图像指的是一个被采样和量化后的二维函数(该二维函数由光学方法产生),采用等距离矩形网格采样,对幅度进行等间隔量化。至此,一幅数字图像是一个被量化的采样数值的二维矩阵。

在进行更一般的讨论时,我们会遇到以下四种广义的图像和处理:非光(学)数字图像;高维图像(维数等于或大于3),即在每个点上定义有多于一个灰度值的多光谱图像;非均匀采样图像;非均匀量化图像。

图像经常是其所表示物体的信息的一个浓缩或概括。一般来说,一幅图像所包含的信息远比原物体的要少,因此一幅图像是该物体的一个不完全、不精确,但在某种意义上恰当的表示。

数字图像处理本来是指将一幅图像变为另一幅经过修改(改进)的图像,因此是一个由图像到图像的过程。数字图像分析则是指将一幅图像转化为一种非图像的表示,如一个测量数据集或一个决策等。例如,若一幅数字图像种包含几个物体,图像分析程序可通过对其进行分析后抽取这些物体的测度(measurements)。然而,在不太严格时,数字图像处理往往也用来兼指处理及分析。

计算机图形学(computer graphics)涉及用计算机将由概念或数学描述所表示的物体(而不是实物)图像进行处理和显示的过程,侧重点在于根据给定的物体描述模型、光照及想象中的摄像机的成像几何,生成一幅图像的过程。计算机图形学也包括"计算机艺术"(computer art),即采用数字图像系统作为媒体进行艺术创作的过程。

计算机视觉(computer vision)的目的是发展出能够理解自然景物的系统。在机器人领域中,计算机视觉为机器人提供眼睛的功能。

在更广的意义上,数字成像(digital imaging)这个词涵盖任何用计算机来操作(manipulate)与图像有关数据的技术,包括计算机图形学、计算机视觉以及数字图像处理和分析。

数字化(digitization)是将一幅图像从其原来的形式转换为数字形式的处理过程。"转换"是非破坏性的,因原始图像未被破坏掉。数字化的逆过程是显示(display),即由一幅数字图像生成一幅可见的图像,常用的等价词语有"回放"、"图像重建"、"硬拷贝"和"图像记录"。显示有两种方式:暂时的和永久的,后者产生永久的硬拷贝输出。

扫描(scanning)指对一幅图像内给定位置进行寻址,在扫描过程中,被寻址的最小单元是图像元素(picture element)，即像素(pixel)，对摄影图像进行数字化就是对胶片上一个个小斑点进行顺序扫描。在不太严格时，扫描也可以用作数字化的等价词。矩形扫描网格常称为光栅(raster)。

采样(sampling)是指在一幅图像的每个像素位置上测量灰度值。采样通常由一个图像传感元件完成，它将每个像素处的亮度转换成与其成正比的电压值。

量化(quantization)是将测量的灰度值用一个整数表示。由于数字计算机只能处理数字，因此必须将连续的测量值转化为离散的整数。在图像传感器后面，经常跟随一个电子线路的模数转换器(Analog Digital Converter，ADC)，该模数转换器可将电压值转化成一个整数。

扫描、采样和量化这三个步骤组成了称为数字化(digitization)的过程，经过数字化，我们得到一幅图像的数字表示，即数字图像。我们还可能将此过程反过来，即对数字图像进行显示。由于我们有了将一幅图像转化成数字形式，又将其返回可见形式的能力，所以就可以在所选择的图像上定义和执行数字处理过程，并观察处理的结果了。

当一个处理过程将一幅输入图像变为一幅输出图像时，必须保持两幅图像之间点的对应关系，输出图像的每个像素对应输入图像的一个像素。因此，当对输入图像的某个点，或对以该点为中心的一个邻域施加运算(operation)时，运算结果产生的灰度值将被存储在输出图像的对应点上。

对数字图像的运算(operation)可分为如下几类。第一类是全局运算，此类运算是对整幅图像进行相同的处理。第二类是点运算，其输出图像每个像素的灰度值只依赖于输入图像对应点的灰度值。点运算有时称为对比度操作或对比度拉伸。第三类是局部运算，它的输出图像上每个像素的灰度值是由输入图像中以对应像素为中心的邻域中多个像素的灰度值计算出来的。

对比度(contrast)是指一幅图像中灰度反差的大小。

噪声(noise)一般是指加法性的(也可能是乘法性的)污染。

灰度分辨率(gray-scale resolution)是指值的单位幅度上包含的灰度级数。若用 8 比特来存储一幅数字图像，则其灰度级为 256。

采样密度(sampling density)是指图像上单位长度包含的采样点数(如 pixel/mm 等)。采样密度的倒数是像素间距(pixel spacing)。

放大率(magnification)指图像中物体与其所对应的景物中物体的大小比例关系。该定义只能用于线性的几何关系中，即在图像和景物中物体可以定义相同的测量单位，且这个比例在全图中不变。放大率在数字图像处理(即将一幅数字图像变为另一幅数字图像)中是一个有意义的概念，但在物体图像和数字图像之间却没有太大的意义，此时，采样密度(或像素间距)是一个有用的概念。

1.3　图像处理与识别的发展历史

研究数字图像处理技术最早的目的是改善人类分析判断时采用的图像信息，随着计算机技术与人工智能技术的发展，这一目的演变为处理自动装置感受的景物数据，如计算机视觉

(Computer Vision)、模式识别(Pattern Recognition)等。

20 世纪 20 年代,当时是借助打印技术以及半调技术改善图像视觉质量。1946 年第一台电子计算机诞生,其由于速度慢、容量小,主要用于数值计算,还不能满足处理大数据量图像的要求。直到 20 世纪 60 年代,第三代计算机的成功研制,以及快速 Fourier 变换算法的发现和应用,才使得计算机对数字图像处理的某些应用得以实现。推进数字图像处理技术发展的最重要的应用,是于 1964 年在喷气推进实验室中进行的太空探测工作。当时,研究者们利用计算机处理"旅行者 7 号"发回的月球图像,这些图像因干扰而退化严重,其中干扰主要来源于电视摄像机的各种不同形式的、固有的图像畸变,以及在传送过程中因大气、磁场等因素带来的噪声。在航天领域发展起来的图像处理技术成为图像增强和图像复原的基础。

20 世纪 70 年代,图像处理技术在医学图像处理领域获得了极大的成功,早期的代表为自动血球计数仪。其真正的临床应用始于 1983 年,MR 设备给影像医学带来了空前的活力。由于计算机技术以及 CT(Computerized Tomography)、PET(Positron Emission Tomography)、MRI(Magnetic Resonance Imaging)等技术的发展,以及近年来图像引导手术(Image Guided Surgery)的出现等,图像处理技术在这一领域又掀起了新的研究热潮,主要研究方向有图像分割、图像校准、结构分析、运动分析、图像重建。由于医学图像处理的研究与实际应用紧密结合,世界上不少国家在这一领域投入了大量的人力和财力,并且取得了一定的成功。但是目前三维生物医学图像重建与显示仍然停留在实验阶段,并没有在临床中得到普遍应用。三维重建及生物组织的可视化的主要障碍之一是,难以实现不同生物组织的成功分割,以至于重建出的三维图像只能给人一个整体印象,医生难以依赖此三维图像深入到各个生物组织中进行研究。

20 世纪 80 年代,各种图像处理专用硬件迅速发展,三维(3-D)图像获取设备研制成功,图像自动分析系统进入商业应用,使得图像处理技术得到更为广泛的重视。进入 20 世纪 90 年代,多媒体计算机的研究和应用使图像处理技术出现了新的热点,如图像信息压缩、图像传输、图像数据库、虚拟现实等。目前自动景物分析与理解是最困难的课题,该研究领域不仅对计算机的速度、体系结构提出了新的挑战,还对人脑的认知研究提出了新的挑战。

总而言之,经过几十年的发展,数字图像处理技术不仅替代了人类的部分工作,还延伸了人类的能力,目前至少在以下方面做出了显著的成绩。

① 从可见光谱扩展到各波段:如遥感图像的多光谱处理、雷达波段的侧视雷达遥感图像处理、红外波段的图像处理(如夜视仪、热像仪等)、超声图像处理等。

② 从静止图像到运动图像的处理:如运动模糊图像的恢复、心脏搏动序列图像的处理、对运动目标的跟踪、巡航导弹的地形识别及瞄准等。

③ 从物体的外部到物体的内部图像的处理:如人体的无损检测、密封零件的无损检测等。

④ 从整体到局部图像的处理(ROI 技术):有选择性地对人类感兴趣的局部图像进行处理,如空间、灰度、颜色、频域都可以开窗口进行加工处理(如放大、变换、校正等)。

⑤ 提取图像中特征的处理:从图像中抽出感兴趣的区域、物体等,并以特征的形式表示,以便计算机识别、控制。

⑥ 人工智能化的图像处理:用计算机去理解图像并进行景物分析,即计算机视觉系统(如机动车自动驾驶系统和机器人的视觉操纵系统等)。

1.4　图像处理与识别的应用领域

1. 遥感技术领域

遥感图像处理已越来越普及,并且其效率和分辨率也越来越高。它被广泛地应用于土地测绘、资源调查、气象检测、环境污染监督、农作物估产和军事侦察等领域。目前遥感技术比较成熟,但是还必须解决其数据量庞大、处理速度慢的问题。

2. 军事领域

图像处理技术在军事上的应用主要是侦察、监视、制导等工作。目前的应用重点包括:巡航导弹地形识别;侧视雷达地形侦察;遥控飞行器引导;目标识别与制导;替戒系统与自动火炮控制;反伪装侦察;等等。

（1）侦察与监视（reconnaissance）

各种遥感技术是实施侦察的必要手段,其发展对获取情报的速度、可靠性和效率有重要作用。如伊拉克战争中无人机大量参战,这些无人机主要用于侦察。在空中成像侦察遥感装置中,可见光相机占主要地位,此外还有红外扫描仪、多谱段相机、电视、侧视雷达等。目前的图像自动分析能力还很弱,完整的侦察情报要在地面上经过判读或处理后获得,因此该方向的主要研究任务是遥感成像设备、图像编码技术、图像传输技术等。无人机作战已经成为美军新的需求重点,因此目标自动识别也将成为研究重点。

（2）制导（guidance）

制导指导弹、太空飞行器以及炮弹、航弹、鱼雷等为达到预定的目的所需要的信息收集、变换和执行过程。制导系统主要由测量、计算与执行装置三部分组成。测量装置用于测量导弹和目标的相对位置或速度。绝大多数战术或精确制导武器,利用目标的反射或辐射特征测量其位置或相对位置参数,因而光学、微波和激光遥感技术在制导系统中得到了广泛应用。该领域的研究关键是成像设备、实时图像处理设备、高速通信设备等。

地图匹配制导（map matching guidance）指利用导弹飞行地面轨迹若干地段的地面特征图,修正制导误差的一种制导系统。在导弹上预先存储有规划路径的地面特征图,在导弹飞行过程中,将其上遥感设备实测的地面特征图与存储的特征图做相关匹配检测,由检测的飞行轨迹误差计算出修正导弹飞行的指令,提交给控制执行机构,纠正导航航向,使之飞向预定目标。这种制导系统与惯性制导相结合用于巡航导弹上,可修正导弹中段和末段制导误差,进一步提高命中精度。制导中可利用的地面特征有很多,如地形等高线、毫米波或红外辐射、磁力线分布、地面景象等,从而发展出了各种地图匹配制导系统,如微波雷达图像、合成孔径雷达图像、毫米波雷达图像、地磁力线图像、红外辐射图像等。

3. 公安（Public Security）领域

公安领域的主要应用成果有:指纹自动识别;罪犯脸型的自动合成;手迹、人像、印章的鉴定与识别;过期档案文字的复原;集装箱的不开箱检查;等等。

自从"9·11"事件之后,公共安全技术的开发受到前所未有的重视,其中最有希望、最具发展潜力、最可靠的是基于生物识别技术的身份识别。比尔·盖茨断言,生物识别技术将成为今后几年信息产业的重要革新。

每个人的生理行为特征都是独一无二、不可重复的,如虹膜、指纹、面孔等几乎都是不可伪造的,是最好的天然密码。"生物统计学"就是通过测量个体身上与众不同的生物学特征来识别身份的一门科学。"生物识别技术"就是应用生物统计学的原理,通过计算机,利用人类自身的生理行为特征进行身份认证的一种技术。该技术的核心是设法获取人类的生物特征,并将获取的生物特征转换为数字信息存储在电脑中,然后利用可靠的方法完成个人身份的验证与识别。生物识别技术在银行、机场、保密机构等保密要求高的地方具有广阔的应用前景。目前已经进入商业化阶段的研究对象主要有指纹、掌形、虹膜、面孔、声音、签名、基因等,其中对指纹、掌形、虹膜、面孔以及签名的识别都基于图像处理技术。

4. 科学研究(Science Research)领域

图像处理技术为现代的科学研究提供了极好的辅助手段。例如考古学中文物的鉴定与修复等,又如天文学中图片的复原与散焦误差的校正。在其他科学研究领域,如化学、物理学、气象学中,数字图像处理也发挥着积极的辅助作用。

5. 生产自动化与工业自动化领域

生产自动化与工业自动化也是图像处理技术的应用领域。要实现无人工厂,自动化的检测手段是不可缺少的,利用图像处理技术,可以很好地完成产品质量检测、过程控制等工作。已经实现的主要应用有:CAD 和 CAM 技术(用于模具、零件制造业以及服装、印染业);零件、产品无损检测;焊缝及内部缺陷检查;流水线零件自动检测识别(供装配流水线使用);印刷板质量、缺陷检测;生产过程监控;交通管制;电视监控;金相分析;光弹现场分析;标志、符号识别,如超级市场算账、火车车皮识别;车、船的视觉反馈控制;密封元器件内部的质量检查;等等。

6. 机器人视觉(Robot Vision)领域

机器人视觉是图像处理理论研究的一个重要领域,目前主要的研究工作包括仿人眼视觉、视频感知、视频导航、手眼协调等。需要注意的是,在人工智能领域,"机器人"具有很广的含义,泛指具有一定人类智能的机器,而不要求一定具有人类的形体。如车辆自动驾驶系统、类人机器人视觉系统等。

7. 文件处理(File Manipulation)领域

文件处理是已经取得成功商业应用的一个领域,主要的研究工作包括文件的自动识别、文件的存储、文件的检索以及文件的显示等。我国已经开发出许多文字自动识别系统,如"汉王"等。文件存储重点在于图像压缩,使用尽可能少的数据量保存尽可能多的图像信息。文件检索的重点在于基于内容的检索,比如选出包含汽车的所有图片,这是传统的基于字符串的检索方式所无法实现的,其关键技术为图像的分析与理解技术。相关的应用包括:支票、签名或文件的识别及辨伪;邮件自动分拣、包裹分拣识别;图像数据库技术;等等。

8. 其他应用领域

图像处理与计算机图形学的结合,是计算机辅助设计的主要基础和发展方向,在虚拟现实等的研究中,对增强场景真实感、减少计算量起着关键的作用。数字图像处理技术在娱乐业中的应用使得娱乐产品的视觉效果和制作方式发生了革命性的变化,特技电影(如《哈利·波特》、《指环王》等)的大部分镜头都是由数字特技师完成的。该应用的研究重点是图像增强技术、图像压缩编码等。此外,VCD、DVD、可视电话、网络多媒体、图文电视等都受益于数字编码技术。

随着图像处理与识别技术和计算机、多媒体、智能机器人、专家系统等技术的不断发展,脑科学、认知理论的不断创新,以及新的应用领域的不断出现,图像处理与识别技术对社会的贡献将难以估计。

习　题　1

1. 图像处理的方法有哪些？结合实际谈谈其具体应用。

2. 了解文字自动识别系统的工作过程,介绍图像处理与识别在文字自动识别系统中的作用。

3. 图像处理与识别在智能交通中有何应用？

4. 图像处理与识别的发展方向是什么？

第 2 章

图 像 变 换

图像变换广泛应用于图像滤波、图像数据压缩以及图像描述等,对它的研究在 20 世纪 60 年代末到 70 年代初十分活跃。图像变换的研究主要受到太空飞行所取得成就的大力推动:首先,它需要一种高效的图像数据传送技术;其次,传送的图像的某一部分或者全部经常会受到破坏。

原则上,所有图像处理都是图像的变换,而本章所谓的图像变换特指数字图像经过某种数学工具的处理,把原先二维空间域中的数据,变换到另外一个"变换域"形式描述的过程。例如,傅里叶变换将时域或空域信号变换成频域的能量分布描述。傅里叶变换后频域能量的平均值正比于图像灰度的平均值,高频分量指示图像中目标的边缘信息。利用这些性质可以从图像中抽取特征。又如在变换域中,图像能量往往集中在少数项上,或者说能量主要集中在低频分量上,这时对低频成分分配较多的比特数,对高频成分分配较少的比特数,即可实现图像数据的压缩编码。

对任何图像信号进行处理都会不同程度改变图像信号频率成分的分布,因此,信号的频域(变换域)分析和处理是重要的技术手段,而且,有一些在空间域不容易实现的操作,可以在频域(变换域)中简单、方便地完成。

如上所述,图像变换是将 $N \times N$ 维空间图像数据变换成另外一组基向量空间(通常是正交向量空间)的坐标参数,我们希望这些离散图像信号坐标参数更集中地代表了图像中的有效信息,或者更便于达到某种处理目的。

2.1 傅里叶变换

2.1.1 连续傅里叶变换

图像变换的实质就是将图像从一个空间变换到另一个空间,各种变换的不同之处关键在于变换的基向量不同。傅里叶变换可以将一维信号从时间域变换到频率域,对一个正弦信号进行傅里叶变换后,可得到它的频率分布零频(直流分量)和基频。

一维傅里叶变换的定义如下:

$$F(u) = \int_{-\infty}^{+\infty} f(x) \cdot e^{-j2\pi ux} dx \tag{2.1}$$

一维傅里叶逆变换的定义如下:

$$f(x) = \int_{-\infty}^{+\infty} F(u) \cdot e^{j2\pi ux} dx \tag{2.2}$$

通常把式(2.1)和式(2.2)称为傅里叶变换对。$F(u)$包含正弦和余弦项的无限项的和,u称为频率变量,它的每一个值确定了所对应的正弦-余弦对的频率。

根据尤拉公式

$$e^{-j2\pi ux} = \cos 2\pi ux - j\sin 2\pi ux \tag{2.3}$$

傅里叶变换系数可以写成下面的复数和极坐标形式:

$$F(u) = R(u) + jI(u) = |F(u)| e^{j\phi(u)} \tag{2.4}$$

其中,傅里叶谱(幅值函数)为

$$|F(u)| = [R^2(u) + I^2(u)]^{\frac{1}{2}} \tag{2.5}$$

相角为

$$\phi(u) = \tan^{-1}\left[\frac{I(u)}{R(u)}\right] \tag{2.6}$$

能量谱为

$$E(u) = |F(u)|^2 = R^2(u) + I^2(u) \tag{2.7}$$

在数字图像处理中,输入和输出通常是二维的,前面对一维函数的傅里叶变换的定义容易推广到二维函数的情况。如果二维函数 $f(x,y)$ 满足狄利克雷条件,那么傅里叶变换存在,连续二维函数的傅里叶变换的定义如下。

二维函数的傅里叶正变换为

$$F(u,v) = \int_{-\infty}^{\infty}\int_{-\infty}^{\infty} f(x,y)e^{-j2\pi(ux+vy)} dxdy \tag{2.8}$$

二维函数的傅里叶逆变换为

$$f(x,y) = \int_{-\infty}^{\infty}\int_{-\infty}^{\infty} F(u,v)e^{j2\pi(ux+vy)} dudv \tag{2.9}$$

二维函数的傅里叶谱为

$$|F(u,v)| = [R^2(u,v) + I^2(u,v)]^{\frac{1}{2}} \tag{2.10}$$

二维函数的傅里叶变换的相角为

$$\phi(u,v) = \tan^{-1}\left[\frac{I(u,v)}{R(u,v)}\right] \tag{2.11}$$

二维函数的傅里叶变换的能量谱为

$$E(u,v) = |F(u,v)|^2 = R^2(u,v) + I^2(u,v) \tag{2.12}$$

以上公式中的参数(x,y)表示图像坐标,(u,v)称为空间坐标。

例 1:求图 2.1 所示函数的傅里叶谱。

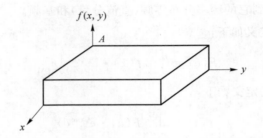

图 2.1 函数 $f(x,y)$

$$f(x,y) = \begin{cases} A, & 0 \leqslant x \leqslant X, 0 \leqslant y \leqslant Y \\ 0, & x > X, x < 0; y > Y, y < 0 \end{cases}$$

$$\begin{aligned} F(u,v) &= \int_{-\infty}^{+\infty} \int_{-\infty}^{+\infty} f(x,y) e^{-j2\pi(ux+vy)} \, dx \, dy \\ &= \int_0^X \int_0^Y A e^{-j2\pi(ux+vy)} \, dx \, dy \\ &= A \int_0^X e^{-j2\pi ux} \, dx \int_0^Y e^{-j2\pi vy} \, dy \\ &= A \left[-\frac{e^{-j2\pi ux}}{j2\pi u} \right]_0^X \left[-\frac{e^{-j2\pi vy}}{j2\pi v} \right]_0^Y \\ &= \left(-\frac{A}{j2\pi u} \right) [e^{-j2\pi ux} - 1] \left(-\frac{1}{j2\pi v} \right) [e^{-j2\pi vy} - 1] \\ &= AXY \left[\frac{\sin(\pi uX) e^{-j\pi ux}}{\pi uX} \right] \left[\frac{\sin(\pi vY) e^{-j\pi vy}}{\pi vY} \right] \end{aligned}$$

其傅里叶谱表示如下：

$$|F(u,v)| = AXY \left| \frac{\sin(\pi uX)}{\pi uX} \right| \left| \frac{\sin(\pi vY)}{\pi vY} \right| \tag{2.13}$$

2.1.2 离散傅里叶变换

1. 离散傅里叶变换的定义

由于实际问题的时间或空间函数的区间是有限的,或者是频谱有截止频率,或者是在横坐标超过一定范围时函数值已趋于 0 而可以略去不计,所以可将 $f(x)$ 和 $F(u)$ 的有效宽度同样等分为 N 个小间隔,对连续傅里叶变换进行近似的数值计算,得到离散傅里叶变换的定义。

一维离散傅里叶正变换为

$$F(u) = \frac{1}{N} \sum_{x=0}^{N-1} f(x) \exp(-j2\pi ux/N) \tag{2.14}$$

一维离散傅里叶逆变换为

$$f(x) = \sum_{u=0}^{N-1} F(u) \exp(j2\pi ux/N) \tag{2.15}$$

对于 $M \times N$ 的图像,二维离散傅里叶变换为

$$F(u,v) = \frac{1}{MN} \sum_{x=0}^{M-1} \sum_{y=0}^{N-1} f(x,y) \exp\left[-j2\pi \left(\frac{ux}{M} + \frac{vy}{N} \right) \right] \tag{2.16}$$

$$f(x,y) = \sum_{u=0}^{M-1} \sum_{v=0}^{N-1} F(u,v) \exp\left[j2\pi\left(\frac{ux}{M} + \frac{vy}{N}\right)\right] \tag{2.17}$$

对于 $N \times N$ 的图像，二维离散傅里叶变换为

$$F(u,v) = \frac{1}{N^2} \sum_{x=0}^{N-1} \sum_{y=0}^{N-1} f(x,y) \exp\left[-j2\pi\left(\frac{ux + vy}{N}\right)\right] \tag{2.18}$$

$$f(x,y) = \sum_{u=0}^{N-1} \sum_{v=0}^{N-1} F(u,v) \exp\left[j2\pi\left(\frac{ux + vy}{N}\right)\right] \tag{2.19}$$

2. 离散傅里叶变换的性质

性质 1：可分离性

$$\begin{aligned}
F(u,v) &= \frac{1}{N^2} \sum_{x=0}^{N-1} \sum_{y=0}^{N-1} f(x,y) \exp\left[-j2\pi\left(\frac{ux + vy}{N}\right)\right] \\
&= \frac{1}{N^2} \sum_{x=0}^{N-1} \exp\left(-j2\pi\frac{ux}{N}\right) \sum_{y=0}^{N-1} f(x,y) \exp\left(-j2\pi\frac{vy}{N}\right) \\
&= \frac{1}{N} \sum_{x=0}^{N-1} F(x,v) \exp\left(-j2\pi\frac{ux}{N}\right)
\end{aligned} \tag{2.20}$$

二维傅里叶变换可分解成两个方向的一维变换顺序执行。

性质 2：平移性

空间域平移：

$$f(x-x_0, y-y_0) \Leftrightarrow F(u,v) \exp\left[-j2\pi\left(\frac{ux_0 + vy_0}{N}\right)\right] \tag{2.21}$$

频率域平移：

$$f(x,y) \exp\left[j2\pi\left(\frac{u_0 x + v_0 y}{N}\right)\right] \Leftrightarrow F(u-u_0, v-v_0) \tag{2.22}$$

当 $u_0 = v_0 = N/2$ 时，有

$$\exp[j2\pi(u_0 x + v_0 y)/N] = e^{j\pi(x+y)} = (-1)^{x+y}$$

$$f(x,y)(-1)^{x+y} \Leftrightarrow F(u-N/2, v-N/2) \tag{2.23}$$

式(2.23)说明，如果将图像的频谱的原点从起始点 $(0,0)$ 移到中心点 $(N/2, N/2)$，简单地用 $(-1)^{x+1}$ 乘以 $f(x,y)$，就可以将 $f(x,y)$ 的傅里叶变换的原点移动到相应 $N \times N$ 频率方阵的中心。图 2.2～图 2.4 说明了图像平移前后频率的分布情况。

图 2.2　原始图像

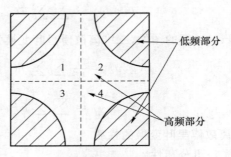

(a) 未平移的实际图像的二维傅里叶频谱　　　(b) 未平移的图像频率分布

图 2.3　未平移的实际图像的二维傅里叶频谱和未平移的图像频率分布

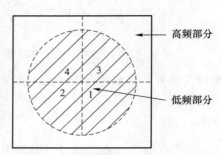

(a) 平移后的频谱　　　　　(b) 平移后各部分的平移位置变化

图 2.4　平移后的频谱和平移后各部分的平移位置变化

性质 3:周期性及共轭对称性

离散的傅里叶变换和它的逆变换具有周期为 N 的周期性:

$$F(u,v)=F(u+N,v)=F(u,v+N)=F(u+mN,v+nN)$$
$$f(x,y)=f(x+mN,y+nN) \tag{2.24}$$

其中 $m,n=0,\pm1,\pm2,\cdots$。

图像函数 $f(x,y)$ 一般是正实数,其傅里叶变换是复数。在变换域内,每个变换系数都有实数和虚数两个分量,整个变换场将具有 $2N^2$ 个分量。这样,我们会自然想到傅里叶变换要增加维数。然而,实际情况并非如此,因为傅里叶变换具有共轭对称性,只要求出一半阵元,便可知道整个变换域。

离散傅里叶变换的共轭对称性:

$$F(mN-u,nN-v)=F^*(u,v),\quad m,n=0,\pm1,\pm2,\cdots \tag{2.25}$$

性质 4:旋转性质

将平面直角坐标改写成极坐标形式:

$$\begin{cases} x=r\cos\theta \\ y=r\sin\theta \end{cases}$$
$$\begin{cases} u=\omega\cos\varphi \\ v=\omega\sin\varphi \end{cases}$$

做代换有 $f(x,y)\rightarrow f(r,\theta)\Leftrightarrow F(\omega,\varphi)$。

如果 $f(x,y)$ 被旋转 θ_0,则 $F(u,v)$ 被旋转同一角度。即有傅里叶变换对:

$$f(r,\theta+\theta_0)\Leftrightarrow F(\omega,\varphi+\theta_0) \tag{2.26}$$

图 2.5 为傅里叶变换旋转不变性的示例。

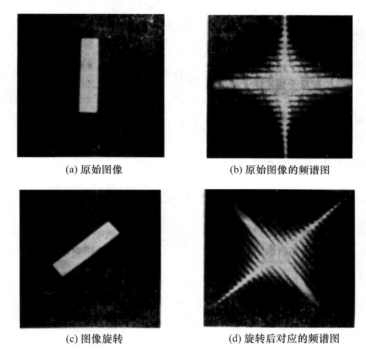

(a) 原始图像　　　　　　　(b) 原始图像的频谱图

(c) 图像旋转　　　　　　　(d) 旋转后对应的频谱图

图 2.5　旋转不变性示例

性质 5：线性性质

如果 $f_1\Leftrightarrow F_1, f_2\Leftrightarrow F_2$，则有

$$af_1(x,y)+bf_2(x,y)\Leftrightarrow aF_1(u,v)+bF_2(u,v) \tag{2.27}$$

性质 6：$F(0,0)$ 与图像均值的关系

二维图像灰度均值的定义为

$$\bar{f}(x,y)=\frac{1}{N^2}\sum_{x=0}^{N-1}\sum_{y=0}^{N-1}f(x,y) \tag{2.28}$$

而傅里叶变换变换域原点的频谱分量为

$$F(0,0)=\frac{1}{N}\sum_{x=0}^{N-1}\sum_{y=0}^{N-1}f(x,y) \tag{2.29}$$

所以 $\bar{f}(x,y)=\frac{1}{N}F(0,0)$，即 $F(0,0)$ 的数值 N 倍于图像灰度均值。

性质 7：图像拉普拉斯算子处理后的傅里叶变换

图像拉普拉斯算子处理的定义为

$$\nabla^2 f(x,y)=\frac{\partial^2 f}{\partial x^2}+\frac{\partial^2 f}{\partial y^2} \tag{2.30}$$

则图像拉普拉斯算子处理后的傅里叶变换对为

$$F\{\nabla^2 f(x,y)\}\Leftrightarrow-(2\pi)^2(u^2+v^2)F(u,v) \tag{2.31}$$

性质 8：卷积与相关定理

卷积定理：

一维序列的卷积运算定义为

$$y(n) = \sum_{k=-\infty}^{+\infty} x(k) \cdot h(n-k) = x(n) * h(n) \tag{2.32}$$

当 $f(x) \Leftrightarrow F(u)$, $g(x) = G(u)$ 时,则有

$$f(x) * g(x) \Leftrightarrow F(u) \cdot G(u), \quad f(x) \cdot g(x) \Leftrightarrow F(u) * G(u) \tag{2.33}$$

注意,在用傅里叶变换计算卷积时,由于函数被周期化,为了保证卷积结果正确,计算过程中两个序列长度 N_1,N_2 都要补零加长为 $N_1 + N_2 - 1$。二维图像序列卷积定理的定义和计算过程与一维情况相同。 $*$ 为卷积符号。

相关定理:

一维、二维两个离散序列的相关可以写作

$$r(k) = f(x) \circ g(x) = \sum_{x=0}^{N-1} f(x) \cdot g(x+k) \tag{2.34}$$

$$r(m,n) = f(x,y) \circ g(x,y) = \sum_{x=0}^{A-1} \sum_{y=0}^{B-1} f(x,y) \cdot g(x+m, y+n) \tag{2.35}$$

则有相关定理

$$f(x) \circ g(x) \Leftrightarrow F^*(\omega) \cdot G(\omega) \tag{2.36}$$

$$f(x,y) \circ g(x,y) \Leftrightarrow F^*(u,v) \cdot G(u,v) \tag{2.37}$$

$$f(x,y) \cdot g^*(x,y) \Leftrightarrow F(u,v) \circ G(u,v) \tag{2.38}$$

2.1.3 快速傅里叶变换

随着计算机技术和数字电路的迅速发展,在信号处理中使用计算机和数字电路的趋势越来越明显。离散傅里叶变换已成为数字信号处理的重要工具。然而,它的计算量较大,运算时间长,这在某种程度上限制了它的使用范围。快速算法大大提高了运算速度,在某些应用场合已能做到实时处理,并且开始应用于控制系统。快速傅里叶变换并不是一种新的变换,它是离散傅里叶变换的一种算法。这种算法是在分析离散傅里叶变换中的多余运算的基础上,进而消除这些重复工作的思想指导下得到的,所以在运算中大大节省了工作量,达到了快速运算的目的。

由一维傅里叶变换入手,换一种表示方法:

$$F(u) = \frac{1}{N} \sum_{x=0}^{N-1} f(x) W_N^{ux} \tag{2.39}$$

其中 $W_N = \exp[-j2\pi/N]$。

假定 $N = 2^n$,则 $N = 2M$,

$$
\begin{aligned}
F(u) &= \frac{1}{2M} \sum_{x=0}^{2M-1} f(x) W_{2M}^{ux} \\
&= \frac{1}{2} \left[\frac{1}{M} \sum_{x=0}^{M-1} f(2x) W_{2M}^{u(2x)} + \frac{1}{M} \sum_{x=0}^{M-1} f(2x+1) W_{2M}^{u(2x+1)} \right] \\
&= \frac{1}{2} \left[\frac{1}{M} \sum_{x=0}^{M-1} f(2x) W_M^{ux} + \frac{1}{M} \sum_{x=0}^{M-1} f(2x+1) W_M^{ux} W_{2M}^{u} \right]
\end{aligned}
\tag{2.40}
$$

定义

$$F_{偶}(u) = \frac{1}{M}\sum_{x=0}^{M-1}f(2x)W_M^{ux}, F_{奇}(u) = \frac{1}{M}\sum_{x=0}^{M-1}f(2x+1)W_M^{ux}, \quad u = 0,1,2,\cdots,M-1$$

$$(2.41)$$

则

$$F(u) = \frac{1}{2}\left[F_{偶}(u) + F_{奇}(u)W_{2M}^u\right] \tag{2.42}$$

因为

$$W_M^{u+M} = W_M^u, \quad W_{2M}^{u+M} = -W_{2M}^u$$

所以

$$F(u+M) = \frac{1}{2}\left[F_{偶}(u) - F_{奇}(u)W_{2M}^u\right] \tag{2.43}$$

傅里叶变换的快速计算示意图如图 2.6 所示。

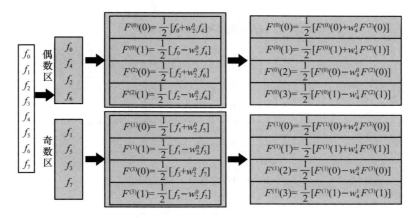

图 2.6　傅里叶变换的快速计算示意图($N=8$)

一维傅里叶变换为

$$F(u) = \frac{1}{N}\sum_{x=0}^{N-1}f(x)\exp\left[-\mathrm{j}2\pi ux/N\right] \tag{2.44}$$

其逆变换为

$$f(x) = \sum_{u=0}^{N-1}F(u)\exp\left[\mathrm{j}2\pi ux/N\right] \tag{2.45}$$

则有

$$\frac{1}{N}f^*(x) = \frac{1}{N}\sum_{u=0}^{N-1}F^*(u)\exp\left[-\mathrm{j}2\pi ux/N\right] \tag{2.46}$$

对于二维情况:

$$f^*(x,y) = \frac{1}{N}\sum_{u=0}^{N-1}\sum_{v=0}^{N-1}F^*(u,v)\exp\left[-\mathrm{j}2\pi(ux+vy)/N\right] \tag{2.47}$$

2.2　离散余弦变换

从第一节内容我们可以看到,傅里叶变换用无穷区间上的复正弦基函数和信号的内积描述信号中的总体频率分布,或者是将信号向不同频率变量的基函数矢量投影。实际上,基函数可以是其他类型,相当于用不同类型的基函数去分解信号(图像)。离散余弦变换(Discrete Cosine Transform,DCT)是其中常用的一种。

设离散序列 $f(x)$,$x=0,1,\cdots,N-1$ 为一离散序列,根据下式延拓成偶对称序列 $f_s(x)$:

$$f_s\left(x+\frac{1}{2}\right)=f(x) \quad 且 \quad f_s(x)=f_s(-x-1)$$

其中 $x=-N,\cdots,0,\cdots,N-1$。$f_s(x)$ 是以 $x=-\frac{1}{2}$ 为中心的偶对称序列,如图 2.7 所示。

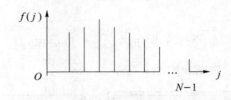

(a) 离散序列 $f(x)$ 的示意图

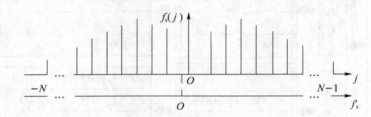

(b) 偶对称序列 $f_s(x)$ 的示意图

图 2.7　一维 DCT 偶对称示意图

以 $x=x'-\frac{1}{2}$ 代入,在 $x'\in\left[-N+\frac{1}{2},N-\frac{1}{2}\right]$ 范围内作 $2N$ 点的傅里叶变换:

$$
\begin{aligned}
F(u) &= \frac{1}{\sqrt{2N}}\sum_{x'=-N+\frac{1}{2}}^{N-\frac{1}{2}} f_s(x')\exp\left(-\mathrm{j}2\pi\frac{ux'}{2N}\right) \\
&= \frac{1}{\sqrt{2N}}\sum_{x=-N}^{N-1} f(x)\exp\left[-\mathrm{j}2\pi\frac{u\left(x+\frac{1}{2}\right)}{2N}\right] \\
&= \frac{1}{\sqrt{2N}}\left\{\left(\sum_{x=-N}^{-1}+\sum_{x=0}^{N-1}\right)f(x)\exp\left[-\mathrm{j}\frac{\pi u(2x+1)}{2N}\right]\right\} \\
&= \frac{1}{\sqrt{2N}}\sum_{x=0}^{N-1} f(x)\exp\left[\mathrm{j}\frac{\pi u(2x+1)}{2N}\right]+\frac{1}{\sqrt{2N}}\sum_{x=0}^{N-1} f(x)\exp\left[-\mathrm{j}\frac{\pi u(2x+1)}{2N}\right] \\
&= \frac{2}{\sqrt{2N}}\sum_{x=0}^{N-1} f(x)\cos\left[\frac{\pi u(2x+1)}{2N}\right] \\
&= \sqrt{\frac{2}{N}}\sum_{x=0}^{N-1} f(x)\cos\left[\frac{\pi u(2x+1)}{2N}\right]
\end{aligned}
$$

(2.48)

余弦变换的变换核为

$$g(u,x) = \sqrt{\frac{2}{N}}\cos\left[\frac{\pi u(2x+1)}{2N}\right] \tag{2.49}$$

表示成矩阵形式为(其中各列模为 1)

$$[g(u,x)] = \sqrt{\frac{2}{N}}\begin{bmatrix} 1 & 1 & \cdots & 1 \\ \cos\dfrac{\pi}{2N} & \cos\dfrac{3\pi}{2N} & \cdots & \cos\dfrac{(2N-1)\pi}{2N} \\ \vdots & \vdots & & \vdots \\ \cos\dfrac{(N-1)\pi}{2N} & \cos\dfrac{3(N-1)\pi}{2N} & \cdots & \cos\dfrac{(2N-1)(N-1)\pi}{2N} \end{bmatrix}$$

$$= \sqrt{\frac{2}{N}}\begin{bmatrix} \dfrac{1}{\sqrt{2}} & \dfrac{1}{\sqrt{2}} & \cdots & \dfrac{1}{\sqrt{2}} \\ \cos\dfrac{\pi}{2N} & \cos\dfrac{3\pi}{2N} & \cdots & \cos\dfrac{(2N-1)\pi}{2N} \\ \vdots & \vdots & & \vdots \\ \cos\dfrac{(N-1)\pi}{2N} & \cos\dfrac{3(N-1)\pi}{2N} & \cdots & \cos\dfrac{(2N-1)(N-1)\pi}{2N} \end{bmatrix} \tag{2.50}$$

偶余弦变换(Even Discrete Cosine Transform,EDCT)和逆变换的定义为

$$\begin{cases} F_c(0) = \dfrac{1}{\sqrt{N}}\displaystyle\sum_{x=0}^{N-1} f(x) \\ F_c(u) = \sqrt{\dfrac{2}{N}}\displaystyle\sum_{x=0}^{N-1} f(x)\cos\left[\dfrac{\pi u(2x+1)}{2N}\right] \end{cases}$$

$$f(x) = \sqrt{\frac{1}{N}}F(0) + \sqrt{\frac{2}{N}}\sum_{x=0}^{N-1} F(u)\cos\frac{\pi u(2x+1)}{2N} \tag{2.51}$$

其中 $u = 1,2,\cdots,N-1$ 是广义频率变量。

二维余弦变换为

$$F_c(u,v) = \frac{2}{N}\sum_{x=0}^{N-1}\sum_{y=0}^{N-1} f(x,y)\cos\left(\frac{\pi u(2x+1)}{2N}\right)\cos\left(\frac{\pi v(2y+1)}{2N}\right) \tag{2.52}$$

二维余弦变换具有可分离性:

$$F_c(u,v) = \sqrt{\frac{2}{N}}\sum_{x=0}^{N-1}\left\{\sqrt{\frac{2}{N}}\sum_{y=0}^{N-1} f(x,y)\cos\left(\frac{\pi v(2y+1)}{2N}\right)\right\}\cos\left(\frac{\pi u(2x+1)}{2N}\right) \tag{2.53}$$

表示成矩阵形式为

$$\boldsymbol{V} = \sqrt{\frac{2}{N}}\begin{bmatrix} \dfrac{1}{\sqrt{2}} & \dfrac{1}{\sqrt{2}} & \cdots & \dfrac{1}{\sqrt{2}} \\ \cos\dfrac{\pi}{2N} & \cos\dfrac{3\pi}{2N} & \cdots & \cos\dfrac{(2N-1)\pi}{2N} \\ \vdots & \vdots & & \vdots \\ \cos\dfrac{(N-1)\pi}{2N} & \cos\dfrac{3(N-1)\pi}{2N} & \cdots & \cos\dfrac{(2N-1)(N-1)\pi}{2N} \end{bmatrix} \tag{2.54}$$

余弦变换可以利用傅里叶变换实现:

$$\begin{aligned} F_c(u) &= \sqrt{\frac{2}{N}}\sum_{x=0}^{N-1} f(x)\cos\left[\frac{\pi u(2x+1)}{2N}\right] \\ &= \sqrt{\frac{2}{N}}\mathrm{Re}\left\{\sum_{x=0}^{N-1} f(x)\exp\left[-\mathrm{j}\frac{\pi u(2x+1)}{2N}\right]\right\} \end{aligned} \tag{2.55}$$

将 $f(x)$ 延拓为

$$f_e(x) = \begin{cases} f(x), & x=0,1,\cdots,N-1 \\ 0, & x=N,N+1,\cdots,2N-1 \end{cases} \tag{2.56}$$

则有

$$F_c(0) = \sum_{x=0}^{2N-1} f_e(x) \tag{2.57}$$

$$\begin{aligned} F_c(u) &= \sqrt{\frac{2}{N}} \sum_{x=0}^{2N-1} f_e(x) \cos\left(\frac{\pi u(2x+1)}{2N}\right) \\ &= \sqrt{\frac{2}{N}} \mathrm{Re}\left\{ \sum_{x=0}^{2N-1} f_e(x) \exp\left[-j\frac{\pi u(2x+1)}{2N}\right] \right\} \\ &= \sqrt{\frac{2}{N}} \mathrm{Re}\left\{ \exp\left(-j\frac{\pi u}{2N}\right) \sum_{x=0}^{2N-1} f_e(x) \exp\left(-j\frac{2\pi ux}{2N}\right) \right\} \end{aligned} \tag{2.58}$$

借助于傅里叶变换计算余弦变换的步骤如下：

① 把 $f(x)$ 延拓成 $f_e(x)$，长度为 $2N$；

② 求 $f_e(x)$ 的 $2N$ 点的快速傅里叶变换(Fast Fourier Transform,FFT)；

③ 对 u 各项乘上对应的因子 $\sqrt{2}\exp\left(-j\dfrac{\pi u}{2N}\right)$；

④ 取实部，并乘上因子 $\sqrt{\dfrac{1}{N}}$；

⑤ 取 $F(u)$ 的前 N 项，即 $f(x)$ 的余弦变换。

下面介绍余弦反变换。

首先延拓 $F(u)$，$F_e(u)$ 的表达式如下：

$$F_e(u) = \begin{cases} F(u), & 0 \leqslant u \leqslant N-1 \\ 0, & N \leqslant u \leqslant 2N-1 \end{cases}$$

反变换

$$\begin{aligned} f(x) &= \sqrt{\frac{1}{N}} F_e(0) + \sqrt{\frac{2}{N}} \sum_{u=1}^{2N-1} F_e(u) \cos\frac{\pi u(2x+1)}{2N} \\ &= \sqrt{\frac{1}{N}} F_e(0) + \sqrt{\frac{2}{N}} \mathrm{Re}\left\{ \sum_{u=1}^{2N-1} \left[F_e(u) \exp\left(j\frac{\pi u}{2N}\right) \right] \exp\left(j\frac{2\pi ux}{2N}\right) \right\} \end{aligned} \tag{2.59}$$

2.3　正　弦　变　换

一维正弦变换核为

$$g(u,x) = \sqrt{\frac{2}{N}} \sin[\pi u(2x+1)/2N], \quad u,x=0,1,2,\cdots,N-1 \tag{2.60}$$

一维正弦变换为

$$F(u,x) = \sqrt{\frac{2}{N}} \sum_{x=0}^{N-1} f(x) \sin[\pi u(2x+1)/2N], \quad u,x=0,1,2,\cdots,N-1 \tag{2.61}$$

二维正弦变换核为

$$g(x,y,u,v)=\frac{1}{N^3}\sin[(2x+1)u\pi/2N]\sin[(2y+1)v\pi/2N] \qquad (2.62)$$

二维正弦变换为

$$F(u,v)=\frac{2}{N}\sum_{x=0}^{N-1}\sum_{y=0}^{N-1}f(x,y)\sin[\pi u(2x+1)/2N]\sin[\pi v(2y+1)/2N] \qquad (2.63)$$

相比其他的正弦型变换,离散正弦变换(Discrete Sine Transform,DST)在 $N=2^p-1$ 的情况下计算更方便,其中 p 为整数。此时,DST 可以被看作一个特地构造的$(2N+2)$点的 FFT 的虚部。DST 有快速实现算法,它还具有一些适用于某些图像压缩问题的性质。

2.4　沃尔什-哈达玛变换

严格地说,沃尔什(Walsh)变换与哈达玛(Hadamard)变换是两种变换。而事实上两者十分相似,例如:变换对形式一致;变换方阵均具备正交特性,矩阵元素均由"-1"和"+1"组成,在阶数 $N=2^n$ 时,两个变换矩阵除行、列顺序有些不同外,彼此没有任何本质上的差异;等等。因此,大家习惯把沃尔什变换与哈达玛变换统称为"沃尔什-哈达玛变换"。这种变换在早期的图像编码和模式识别中非常有用。

沃尔什-哈达玛(Walsh-Hadamard)变换的变换核是一类非正弦的正交函数(Walsh 函数),如方波或矩形波。与正弦波频率相对应,这种非正弦波形可用"列率"(单位时间内波形通过零点数平均值的一半)描述。Walsh 函数可以由 Rademacher 函数构成,Rademacher 函数集是一个不完备的正交函数集,Rademacher 函数有两个自变量 n 和 t,用 $R(n,t)$ 表示:

$$R(n,t)=\mathrm{sign}(\sin 2^n\pi t) \qquad (2.64)$$

Rademacher 函数波形图(见图 2.8)和矩阵表示如下。

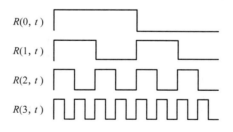

图 2.8　Rademacher 函数波形图

$$\begin{pmatrix} R(0,t) \\ R(1,t) \\ R(2,t) \\ R(3,t) \end{pmatrix}=\begin{pmatrix} 1 & 1 & 1 & 1 & 1 & 1 & 1 & 1 \\ 1 & 1 & 1 & 1 & -1 & -1 & -1 & -1 \\ 1 & 1 & -1 & -1 & 1 & 1 & -1 & -1 \\ 1 & -1 & 1 & -1 & 1 & -1 & 1 & -1 \end{pmatrix}$$

用 Rademacher 函数构造沃尔什函数:

$$\mathrm{Walsh}(i,t)=\prod_{k=0}^{P-1}[R(k+1,t)^{\langle i_k\rangle}] \qquad (2.65)$$

其中:p 表示 i 所选用的二进制位数;$R(k+1,t)$ 是 Rademacher 函数;$\langle i_k\rangle$ 是 i 的自然二进制的位序反写后的第 k 位数字,$i_k\in\{0,1\}$。

例 2:i 用三位二进制码,$p=3$,求 $\mathrm{Walsh}(6,t)$。

因为 $i=6=(110)_2$,$\langle6\rangle=(011)_2$,所以

$$\text{Walsh}(6,t)=R(1,t)^1 \cdot R(2,t)^1 \cdot R(3,t)^0 = R(1,t)R(2,t)$$

Walsh 函数波形图(见图 2.9)及矩阵形式如下。

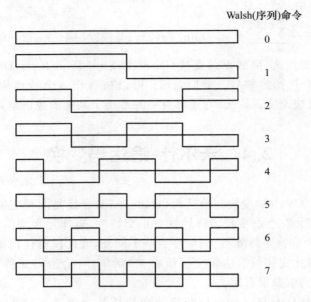

Walsh(序列)命令

0
1
2
3
4
5
6
7

图 2.9　Walsh 函数波形图

$$\boldsymbol{H}_8 = \begin{pmatrix} 1 & 1 & 1 & 1 & 1 & 1 & 1 & 1 \\ 1 & -1 & 1 & -1 & 1 & -1 & 1 & -1 \\ 1 & 1 & -1 & -1 & 1 & 1 & -1 & -1 \\ 1 & -1 & -1 & 1 & 1 & -1 & -1 & 1 \\ 1 & 1 & 1 & 1 & -1 & -1 & -1 & -1 \\ 1 & -1 & 1 & -1 & -1 & 1 & -1 & 1 \\ 1 & 1 & -1 & -1 & -1 & -1 & 1 & 1 \\ 1 & -1 & -1 & 1 & -1 & 1 & 1 & -1 \end{pmatrix} \tag{2.66}$$

其变换核矩阵有递推关系(直积):

$$\boldsymbol{H}_2 = \begin{pmatrix} 1 & 1 \\ 1 & -1 \end{pmatrix}, \quad \boldsymbol{H}_4 = \boldsymbol{H}_2 \otimes \boldsymbol{H}_2 \tag{2.67}$$

$$\boldsymbol{H}_4 = \boldsymbol{H}_2 \otimes \boldsymbol{H}_2 = \begin{pmatrix} 1 & 1 \\ 1 & -1 \end{pmatrix}\begin{pmatrix} 1 & 1 \\ 1 & -1 \end{pmatrix} = \begin{pmatrix} 1\begin{pmatrix} 1 & 1 \\ 1 & -1 \end{pmatrix} & 1\begin{pmatrix} 1 & 1 \\ 1 & -1 \end{pmatrix} \\ 1\begin{pmatrix} 1 & 1 \\ 1 & -1 \end{pmatrix} & -1\begin{pmatrix} 1 & 1 \\ 1 & -1 \end{pmatrix} \end{pmatrix} = \begin{pmatrix} 1 & 1 & 1 & 1 \\ 1 & -1 & 1 & -1 \\ 1 & 1 & -1 & -1 \\ 1 & -1 & -1 & 1 \end{pmatrix}$$

$$\boldsymbol{H}_8 = \boldsymbol{H}_2 \otimes \boldsymbol{H}_4, \quad \boldsymbol{H}_{2N} = \boldsymbol{H}_2 \otimes \boldsymbol{H}_N$$

沃尔什-哈达玛变换的定义为

$$W(i) = \frac{1}{N} \sum_{t=0}^{N-1} f(t)\text{Walsh}(i,t) \tag{2.68}$$

$$f(t) = \sum_{i=0}^{N-1} W(i)\text{Walsh}(i,t) \tag{2.69}$$

一维沃尔什-哈达玛变换可表示成如下矩阵形式:

$$
\begin{bmatrix} W(0) \\ W(1) \\ \vdots \\ W(N-1) \end{bmatrix} = \frac{1}{N} \boldsymbol{H}_N \begin{bmatrix} f(0) \\ f(1) \\ \vdots \\ f(N-1) \end{bmatrix} \tag{2.70}
$$

$$
\begin{bmatrix} f(0) \\ f(1) \\ \vdots \\ f(N-1) \end{bmatrix} = \boldsymbol{H}_N \begin{bmatrix} W(0) \\ W(1) \\ \vdots \\ W(N-1) \end{bmatrix} \tag{2.71}
$$

例 3： 若令 $f(x) = \{0, 0, 1, 1, 0, 0, 1, 1\}$,

$$
\begin{bmatrix} W(0) \\ W(1) \\ \vdots \\ W(7) \end{bmatrix} = \frac{1}{8} \boldsymbol{H}_8 \begin{bmatrix} 0 \\ 0 \\ 1 \\ 1 \\ 0 \\ 0 \\ 1 \\ 1 \end{bmatrix} = \begin{bmatrix} \dfrac{1}{2} \\ 0 \\ -\dfrac{1}{2} \\ 0 \\ 0 \\ 0 \\ 0 \\ 0 \end{bmatrix}
$$

则二维沃尔什-哈达玛变换为

$$
W = \frac{1}{N} \boldsymbol{H}_N \boldsymbol{f}(x, y) \boldsymbol{H}_N \tag{2.72}
$$

其中 $\boldsymbol{H}_N, \boldsymbol{g}(x, y)$ 阶数相同,

$$
\boldsymbol{f}(x, y) = \frac{1}{N} \boldsymbol{H}_N \boldsymbol{W} \boldsymbol{H}_N \tag{2.73}
$$

假如令

$$
\boldsymbol{f}(x, y) = \begin{bmatrix} 1 & 3 & 3 & 1 \\ 1 & 3 & 3 & 1 \\ 1 & 3 & 3 & 1 \\ 1 & 3 & 3 & 1 \end{bmatrix}
$$

$$
\begin{aligned}
W &= \frac{1}{4} \boldsymbol{H}_4 \boldsymbol{f}(x, y) \boldsymbol{H}_4 \\
&= \frac{1}{4} \begin{bmatrix} 1 & 1 & 1 & 1 \\ 1 & 1 & -1 & -1 \\ 1 & -1 & 1 & -1 \\ 1 & -1 & -1 & 1 \end{bmatrix} \begin{bmatrix} 1 & 3 & 3 & 1 \\ 1 & 3 & 3 & 1 \\ 1 & 3 & 3 & 1 \\ 1 & 3 & 3 & 1 \end{bmatrix} \begin{bmatrix} 1 & 1 & 1 & 1 \\ 1 & 1 & -1 & -1 \\ 1 & -1 & 1 & -1 \\ 1 & -1 & -1 & 1 \end{bmatrix} \\
&= \frac{1}{4} \begin{bmatrix} 1 & 1 & 1 & 1 \\ 1 & 1 & -1 & -1 \\ 1 & -1 & 1 & -1 \\ 1 & -1 & -1 & 1 \end{bmatrix} \begin{bmatrix} 8 & 0 & 0 & -4 \\ 8 & 0 & 0 & -4 \\ 8 & 0 & 0 & -4 \\ 8 & 0 & 0 & -4 \end{bmatrix} \\
&= \frac{1}{4} \begin{bmatrix} 32 & 0 & 0 & -16 \\ 0 & 0 & 0 & 0 \\ 0 & 0 & 0 & 0 \\ 0 & 0 & 0 & 0 \end{bmatrix} = \begin{bmatrix} 8 & 0 & 0 & -4 \\ 0 & 0 & 0 & 0 \\ 0 & 0 & 0 & 0 \\ 0 & 0 & 0 & 0 \end{bmatrix}
\end{aligned}
$$

另外,令 $f(x,y)=\begin{bmatrix} 1 & 1 & 1 & 1 \\ 1 & 1 & 1 & 1 \\ 1 & 1 & 1 & 1 \\ 1 & 1 & 1 & 1 \end{bmatrix}$ 时,有

$$W=\begin{bmatrix} 4 & 0 & 0 & 0 \\ 0 & 0 & 0 & 0 \\ 0 & 0 & 0 & 0 \\ 0 & 0 & 0 & 0 \end{bmatrix}$$

2.5 K-L 变换

2.5.1 K-L 变换的定义

K-L 变换又称为 Hotelling 变换或主成分分析。

当变量之间存在一定的相关关系时,可以通过原始变量的线性组合,构成数量较少的不相关的新变量代替原始变量,而每个新变量都含有尽可能多的原始变量的信息。这种处理问题的方法叫作主成分分析,新变量叫作原始变量的主成分。

设有 M 幅图像 $f_i(x,y)$,大小为 $N \times N$。将每幅图像表示成向量:

$$X_i=\begin{bmatrix} f_i(0,0) \\ f_i(0,1) \\ \vdots \\ f_i(N-1,N-1) \end{bmatrix} \tag{2.74}$$

X 向量的协方差矩阵定义为

$$C_x=E\{(X-m_x)(X-m_x)^{\mathrm{T}}\} \tag{2.75}$$

其中

$$m_x=E\{X\} \tag{2.76}$$

令 ϕ_i 和 $\lambda_i(i=1,2,\cdots,N^2)$ 是 C_x 的特征向量和对应的特征值。特征值按降序排列,即 $\lambda_1 > \lambda_2 > \cdots > \lambda_{N^2}$。变换矩阵的行为 C_x 的特征值,则变换矩阵为

$$A=\begin{bmatrix} \phi_{11} & \phi_{12} & \cdots & \phi_{1N^2} \\ \phi_{21} & \phi_{22} & \cdots & \phi_{2N^2} \\ \vdots & \vdots & & \vdots \\ \phi_{N^21} & \phi_{N^22} & \cdots & \phi_{N^2N^2} \end{bmatrix} \tag{2.77}$$

其中 ϕ_{ij} 对应第 i 个特征向量的第 j 个分量。

K-L 变换定义为

$$Y=A(X-m_x) \tag{2.78}$$

式(2.78)中,Y 为新产生的图像向量,$(X-m_x)$ 是原始图像向量 X 减去均值向量 m_x,被称

为中心化的图像向量。

K-L 变换的计算步骤如下：

① 求协方差矩阵 $\boldsymbol{C}_x$；

② 求协方差矩阵的特征值 λ_i；

③ 求相应的特征向量 $\boldsymbol{\phi}_i$；

④ 用特征向量 $\boldsymbol{\phi}_i$ 构成变换矩阵 $\boldsymbol{A}$，求 $\boldsymbol{Y}=\boldsymbol{A}(\boldsymbol{X}-\boldsymbol{m}_x)$。

2.5.2　K-L 变换的基本性质

（1）$\boldsymbol{Y}$ 的均值向量为 0，即 $\boldsymbol{m}_y=0$。变换后，有

$$\boldsymbol{m}_y=E\{\boldsymbol{Y}\}=E\{\boldsymbol{A}(\boldsymbol{X}-\boldsymbol{m}_x)\}=AE\{\boldsymbol{X}\}-A\boldsymbol{m}_x=0 \tag{2.79}$$

（2）可以证明

$$\boldsymbol{C}_y=E\{(\boldsymbol{AX}-\boldsymbol{Am}_x)(\boldsymbol{AX}-\boldsymbol{Am}_x)^{\mathrm{T}}\}$$

$$=\boldsymbol{AC}_x\boldsymbol{A}^{\mathrm{T}}=\begin{bmatrix}\lambda_1 & & & \\ & \lambda_2 & & \\ & & \ddots & \\ & & & \lambda_{N^2}\end{bmatrix} \tag{2.80}$$

原始图像的协方差矩阵 $\boldsymbol{C}_x$ 的非对角矩阵不为 0，说明原图像的相关性大；$\boldsymbol{C}_y$ 的非对角元素为 0，说明变换后的信息相关性小。$\boldsymbol{C}_y$ 主对角线上的元素是 $\boldsymbol{C}_x$ 的特征值，说明变换后的能量没有改变。

（3）K-L 反变换。因为 $\boldsymbol{C}_x$ 是实对称矩阵，总可以找到标准正交的特征向量集合构成 $\boldsymbol{A}$，使得 $\boldsymbol{A}^{-1}=\boldsymbol{A}^{\mathrm{T}}$，因此可以从 $\boldsymbol{Y}$ 重建 $\boldsymbol{X}$，即

$$\boldsymbol{X}=\boldsymbol{A}^{\mathrm{T}}\boldsymbol{Y}+\boldsymbol{m}_x \tag{2.81}$$

显然，完全重建 $\boldsymbol{X}$ 需要全部的特征向量，并未起到数据压缩的作用。若要实现数据压缩，只需要选择 $k(k\ll N^2)$ 个 λ_i，利用它们对应的特征向量构造 $\boldsymbol{A}_k$，此时的反变换表示为

$$\hat{\boldsymbol{X}}=\boldsymbol{A}_k^{\mathrm{T}}\boldsymbol{Y}+\boldsymbol{m}_x \tag{2.82}$$

重建误差为

$$R=E\{(\boldsymbol{X}-\hat{\boldsymbol{X}})^2\}=\sum_{j=1}^{N^2}\lambda_j-\sum_{j=1}^{k}\lambda_j=\sum_{j=k+1}^{N^2}\lambda_j \tag{2.83}$$

因此，K-L 变换是在均方误差最小意义上的最优变换，去相关性好，可以用于数据压缩、图像旋转和特征分析。但它的缺点却影响了它在信息压缩中的使用：非分离变换，变换核不固定，必须计算 $\boldsymbol{C}_x$ 及其特征值、特征向量，计算量巨大；无快速算法。因此，在图像压缩方面，K-L 变换无工程应用，通常只用来比较其他方法的效率。例如，DCT 在编码效率方面与 K-L 变换最接近，被认为是"次最优变换"，已成为最常用的编码算法。

习　题　2

1. 证明二维离散傅里叶变换的位移性。

2. 证明二维离散傅里叶变换的卷积定理。

3. 给出 $N=16$ 时的沃尔什变换核矩阵。

4. 设随机向量 x 的一组样本如下：

$$x_1=(0,0,1)^T, x_2=(0,1,0)^T, x_3=(1,0,0)^T$$

请计算：

（1）随机向量 x 的协方差矩阵；

（2）随机向量 x 的 K-L 变换 y 及其协方差矩阵。

第3章

图 像 增 强

图像增强就是增强图像中有用的信息,其目的主要有两个:一是改善图像的视觉效果,提高图像成分的清晰度;二是使图像更有利于计算机处理。图像增强的方法一般分为空间域和变换域两大类。空间域方法直接对图像像素的灰度进行处理。变换域方法在图像的某个变换域中对变换系数进行处理,然后通过逆变换获得增强图像。本章主要介绍常用的图像增强方法,包括空间域单点增强、图像平滑、图像锐化、图像滤波与彩色增强等。

3.1 灰度级修正

3.1.1 直方图

直方图反映图像灰度分布的统计特征。通过灰度变换改变图像的对比度进行图像增强,图像的直方图也要发生变化,但是灰度变换增强技术只着眼于改变全部或局部的对比度,而不考虑图像的直方图如何变化。直方图修正增强技术是以直方图为变换的依据,使变换后的图像直方图成为期望的形状。事实证明,通过修正图像直方图进行图像增强是一种有效的图像增强方法。

1. 直方图的概念

数字图像的直方图是一个离散函数。它表示数字图像中每一灰度与其出现概率间的统计关系。对于一幅数字图像 $f(x,y)$,其像素总数为 N,用 r_k 表示第 k 个灰度级对应的灰度,n_k 表示具有灰度 r_k 的像素的个数。用横坐标表示灰度级,纵坐标表示频数,则直方图可以定义为

$$P_r(r_k) = \frac{n_k}{N} \tag{3.1}$$

其中,$P_r(r_k)$ 表示灰度 r_k 出现的相对频数。

直方图能够反映数字图像的概貌性描述,如图像的灰度范围、灰度的分布、整幅图像的平均亮度和明暗对比度等,可以由此得出进一步处理的重要依据。图 3.1 是标准 Lena 图像及其直方图。

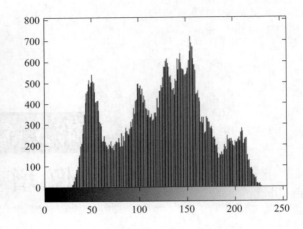

图 3.1　Lena 图像及其直方图

2. 直方图的特性

仅有直方图不能完整地描述一幅图像,一幅图像对应一个直方图,而一个直方图可以对应多幅图像。图 3.2 便是多幅图像内容具有相同直方图的实例。

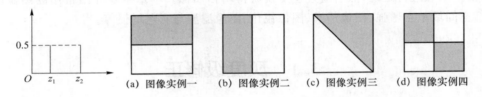

(a) 图像实例一　(b) 图像实例二　(c) 图像实例三　(d) 图像实例四

图 3.2　具有相同直方图的图像实例

另外,由于直方图不包含图像灰度分布的空间信息,因此无法解决目标形状问题。直方图具有可加性,图像总体直方图等于切分的各个子图像的直方图之和。

3.1.2　灰度变换

灰度变换是一种最简单、有效的对比度增强方法。它是将原图像的灰度 $f(x,y)$ 经过一个变换函数 $g=T[f]$ 转换成一个新的灰度 $g(x,y)$,即

$$g(x,y)=T[f(x,y)] \tag{3.2}$$

灰度变换可使图像灰度动态范围加大,图像对比度得到扩展,图像变得清晰,特征更加明显,是图像增强的重要手段。根据变换函数的形式,灰度变换分为线性变换、分段线性变换和非线性变换。

1. 线性变换

在图像采集过程中,如果亮度不足或者亮度太大,采集得到的图像灰度可能会局限在一个很小的范围内,这时在显示器上看到的图像模糊不清,没有灰度层次感。采用线性变换,用一个线性单值函数对图像的每一个像素灰度进行线性扩展,将有效增强图像的对比度,改善图像视觉效果。

假设原图像的灰度分布函数为 $f(x,y)$,像素灰度分布范围为 $[a,b]$。根据图像处理的需

要，将其灰度范围变换到 $[a',b']$，增强后图像的灰度分布函数为 $g(x,y)$，则 $g(x,y)$ 和 $f(x,y)$ 之间存在如下关系：

$$g(x,y)=\frac{b'-a'}{b-a}[f(x,y)-a]+a' \tag{3.3}$$

如图 3.3 所示。

　　这里有一种特殊的情况。如果图像的灰度范围超出了 $[a,b]$，但绝大多数像素的灰度落在区间 $[a,b]$ 内，只有很少一部分的像素灰度分布在小于 a 且大于 b 的区间内，此时可以采用一种被称作"截取式线性变换"的变换方法，如图 3.4 所示，其变换式如下：

$$g(x,y)=\begin{cases} a', & f(x,y)<a \\ \dfrac{b'-a'}{b-a}[f(x,y)-a]+a', & a\leqslant f(x,y)<b \\ b', & b\leqslant f(x,y) \end{cases} \tag{3.4}$$

这种截取式线性变换使灰度小于 a 且大于 b 的像素灰度强行变换成 c 和 d，由此将会造成一小部分信息的损失，但是增强了图像中绝大部分像素的灰度层次感，这种代价是值得的。

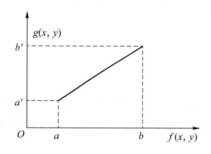

图 3.3　线性变换示意图

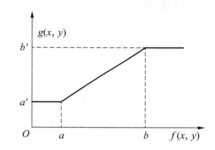

图 3.4　截取式线性变换示意图

2. 分段线性变换

　　分段线性变换是将图像灰度分布区间分隔成两段乃至多段分别进行线性变换。分段线性变换可以突出用户感兴趣的目标或灰度区间，相对抑制那些不感兴趣的灰度区间，从而使得特征物体的灰度细节得到增强。常用的是三段式分段线性变换，如图 3.5 所示。

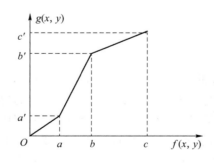

图 3.5　三段式分段线性变换示意图

　　对于原图像 $f(x,y)$，将其灰度分布区间 $[a,b]$ 划分为图中的三个子区间，对每个子区间采用不同的线性变换，通过变换参数的选择实现不同灰度区间的灰度扩展或压缩，因此分段线性变换的使用是非常灵活的。其变换式如下：

$$g(x,y)=\begin{cases} \dfrac{a'}{a}f(x,y), & 0\leqslant f(x,y)<a \\[2mm] \dfrac{b'-a'}{b-a}[f(x,y)-a]+a', & a\leqslant f(x,y)<b \\[2mm] \dfrac{c'-b'}{c-b}[f(x,y)-b]+b', & b\leqslant f(x,y)<c \end{cases} \tag{3.5}$$

从式(3.5)可以知道,如果区间$[0,a']$的长度大于区间$[0,a]$的长度,则图像的低灰度级区域得到增强;如果区间$[b',c']$的长度大于区间$[b,c]$的长度,则图像的高灰度级区域得到增强。在图 3.5 中,图像的低灰度级区域得到较大扩展,而中间灰度级区域得到很大程度的压缩。

通过增加灰度区间分隔的段数,以及仔细调整各区间的分割点和变换直线的斜率,可对任一灰度区间进行扩展或压缩。这种分段线性变换适用于在黑色或白色附近有噪声干扰的情况。例如,应用分段线性变换可以有效地使视觉对噪声(如照片中的划痕、污斑)的感受不明显。

3. 非线性变换

当变换函数采用某些非线性变换函数时,如指数函数、对数函数、平方函数,可以实现图像像素灰度的非线性变换。

对数变换的一般形式为

$$g(x,y)=a+\frac{\ln[f(x,y)+1]}{b\ln c} \tag{3.6}$$

这里a,b,c是为便于调整变换曲线的位置和形状而引入的参数。对数变换用于扩展低灰度区和压缩高灰度区。这样就更容易看清楚灰度较低的图像细节。对数变换适用于较暗或过暗的图像。

指数变换的一般形式为

$$g(x,y)=b^{c[f(x,y)-a]}-1 \tag{3.7}$$

这里a,b,c同样也是用来调整变换曲线的位置和形状的参数。指数变换和对数变换刚好相反,它压缩低灰度区,扩展高灰度区,适用于较亮或过亮的图像。从理论上讲,大多数数学上的非线性函数都可以作为非线性灰度变换的变换函数,关键在于变换的结果是否具有实际的应用价值。

3.1.3 直方图修正

一幅均匀量化的自然图像的灰度直方图通常在低灰度区域上的频率较大,这样的图像较暗,区域中的细节常常看不清楚。为使图像变清晰,一个自然的想法就是使图像的灰度动态范围变大,并且让频率小的灰度级经过变换后频率变得大一些,即使变换后的图像灰度直方图在较大的动态范围内趋于均衡。这就是常说的直方图修正技术。采用直方图修正后可使图像的灰度间距拉开或者使灰度分布均匀,从而增大反差,使图像细节变得清晰,达到图像增强的目的。直方图修正技术通常有直方图均衡化和直方图规定化两类。

1. 直方图均衡化

直方图均衡化也叫直方图均匀化,就是把给定图像的直方图分布改变成均匀分布的直方图,它是一种常用的灰度增强算法。

对于数字图像$f(x,y)$,其灰度范围为$f_{min}\leqslant f(x,y)\leqslant f_{max}$。为了讨论方便,将其灰度变

化范围转换到 $[0,1]$ 区间,这一过程称为直方图正规化。

$$r = \frac{f(x,y) - f_{\min}}{f_{\max} - f_{\min}} \qquad (3.8)$$

用 r 和 s 分别表示正规化了的原图像灰度和经过直方图修正后的图像灰度,即 $0 \leqslant r \leqslant 1$, $0 \leqslant s \leqslant 1$。

直方图均衡就是通过灰度变换函数 $s = T[r]$,将原图像直方图 $P_r(r)$ 改变成均匀分布的直方图 $P_s(s)$。$s = T[r]$ 满足以下四个条件:

① 当 $r \in [0,1]$ 时,$s = T[r]$ 是单调增加的;

② s 和 r 是一一对应的;

③ 对于 $r \in [0,1]$,$s \in [0,1]$;

④ 反变换 $r = T^{-1}[s]$ 也满足条件①~③。

由概率论可知

$$P_s(s)\mathrm{d}s = P_r(r)\mathrm{d}r \qquad (3.9)$$

要进行直方图均衡化,意味着 $P_s(s) = 1, s \in [0,1]$。由式(3.9)可得

$$\mathrm{d}s = \frac{P_r(r)\mathrm{d}r}{P_s(s)} = P_r(r)\mathrm{d}r \qquad (3.10)$$

从而

$$s = T(r) = \int_0^r P_r(r)\mathrm{d}r \qquad (3.11)$$

即 $T[r]$ 为 $P_r(r)$ 的分布累计函数。

对于数字图像离散情况,其直方图均衡化处理的计算步骤如下:

① 统计原始图像的直方图:

$$p_r(r_k) = \frac{n_k}{n}$$

r_k 是归一化的输入图像灰度级;

② 计算直方图累积分布曲线:

$$s_k = T(r_k) \sum_{j=0}^{k} p_r(r_j) = \sum_{j=0}^{k} \frac{n_j}{n} \qquad (3.12)$$

③ 用累积分布函数作变换函数进行图像灰度变换。

根据计算得到的累积分布函数,建立输入图像与输出图像灰度级之间的对应关系,并将变换后的灰度级恢复成原来数的范围。

下面来看一个直方图均衡的例子。假设有一幅数字图像,共有 64×64 个像素,8 个灰度级,各个灰度级的概率分布如表 3.1 所示。

表 3.1　各灰度级的概率分布

灰度级 r_k	0	1/7	2/7	3/7	4/7	5/7	6/7	1
像素数 n_k	790	1 023	850	656	329	245	122	81
概率 $P_k(r_k)$	0.19	0.25	0.21	0.16	0.08	0.06	0.03	0.02

按同样的方法可计算出 $s_2 = 0.65, s_3 = 0.81, s_4 = 0.89, s_5 = 0.95, s_6 = 0.98, s_7 = 1.00$。

原图像给出的灰度 r_k 是等间隔的,间隔为 1/7,而经过均衡化处理求得的 s_k 就不一定是等间隔的,为了不改变原图像的灰度值,必须把每一个变换的 s_k 量化到原图像中最近的灰

度上。

把计算出来的 s_k 与原图像的灰度相比较,可以得出 $s_0 = 0.19 \rightarrow 1/7, s_1 = 0.44 \rightarrow 3/7, s_2 = 0.65 \rightarrow 5/7, s_3 = 0.81 \rightarrow 6/7, s_4 = 0.89 \rightarrow 6/7, s_5 = 0.95 \rightarrow 1, s_6 = 0.98 \rightarrow 1, s_7 = 1 \rightarrow 1$。由此,经过变换后的灰度级不需要 8 个,而只需要 5 个就可以了,如表 3.2 所示。

表 3.2　直方图均衡化过程

原像素灰度级 k	归一化灰度级 r_k	第 k 像素级像素个数	$n_r(r_k)$	$s_k = \sum\limits_{j=0}^{k} n_r(r_k)$	变换后灰度级
0	$0/7 = 0$	790	0.19	0.19	s_1
1	$1/7 = 0.142\,8$	1 023	0.25	0.44	s_3
2	$2/7 = 0.285\,6$	850	0.21	0.65	s_5
3	$3/7 = 0.428\,5$	656	0.16	0.81	s_6
4	$4/7 = 0.571\,4$	329	0.08	0.89	s_6
5	$5/7 = 0.714\,2$	245	0.06	0.95	s_7
6	$6/7 = 0.857\,1$	122	0.03	0.98	s_7
7	$7/7 = 1$	81	0.02	1	s_7

把相应原灰度的像素数相加就可得到新灰度的像素数。均衡化以后的直方图如图 3.6(b)所示,从图中可以看出均衡化以后的直方图比原直方图均匀了,但它并不是完全均匀的,这是由于在均衡化的过程中,原直方图上有几个像素数较少的灰度归并到一个新的灰度上,而像素数较多的灰度间隔被拉大了。这样减少图像的灰度级数可以换取对比度的扩大。如果只对部分灰度层次的图像细节感兴趣,则可以采用局部自适应直方图均衡处理。

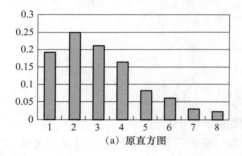
(a) 原直方图

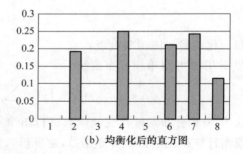
(b) 均衡化后的直方图

图 3.6　图像直方图均衡化

2. 直方图规定化

将输入图像灰度分布变换成规定一个期望的灰度分布直方图,$P_r(r)$ 为原图的灰度密度函数,$p_z(z)$ 为希望得到的灰度密度函数。

首先分别对 $P_r(r), P_z(z)$ 作直方图均衡化处理,则有

$$s = T(r) = \int_0^r P_r(w)\,\mathrm{d}w \tag{3.13}$$

$$v = G(z) = \int_0^z P_z(w)\,\mathrm{d}w \tag{3.14}$$

对于经上述变换后的灰度 s 及 v,其密度函数具有相同的均匀密度,再将直方图均衡化结果作为媒介,可实现从 $p_r(r)$ 到 $p_z(z)$ 的转换。

利用 $s=T(r)=\int_0^r p_r(w)\mathrm{d}w$ 和 $v=G(z)=\int_0^z p_z(w)\mathrm{d}w$ 分布相同的特点建立 $r\rightarrow z$ 的联系,即

$$z=G^{-1}(v)=G^{-1}(s)=G^{-1}[T(r)] \tag{3.15}$$

实现步骤:

① 对输入图像进行直方图均衡化,计算 $r_j\leftrightarrow s_j$ 的对应关系;

② 对规定直方图 $P_z(z)$ 作均衡化处理,计算 $z_k\leftrightarrow v_k$ 的对应关系;

③ 选择适当的 v_k 和 s_j 点对,使 $v_k\cong s_j$;

④ 由逆变换函数 $z=G^{-1}(s)=G^{-1}[T(r)]$,计算流程为

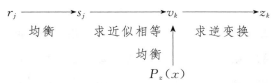

由上可见,直方图规定化就是把图像直方图均衡化结果映射到期望的理想直方图上,使图像按照人的意愿进行交换。表 3.3 为几种给定形状的直方图分布函数及其变换函数。

表 3.3　几种给定形状的直方图分布函数及其变换函数

分布	修正后要求的灰度分布函数	变换函数 $s=T(r)$
均匀分布	$P_s(s)=1/(s_{\max}-s_{\min})$ $s_{\min}\leqslant s\leqslant s_{\max}$	$s=(s_{\max}-s_{\min})\int_0^r P_r(w)\mathrm{d}w$
指数分布	$P_s(s)=\alpha\exp[-\alpha(s-s_{\min})]$ $s\geqslant s_{\min}$	$s=s_{\min}-\dfrac{1}{\alpha}\ln\left[1-\int_0^r P_r(w)\mathrm{d}w\right]$
雷利分布	$P_s(s)=\dfrac{s-s_{\min}}{\alpha^2}\exp\left[\dfrac{-(s-s_{\min})^2}{2\alpha^2}\right]$	$s=s_{\min}+\left[2\alpha^2\ln\dfrac{1}{\int_0^r P_r(w)\mathrm{d}w}\right]^{\frac{1}{2}}$
双曲分布	$P_s(s)=\dfrac{1}{s[\ln(s_{\max})-\ln(s_{\min})]}$	$s=s_{\min}\left[\dfrac{s_{\max}}{s_{\min}}\right]^{\int_0^r P_r(w)\mathrm{d}w}$

3.2　图像平滑

实际获得的图像一般都因受到某种干扰而含有噪声。噪声的种类有很多,如敏感元器件的内部噪声、感光材料的颗粒噪声、热噪声、电器机械运动产生的抖动噪声、传输信道的干扰噪声、量化噪声等。噪声产生的原因决定了噪声的分布特性以及它和图像信号之间的关系,通常噪声可以分成加性噪声、乘性噪声、量化噪声等。这些噪声恶化了图像质量,使图像模糊,甚至淹没特征,给分析带来了困难。

图像平滑的目的就是减少和消除图像中的噪声,以改善图像质量,便于抽取对象特征进行分析。经典的平滑技术对噪声图像使用局部算子,当对某一个像素进行平滑处理时,仅对它的局部小邻域内的一些像素进行处理,其优点是计算效率高,而且可以对多个像素并行处理。近年来出现了一些新的图像平滑处理技术。结合人眼的视觉特性,运用模糊数学理论、小波分析理论、粗糙集理论等进行图像平滑,取得了较好的效果。

3.2.1 邻域平均法

邻域平均法是一种空间域局部处理算法。对于位置(i,j)处的像素,其灰度值为$f(i,j)$,平滑后的灰度值为$g(i,j)$,则$g(i,j)$由包含(i,j)邻域的若干个像素的灰度平均值所决定,即用下式得到平滑的像素灰度值

$$g(i,j) = \frac{1}{M}\sum_{(x,y)\in A} f(x,y), \quad x,y = 0,1,2,\cdots,N-1 \tag{3.16}$$

式(3.16)中,A表示以(i,j)为中心的邻域点的集合,M是A中像素点的总数。图3.7表示了4个邻域点和8个邻域点的集合。

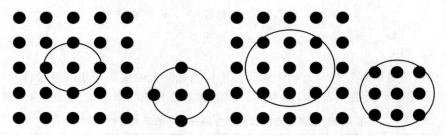

图3.7 邻域平均法示意图

邻域平均法的平滑效果与所使用的邻域半径大小有关。半径越大,平滑图像的模糊程度越大。邻域平均法的优点在于算法简单,计算速度快,主要缺点是在降低噪声的同时使图像变得模糊,特别是在边缘和细节处,邻域越大,模糊得越厉害。为了尽可能减少模糊失真,有人提出了"超限邻域平均法",也就是采用下列准则形成平滑图像:

$$g(i,j) = \begin{cases} \dfrac{1}{M}\sum_{(x,y)\in A} f(x,y), & \left| f(i,j) - \dfrac{1}{M}\sum_{(x,y)\in A} f(x,y) \right| > T \\ f(i,j), & \left| f(i,j) - \dfrac{1}{M}\sum_{(x,y)\in A} f(x,y) \right| \leqslant T \end{cases} \tag{3.17}$$

式(3.17)中,T是一个规定的非负阈值,可以根据图像总体特性或者局部特性确定。当一些点和它们邻域的差值超过规定的阈值T时,才进行噪声处理,否则仍保留这些点的像素灰度值。这样平滑后的图像比直接采用式(3.16)的模糊程度低。当某些像素的灰度值与各邻域点灰度的均值差别较大时,它很可能是噪声点,此时取其邻域平均值作为该点的灰度值,它的平滑效果仍然是很好的。图3.8是对标准Lena图像进行8邻域平滑的结果。

图3.8 Lena原图像及其平滑结果

将图像看成一个二维随机场,可以运用统计理论来分析受噪声干扰的图像平滑后的信噪比问题。定义信噪比为含噪图像的灰度均值与噪声方差之比。在一般情况下,噪声属于加性噪声,并且是独立的高斯白噪声,均值为 0,方差为 σ^2。可以证明,含噪图像经过邻域平均法平滑之后,其信噪比提高 $\sqrt{M}$ 倍。由此可见,邻域越大,像素点越多,则信噪比越大,平滑效果越好,但是图像模糊也越严重。邻域平均是以图像模糊为代价来换取噪声的减少的。

3.2.2　中值滤波

1. 中值滤波原理

中值滤波也是一种局部平均平滑技术。它是一种非线性滤波。由于它在实际运算过程中并不需要图像的统计特性,所以使用比较方便。中值滤波首先应用于一维信号处理技术中,后来被二维图像信号处理所引用。在一定条件下,中值滤波可以解决线性滤波器所带来的图像细节模糊问题,对滤除脉冲干扰及颗粒噪声最为有效。但是对于一些细节多,特别是点、线、尖顶细节多的图像,不宜采用中值滤波的方法。

中值滤波是指采用一个含有奇数个点的滑动窗口,用窗口中各点灰度值的中值来替代窗口中心点像素的灰度值。对于一个一维序列,取窗口长度为 m,m 为奇数。对此序列进行中值滤波,就是从输入序列中顺序取出 m 个元素,其中 i 为窗口的中心位置,$v=(m-1)/2$. 将这 m 个元素按照数值大小排列,位于正中间的那个数值作为滤波输出。用数学式表达为

$$g_i=\mathrm{Med}\{f_{i-v},\cdots,f_i,\cdots,f_{i+v}\},\quad i\in\mathbf{Z},v=\frac{m-1}{2} \tag{3.18}$$

式(3.18)中,Med$\{\cdots\}$ 表示取序中值。例如,有一个序列 $\{20,10,30,15,25\}$,从大到小排序后序列为 $\{10,15,20,25,30\}$,中值滤波的输出结果为 20。如果灰度值为 30 的像素是噪声点,则经过中值滤波后噪声被消除。

图 3.9 是几种典型的信号通过一个窗口长为 5 点的中值滤波器和均值滤波后的结果。从总体上来说,中值滤波器能够较好地保留原图像中的跃变部分。

一维中值波的概念很容易推广到二维。对二维序列进行中值滤波时,滤波窗口也是二维的,将窗口内的像素排序,生成单调数据序列,二维中值滤波结果为

$$g_{ij}=\mathrm{Med}\{x_{ij}\} \tag{3.19}$$

一般来说,二维中值滤波比一维中值滤波更能抑制噪声。二维中值滤波器的窗口形状可以有多种,如线状、方形、十字形、圆形、菱形等。不同形状的窗口会产生不同的滤波效果,使用时必须根据图像的内容和不同的要求加以选择。从以往的经验来看,对于有缓变的较长轮廓线物体的图像,采用方形或者圆形窗口比较适宜;对于包含尖顶角物体的图像,则适宜采用十字形窗口。使用二维中值滤波最值得注意的就是保持图像中有效的细线状物体。

2. 中值滤波的主要特性

(1) 中值滤波的不变性

对于某些特定的输入信号,滤波输出保持输入信号值不变,如在窗口 $2n+1$ 内单调增加或者单调减少的序列,即

$$f_{i-n}\leqslant\cdots\leqslant f_i\leqslant\cdots\leqslant f_{i+n}\ \text{或}\ f_{i-n}\geqslant\cdots\geqslant f_i\geqslant\cdots\geqslant f_{i+n}$$

则中值滤波输出不变。如图 3.9 中的斜坡信号。

对于阶跃信号,中值滤波也保持不变。如图 3.9 中的阶跃信号。

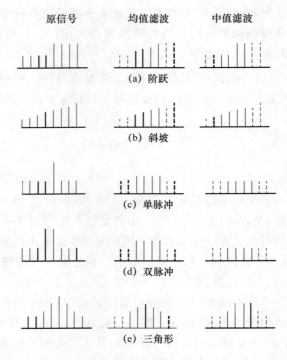

图 3.9 几种典型信号的中值滤波

中值滤波的另一类不变性就是在一维的情况下周期性的二位序列。例如,序列 $\{f_n\}$ 为 $\{\cdots,+1,+1,-1,-1,+1,+1,-1,-1,\cdots\}$ 时,若窗口长度为 9,则中值滤波对此序列可保持不变性。也就是说,当把一个周期为 4 的输入序列输入窗口长度为 9 的中值滤波器时,输出保持不变。

对于二维周期序列,这一类不变性更为复杂,但输出结果一般也是二维的周期性结构,即周期性网络结构的图像。

(2) 中值滤波的去噪声性能

中值滤波可以减少随机干扰和脉冲干扰。由于中值滤波是非线性的,因此对随机输入信号进行数学分析比较复杂。当输入是均值为零的正态分布的噪声时,中值滤波输出的噪声方差为

$$\sigma^2_{\mathrm{Med}}=\frac{1}{4mP^2(\bar{m})}\approx\frac{\sigma^2_i}{m+\frac{\pi}{2}-1}\cdot\frac{\pi}{2} \tag{3.20}$$

式(3.20)中,σ^2_i 为输入噪声功率(方差),m 为中值滤波器窗口长度,$\bar{m}$ 为输入噪声均值,$P(\bar{m})$ 为输入噪声密度函数。而平均滤波的输出噪声方差 σ^2_0 为

$$\sigma^2_0=\frac{1}{m}\sigma^2_i \tag{3.21}$$

中值滤波器的输出与输入噪声的密度分布有关,而平均滤波的输出与输入无关,从对随机噪声的抑制能力方面来看,中值滤波要比平均滤波差一些。对于脉冲干扰来讲,特别是脉冲宽度小于 $m/2$ 且相距较远的窄脉冲干扰,中值滤波是很有效的。

(3) 中值滤波的频谱特性

由于中值滤波是非线性的,因此在输入与输出之间不存在一一对应的关系,故不能用一般线性滤波器频率特性的研究方法。为了能够直观、定性地看出中值滤波输入和输出频谱的变

化情况,可采用总体试验观察方法。

设 G 为输入信号频谱,F 为输出信号频谱,定义

$$H=\left|\frac{G}{F}\right| \tag{3.22}$$

为中值滤波器的频率响应特性。实验表明,H 和 G 是有关的,呈不规则、波动不大的曲线。其均值比较平坦,可以认为经中值滤波后,频谱基本不变。

图 3.10 是对 Lena 图像进行中值滤波的结果。采用的窗口长为 5。从图中可以看出,图像中人物的眉毛、眼睛等细节被模糊了。

图 3.10　中值滤波结果图

3. 复合型中值滤波

对于一些内容十分复杂的图像,可以使用复合型中值滤波,如线性组合中值滤波、高阶组合中值滤波、加权中值滤波等。

(1) 中值滤波的线性组合

复合使用几种窗口尺寸大小和形状不同的中值滤波器,只要各窗口都与中心对称,滤波输出便可保持几个方向上的边缘变化,而且变化幅度可调节。其线性组合表达式如下:

$$Y_{ij}=\sum_{k=1}^{N}a_k\operatorname*{Med}_{A_k}(f_{ij}) \tag{3.23}$$

式(3.23)中,A_k 为各个中值滤波器窗口,a_k 为不同滤波器的系数,N 为滤波器个数。

(2) 高阶中值滤波组合

高阶中值滤波组合表达式如下:

$$Y_{ij}=\max_{K}\left[\operatorname*{Med}_{A_k}(f_{ij})\right] \tag{3.24}$$

这种中值滤波可以使输入图像中任意方向的细线条保持不变。如采用图 3.11 中的 4 种线状窗口,可以在输入图像噪声得到一定平滑的同时,保持输入图像中任意方向的线条不变。

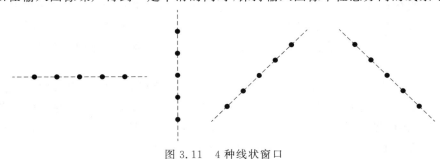

图 3.11　4 种线状窗口

（3）其他类型的中值滤波

为了在一定的条件下尽可能地滤除某些图像的噪声,同时又较好地保持图像细节,可以对中值滤波器参数进行修正,如加权中值滤波,就是对输入窗口中的像素灰度进行某种加权,也可以对中值滤波器的使用方法进行变化,如将中值滤波与模糊理论、粗糙集理论、神经网络等结合起来。

3.2.3 空间低通滤波

从信号频谱角度来看,信号的缓慢变化部分在频率域属于低频部分,信号快速变化部分在频率域属于高频部分。对于图像而言,它的边缘以及噪声干扰的频率分量都处于频率域较高的部分,因此可以采用低通滤波的方法去除噪声。频率域的滤波就是通过采用空间域滤波器冲激响应矩阵与输入图像的卷积来实现的。

设输入图像 $f(x,y)$ 为 $M \times N$ 像素阵列,低通滤波器冲激响应 $h(x,y)$ 为 $L \times L$ 二维阵列,则低通滤波结果为 $M \times N$ 像素阵列:

$$g(x,y) = \sum_{m=0}^{L} \sum_{n=0}^{L} f\left(x+m-\frac{L}{2}, y+n-\frac{L}{2}\right) \cdot h(m,n) \tag{3.25}$$

通常采用的低通滤波器冲激响应阵列有

$$\boldsymbol{h}_1 = \frac{1}{9} \begin{pmatrix} 1 & 1 & 1 \\ 1 & 1 & 1 \\ 1 & 1 & 1 \end{pmatrix}, \quad \boldsymbol{h}_2 = \frac{1}{10} \begin{pmatrix} 1 & 1 & 1 \\ 1 & 2 & 1 \\ 1 & 1 & 1 \end{pmatrix}, \quad \boldsymbol{h}_3 = \frac{1}{16} \begin{pmatrix} 1 & 2 & 1 \\ 2 & 4 & 2 \\ 1 & 2 & 1 \end{pmatrix}$$

通常,低通滤波器冲激响应阵列又叫作低通卷积模板。上面的 $\boldsymbol{h}_1$ 称为 Box 模板,$\boldsymbol{h}_3$ 称为 Gauss 模板。

从广义上讲,所有实现图像平滑的方法都是对图像进行低通滤波。例如,前面介绍的邻域平均法,采用 Box 模板即可实现。又如,前面介绍的加权平均法,采用 Gauss 模板即可实现。从理论上来讲,可以根据需要创造出各种各样的低通卷积模板来实现图像平滑,只要在运用这个卷积模板进行图像平滑时,某个像素的平滑结果不仅和它本身的灰度值有关,还和其邻域点的灰度值有关,且模板各元素值均为非负。

3.3 图像锐化

在图像摄取、传输及处理过程中有许多因素会使图像变得模糊。图像模糊是常见的图像降质问题。大量的研究表明,图像模糊的实质是图像受到了求和、平均或积分运算。因此,可以不必深究图像模糊的物理过程及其数学模型,而根据各种图像模糊过程都有相加或积分运算这一共同点,运用相反的运算来减弱和消除模糊。这一类消减图像模糊的图像增强方法称为图像锐化。

图像锐化的主要目的是加强图像中的目标边界和图像细节。值得注意的是,进行锐化处理的图像必须要有较高的信噪比,否则,图像进行锐化以后,信噪比变低,图像质量急剧下降。另外,由于锐化将使噪声受到比信号还强的增强,故必须小心处理,一般都是先进行图像平滑,去除或减轻图像中的干扰噪声,然后再进行锐化处理。

锐化技术可以在空间域中进行,基本的方法是对图像进行微分处理;高通滤波技术在频率域得以运用。在空间域中,由于需要锐化的图像边界或线条可能是任意走向的,所以期望采用的算子应该是各向同性的。所谓各向同性,是指无论边界或线条走向如何,只要幅度相等,算子就给出相同的输出。可以证明,偏导数的平方和运算是各向同性的,如微分算子和拉普拉斯算子就是各向同性的,当然还有其他一些不同的算子也是各向同性的。

本节主要介绍一些常用的图像锐化方法,如微分算子方法、Sobel 算子方法、拉普拉斯算子方法、空域高通滤波方法等。

3.3.1　微分算子方法

图像处理中常用的微分方法是求梯度。对于连续函数 $f(x,y)$,它在点 (x,y) 处的梯度是一个矢量,定义为

$$\boldsymbol{G}\big[f(x,y)\big]=\begin{bmatrix}\dfrac{\partial f}{\partial x}\\[2mm]\dfrac{\partial f}{\partial y}\end{bmatrix} \tag{3.26}$$

点 (x,y) 梯度的幅度为梯度矢量的模,即

$$\boldsymbol{G}\big[f(x,y)\big]=\left[\left(\frac{\partial f}{\partial x}\right)^2+\left(\frac{\partial f}{\partial y}\right)^2\right]^{\frac{1}{2}} \tag{3.27}$$

对于数字图像 $f(x,y)$,采用差分运算来近似替代微分运算,在其像素点 (i,j) 处,x 方向和 y 方向上的一阶差分定义为

$$\Delta_x f(i,j)=f(i,j)-f(i+1,j) \tag{3.28}$$
$$\Delta_y f(i,j)=f(i,j)-f(i,j+1) \tag{3.29}$$

各像素的位置如图 3.12(a)所示。此时,式(3.27)可以近似为

$$\boldsymbol{G}\big[f(x,y)\big]=\{[f(i,j)-f(i+1,j)]^2+[f(i,j)-f(i,j+1)]^2\}^{\frac{1}{2}} \tag{3.30}$$

为了简便运算,将式(3.30)进一步简化为

$$\boldsymbol{G}\big[f(x,y)\big]=|f(i,j)-f(i+1,j)|+|f(i,j)-f(i,j+1)| \tag{3.31}$$

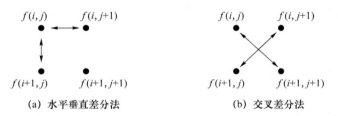

(a) 水平垂直差分法　　　　　　　　(b) 交叉差分法

图 3.12　梯度的两种差分算法

以上这种求梯度的方法又称为水平垂直差分法。另外一种求梯度的方法叫作罗伯特梯度(Robert Gradient)法,它是一种交叉差分法,如图 3.12(b)所示。其数学表达式为

$$\boldsymbol{G}\big[f(x,y)\big]=\{[f(i,j)-f(i+1,j+1)]^2+[f(i+1,j)-f(i,j+1)]^2\}^{\frac{1}{2}} \tag{3.32}$$

式(3.32)可以简化为

$$\boldsymbol{G}\big[f(x,y)\big]=|f(i,j)-f(i+1,j+1)|+|f(i+1,j)-f(i,j+1)| \tag{3.33}$$

由图 3.12 可以看出,水平垂直差分法计算的梯度是水平轴和垂直轴两个方向的差分和,

而罗伯特梯度法计算的梯度是取旋转±45度两个方向的差分和。以上两种梯度近似算法无法求得图像最后一行和最后一列各像素的梯度,一般用前一行和前一列的梯度值近似代替。

由梯度的计算可知,在图像中灰度变化较大的边缘区域,其梯度值较大;在灰度变化平缓的区域,其梯度值较小;而在灰度均匀区域,其梯度值为零。由此可知,图像经过梯度运算后,剩下灰度值急剧变化的边缘处的那些像素点。

计算完梯度之后,如何确定锐化输出的图像是一个需要考虑的问题。根据需要,可以生成不同的梯度增强图像。

第一种获得增强图像的方法是直接以梯度值为锐化输出,即

$$g(x,y) = \boldsymbol{G}[f(x,y)] \tag{3.34}$$

这种方法的优点是直截了当、简单易行,缺点是增强的图像仅显示灰度变化比较大的边缘或轮廓,而灰度变化平缓的区域则呈现黑色,整幅锐化图像表现出暗的特性,这在有些场合是不适宜的。

第二种获得增强图像的方法是辅以门限判决,即

$$g(x,y) = \begin{cases} \boldsymbol{G}[f(x,y)], & \boldsymbol{G}[f(x,y)] \geqslant T \\ f(x,y), & \text{其他} \end{cases} \tag{3.35}$$

式(3.35)中,T是一个非负的门限值。这种方法只有在梯度值超过一定值时才用梯度值替代原像素灰度值。适当选取T值,既可以使明显的边缘或轮廓得到增强,又不会破坏原图像中灰度变化平缓的区域。

第三种获得增强图像的方法是给边缘规定一个特定的灰度级,即

$$g(x,y) = \begin{cases} L_G, & \boldsymbol{G}[f(x,y)] \geqslant T \\ f(x,y), & \text{其他} \end{cases} \tag{3.36}$$

式(3.36)中,T是一个非负的门限值,L_G是根据需要指定的一个灰度级。

第四种获得增强图像的方法是给背景规定特定的灰度级,即

$$g(x,y) = \begin{cases} \boldsymbol{G}[f(x,y)], & \boldsymbol{G}[f(x,y)] \geqslant T \\ L_G, & \text{其他} \end{cases} \tag{3.37}$$

这种方法将背景用一个特定的灰度级L_G来表示,突出了边缘,便于研究边缘灰度的变化情况。

第五种获得增强图像的方法是用二值图像来表示背景和边缘,即

$$g(x,y) = \begin{cases} L_G, & \boldsymbol{G}[f(x,y)] \geqslant T \\ L_B, & \text{其他} \end{cases} \tag{3.38}$$

这种方法主要突出了边界的位置,其中L_G,L_B的大小可以根据需要确定。

3.3.2 Sobel 算子

微分算子方法锐化图像时,图像中的噪声、条纹等同样得到加强,这在图像处理中会造成伪边缘和伪轮廓。Sobel算子则在一定程度上克服了这个困难。

Sobel算子的基本思想是:以待增强图像的任意像素(i,j)为中心,截取一个3×3的像素窗口,如图3.13所示。分别计算窗口中心像素在x方向和y方向上的梯度:

$$S_x = [f(i+1,j-1) + 2f(i+1,j) + f(i+1,j+1)] - [f(i-1,j-1) + 2f(i-1,j) + f(i-1,j-1)]$$
$$\tag{3.39}$$

$$S_y = [f(i-1,j+1)+2f(i,j+1)+f(i+1,j+1)] - [f(i-1,j-1)+2f(i,j-1)+f(i+1,j-1)]$$

$$(3.40)$$

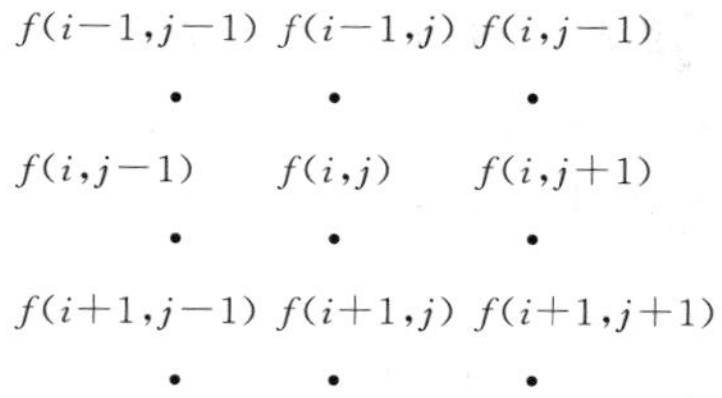

$$
\begin{array}{ccc}
f(i-1,j-1) & f(i-1,j) & f(i,j-1) \\
\bullet & \bullet & \bullet \\
f(i,j-1) & f(i,j) & f(i,j+1) \\
\bullet & \bullet & \bullet \\
f(i+1,j-1) & f(i+1,j) & f(i+1,j+1) \\
\bullet & \bullet & \bullet
\end{array}
$$

图 3.13　Sobel 算子图像窗口

增强后,图像在 (i,j) 处的灰度值为

$$g = \sqrt{S_x^2 + S_y^2} \tag{3.41}$$

为了简化,也可以计算如下:

$$g = |S_x| + |S_y| \tag{3.42}$$

$$g = \max(|S_x|, |S_y|) \tag{3.43}$$

可以看出,Sobel 算子在计算 x 方向和 y 方向上的梯度时,不像普通梯度算子那样只用两个像素灰度差值来表示,而是采用两列或两行像素灰度加权和的差值来表示,这使得 Sobel 算子具有如下两个优点:加权平均的引入,对图像中的随机噪声具有一定的平滑作用;由于 Sobel 算子采用间隔两行或者两列的差分,所以图像中边缘两侧的像素得到了增强,Sobel 算子得到的锐化图像的边缘显得粗而亮。

Sobel 算子也可以采用矢量的方式来表示。将图 3.13 所示窗口中的像素表示成一个 3×3 的二维矢量 $\boldsymbol{M}$。Sobel 算子可以将其分解成下列两个模板:

$$
\boldsymbol{M}_1 = \begin{pmatrix} -1 & 0 & 1 \\ -2 & 0 & 2 \\ -1 & 0 & 1 \end{pmatrix}, \quad
\boldsymbol{M}_2 = \begin{pmatrix} -1 & -2 & -1 \\ 0 & 0 & 0 \\ 1 & 2 & 1 \end{pmatrix}
$$

3.3.3　拉普拉斯算子

拉普拉斯(Laplacian)算子是一种十分常用的图像边缘增强处理算子。拉普拉斯算子是线性二次微分算子,具有各向同性和位移不变性,可满足不同走向的图像边缘的锐化要求。

对于连续图像 $f(x,y)$,它的拉普拉斯算子为

$$\nabla^2 f = \frac{\partial^2 f}{\partial x^2} + \frac{\partial^2 f}{\partial y^2} \tag{3.44}$$

当图像模糊由于扩散现象引起时,如胶片颗粒化学扩散、光/电散射等,不模糊图像等于已模糊图像减去它的拉普拉斯算子运算结果的 k 倍,即

$$g = f - k \nabla^2 f \tag{3.45}$$

式(3.45)中,f 为模糊图像,g 为锐化以后的图像,k 是与扩散效应有关的系数。式(3.45)表明,模糊图像 f 经过拉普拉斯算子锐化以后得到不模糊图像 g。

对于数字图像 $f(i,j)$ 来讲,拉普拉斯算子的定义为

$$\nabla^2 f(i,j) = \Delta_x^2 f(i,j) + \Delta_y^2 f(i,j) \tag{3.46}$$

式(3.46)中，

$$
\begin{aligned}
\Delta_x^2 f(i,j) &= \Delta_x[\Delta_x f(i,j)] = \Delta_x[f(i+1,j) - f(i,j)] \\
&= \Delta_x f(i+1,j) - \Delta_x f(i,j) \\
&= f(i+1,j) - f(i,j) - f(i,j) + f(i-1,j) \\
&= f(i+1,j) + f(i-1,j) - 2f(i,j)
\end{aligned}
\tag{3.47}
$$

类似可以求得

$$
\Delta_y^2 f(i,j) = f(i,j+1) + f(i,j-1) - 2f(i,j)
\tag{3.48}
$$

所以

$$
\nabla^2 f = f(i+1,j) + f(i-1,j) + f(i,j-1) + f(i,j+1) - 4f(i,j)
\tag{3.49}
$$

式(3.49)也可以改写成以下形式：

$$
\nabla^2 f = -5\left\{f(i,j) - \frac{1}{5}\left[f(i+1,j) + f(i-1,j) + f(i,j) + f(i,j-1) + f(i,j+1)\right]\right\}
\tag{3.50}
$$

可见，数字图像在(i,j)点处的拉普拉斯算子，可以由(i,j)点灰度值减去其邻域均值来求得。如果把包含(i,j)点在内的邻域均值看作扩散形成的模糊的话，又可以将式(3.50)理解为$f(i,j)$与其模糊的差值。如果令式(3.45)中的$k=1$，则拉普拉斯算子锐化后的图像为

$$
g(i,j) = f(i,j) - \nabla^2 f(i,j)
\tag{3.51}
$$

下面解释拉普拉斯算子加强图像边缘的机理。锐化后的图像可以表示为

$$
g(i,j) = 5f(i,j) - \left[f(i+1,j) + f(i-1,j) + f(i,j-1) + f(i,j+1)\right]
\tag{3.52}
$$

为了更加直观地说明，假设边界平行于某坐标轴。当像素(i,j)在均匀区域或斜坡区域中时，由式(3.52)可知，$g(i,j) = f(i,j)$，其不改变图像内容；当像素(i,j)在斜坡底部或边界处低灰度侧时，由于其邻点灰度大于或等于$f(i,j)$，所以$g(i,j) < f(i,j)$，产生下冲；当像素(i,j)在斜坡顶部或边界处高灰度侧时，由于其邻点灰度小于或等于$f(i,j)$，所以$g(i,j) > f(i,j)$，产生上冲。上述的上冲和下冲无疑使斜坡或边界变得陡峭。

例1：设有一个大小为$1 \times n$的数字图像，其各点的灰度值如下所列：

$$
f(j) = \{\cdots, 0,0,0,1,2,3,4,5,5,5,5,5,5.6,6,6,6,6,6,3,3,3,\cdots\}
$$

计算$\nabla^2 f$及锐化后的各点灰度级值g（设$k=1$）。

首先运用式(3.50)计算各点的拉普拉斯算子值：

$$
\nabla^2 f(j) = \{\cdots, 0,0,1,0,0,0,0,-1,0,0,0,0,1,-1,0,0,0,0,-3,3,0,0,\cdots\}
$$

再按式(3.51)计算锐化后的图像序列：

$$
g(j) = \{\cdots, 0,0,-1,1,2,3,4,6,5,5,5,5,4,7,6,6,6,6,9,0,3,3,\cdots\}
$$

锐化前后的图像灰度如图3.14所示。从图可以看出，在灰度级斜坡底部（如第3点）和界线的低灰度级侧（如第13、20点）形成下冲；在灰度级斜坡顶部（如第8点）和界线的高灰度级侧（如第14、19点）形成上冲；在灰度级平坦区域（如第9～12点、第15～18点），运算前后没有变化。由此看出，拉普拉斯算子可以对由于扩散而模糊的图像起到边界轮廓增强的效果。

拉普拉斯算子可以表示成模板的形式，如图3.15所示。同梯度算子进行锐化一样，拉普拉斯算子也增强了图像的噪声，但跟微分算子相比，拉普拉斯算子对噪声的增强作用较弱。在应用拉普拉斯算子进行边缘增强时，有必要先对图像进行平滑处理。

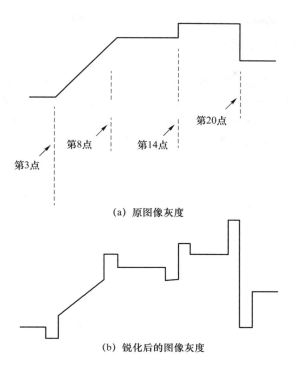

（a）原图像灰度

（b）锐化后的图像灰度

图 3.14　拉普拉斯锐化前、后的图像灰度

0	1	0
1	−4	1
0	1	0

图 3.15　拉普拉斯模板

图 3.16（a）是 Lena 原图像，采用拉普拉斯算子进行锐化处理后的图像如图 3.16（b）所示。

（a）Lena 原图像

（b）拉普拉斯算子锐化处理后的图像

图 3.16　Lena 原图像及拉普拉斯算子锐化处理后的图像

3.3.4 空域高通滤波

图像中的边缘或细节部分与图像频谱的高频分量相对应,因此采用高通滤波让高频分量顺利通过,而对低频分量则充分限制,可使图像的边缘或线条等细节变得清楚,实现锐化图像的目的。与图像的低通滤波一样,图像的高通滤波在空间域中也是采用卷积方法,利用卷积模板实现的,只不过其中滤波器的冲激响应阵列不同。几种常用的高通滤波器冲激响应阵列如下:

$$H_1 = \begin{pmatrix} 0 & -1 & 0 \\ -1 & 5 & -1 \\ 0 & -1 & 0 \end{pmatrix} \tag{3.53}$$

$$H_2 = \begin{pmatrix} -1 & -1 & -1 \\ -1 & 9 & -1 \\ -1 & -1 & -1 \end{pmatrix} \tag{3.54}$$

$$H_3 = \begin{pmatrix} 1 & -2 & 1 \\ -2 & 5 & -2 \\ 1 & -2 & 1 \end{pmatrix} \tag{3.55}$$

$$H_4 = \frac{1}{7} \begin{pmatrix} -1 & -2 & -1 \\ -2 & 19 & -2 \\ -1 & -2 & -1 \end{pmatrix} \tag{3.56}$$

$$H_5 = \frac{1}{2} \begin{pmatrix} -2 & 1 & -2 \\ 1 & 6 & 1 \\ -2 & 1 & -2 \end{pmatrix} \tag{3.57}$$

$$H_6 = \begin{pmatrix} 0 & -1 & -1 & -1 & 0 \\ -1 & 2 & -4 & 2 & -1 \\ -1 & -4 & 13 & -4 & -1 \\ -1 & 2 & -4 & 2 & -1 \\ 0 & -1 & -1 & -1 & 0 \end{pmatrix} \tag{3.58}$$

在实际使用中,用户可以根据需要选用合适的模板来达到特定的锐化效果。需要注意的是,如果一幅图像包含很多细节,高通滤波有时会产生奇怪的效果。有时候,用户真的不想接受它;但有时候,又觉得这种效果很有趣。比如,在红色区域随机散布一些白色小点,先进行模糊处理,再用高通滤波进行过滤,生成的结果也许正是用户所需要的。有时,为了得到理想的锐化图像,用户可以观察各种高通模板的特点,并对其进行合理的改造。

3.4 图像滤波

前面几节详细介绍了在空间域中进行图像增强的原理和一些经典方法。对于图像这样的二维信号,可以先利用傅里叶变换将其转换到频率域,然后在频率域中对其进行相应的增强操作,如平滑、锐化等。与空间域类似,在频率域中的平滑是采用低通滤波和同态滤波实现的,锐化是通过高通滤波实现的。

3.4.1　低通滤波

对图像进行傅里叶变换得到它的频谱,直流分量表示图像的平均灰度,大面积的背景区域和缓慢变化区域在频域中贡献低频分量,图像的边缘、细节、跳跃部分以及噪声都代表图像的高频分量。因此,在频域中对图像频谱进行低通滤波可消除噪声,使图像变得平滑,但也可能滤除某些边界对应的频率分量而使图像边界变得模糊。

频率域中的图像滤波处理流程如图 3.17 所示。其中,设线性低通滤波器的传递函数为 $H(u,v)$,则滤波器的输出为

$$G(u,v) = H(u,v)F(u,v) \tag{3.59}$$

得到 $G(u,v)$ 后对其进行傅里叶反变换就得到所希望的图像 $g(x,y)$ 了。

$$f(x,y) \rightarrow \boxed{\text{傅里叶变换}} \xrightarrow{F(u,v)} \boxed{\text{线性低通滤波器}} \xrightarrow{G(u,v)} \boxed{\text{傅里叶反变换}} \rightarrow g(x,y)$$

图 3.17　频率域中的图像滤波处理流程

下面介绍几种常用的低通滤波器,其中所有的滤波器都是零相位的,即它们对信号傅里叶变换的实部和虚部系数有着相同的影响,其传递函数以连续形式给出。

1. 理想低通滤波器

一个理想低通滤波器(ILPF)的传递函数如下:

$$H(u,v) = \begin{cases} 1, & D(u,v) \leqslant D_0 \\ 0, & D(u,v) > D_0 \end{cases} \tag{3.60}$$

式(3.60)中,D_0 是一个给定的非负数值,称为理想低通滤波器的截止频率。$D(u,v)$ 代表从频率平面的原点到 (u,v) 点的距离,即 $D(u,v) = (u^2 + v^2)^{\frac{1}{2}}$。传递函数表明以 D_0 为半径的圆内所有频率分量无损地通过,圆外的所有频率分量完全被滤除。

理想低通滤波器在处理过程中会产生较严重的模糊和"振铃"现象。由于 $H(u,v)$ 在截止频率边界处发生突变,所以与其对应的冲激响应 $h(x,y)$ 在空间域中表现出同心环的形式,并且此同心环半径与 D_0 成反比。D_0 越小,同心环半径越大,模糊程度越厉害。理想低通滤波器频率特性曲线如图 3.18 所示。

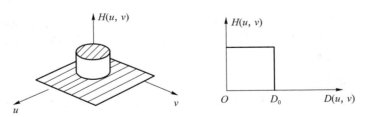

图 3.18　理想低通滤波器频率特性曲线

2. 巴特沃斯低通滤波器

巴特沃斯低通滤波器(BLPF)又称为最大平坦滤波器。由于这种滤波器的通带和阻带之间没有明显的锐截止,因此它的空间响应没有"振铃"现象发生,模糊程度减少,平滑后图像的细节清晰度得以提高。

巴特沃斯滤波器的传递函数为

$$H(u,v) = \frac{1}{1 + [D(u,v)/D_0]^{2n}} \qquad (3.61)$$

或

$$H(u,v) = \frac{1}{1 + (\sqrt{2}-1)[D(u,v)/D_0]^{2n}} \qquad (3.62)$$

在式(3.61)和式(3.62)中,n 为滤波器阶数,取正整数,它控制滤波器的衰减速度。这两种 $H(u,v)$ 具有不同的衰减特性,可以根据需要来确定选用哪一种。BLPF 特性曲线如图 3.19(a) 所示。

从 BLPF 特性曲线可以看出,它的尾部保留有较多的高频部分,所以对噪声的平滑效果不如 ILPF。一般情况下,采用曲线下降到 $H(u,v)$ 最大值的 $1/\sqrt{2}$ 时对应的那一点作为低通滤波器截止频率点。当 $D(u,v)=D_0$,$n=1$ 时,式(3.61)中的 $H(u,v)=0.5$,式(3.62)中的 $H(u,v)=1/\sqrt{2}$。

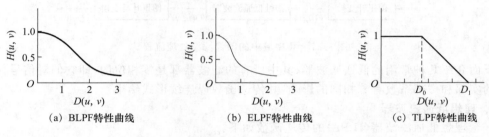

(a) BLPF特性曲线　　　　(b) ELPF特性曲线　　　　(c) TLPF特性曲线

图 3.19　几种低通滤波器特性曲线

3. 指数低通滤波器

指数低通滤波器(ELPF)的传递函数表示为

$$H(u,v) = \exp\left\{-\left[\frac{D(u,v)}{D_0}\right]^n\right\} \qquad (3.63)$$

或

$$H(u,v) = \exp\left\{\left(\ln\frac{1}{\sqrt{2}}\right)\left[\frac{D(u,v)}{D_0}\right]^n\right\} \qquad (3.64)$$

两者的衰减特性略有不同。ELPF 特性曲线如图 3.19(b)所示,$D(u,v)=D_0$,$n=1$ 时,对于式(3.63),$H(u,v)=1/e$,而对于式(3.64),$H(u,v)=1/\sqrt{2}$。指数低通滤波器具有比较平滑的过滤带,经过平滑后的图像没有"振铃"现象。与 BLPF 相比,ELPF 具有更快的衰减特性,滤波得到的图像也要模糊一些。

4. 梯形低通滤波器

梯形低通滤波器(TLPF)的滤波特性曲线介于 ILPF 和 ELPF 之间,它采用了一种线性的衰减过程,如图 3.19(c)所示。梯形低通滤波器的传递函数表示为

$$H(u,v) = \begin{cases} 1, & D(u,v) < D_0 \\ \dfrac{D(u,v)-D_1}{D_0-D_1}, & D_0 \leqslant D(u,v) \leqslant D_1 \\ 0, & D(u,v) > D_1 \end{cases} \qquad (3.65)$$

式(3.65)中,D_0 为截止频率,D_0 和 D_1 需要按照图像特点预先给定,$D_0 < D_1$。当满足 $D_0 = D_1$

时,梯形低通滤波器就转变成了理想低通滤波器。

3.4.2　高通滤波

图像中的边缘或线条等细节部分与图像频谱的高频分量相对应,因此采用高通滤波让高频分量顺利通过,可使图像的边缘或线条等细节变得清楚,实现图像的锐化。频率域内常用的高通滤波器有四种,即理想高通滤波器、巴特沃斯高通滤波器、指数高通滤波器和梯形高通滤波器。

1. 理想高通滤波器

理想高通滤波器(IHPF)的传递函数为

$$H(u,v) = \begin{cases} 0, & D(u,v) \leqslant D_0 \\ 1, & D(u,v) > D_0 \end{cases} \tag{3.66}$$

式(3.66)中,D_0 为截止频率,根据图像的特点来选定;$D(u,v) = (u^2 + v^2)^{\frac{1}{2}}$。IHPF 使特定频率区域的高频分量通过并保持不变,而其他频率区域的分量全部被抑制。

2. 巴特沃斯高通滤波器

巴特沃斯高通滤波器(BHPF)的传递函数为

$$H(u,v) = \frac{1}{1 + [D_0/D(u,v)]^{2n}} \tag{3.67}$$

或者

$$H(u,v) = \frac{1}{1 + (\sqrt{2} - 1)[D_0/D(u,v)]^{2n}} \tag{3.68}$$

式(3.68)中,D_0 为截止频率,$D(u,v) = (u^2 + v^2)^{\frac{1}{2}}$,$n$ 为阶数。巴特沃斯高通滤波器是二维空间上的连续平滑高通滤波器。

3. 指数高通滤波器

指数高通滤波器(EHPF)的传递函数为

$$H(u,v) = \exp\left\{ -\left[\frac{D_0}{D(u,v)} \right]^n \right\} \tag{3.69}$$

或者

$$H(u,v) = \exp\left\{ \left(\ln \frac{1}{\sqrt{2}} \right) \left[\frac{D_0}{D(u,v)} \right]^n \right\} \tag{3.70}$$

式(3.69)和式(3.70)中,n 决定指数函数的衰减率。

4. 梯形高通滤波器

梯形高通滤波器(THPF)的传递函数为

$$H(u,v) = \begin{cases} 0, & D(u,v) < D_1 \\ \dfrac{D(u,v) - D_1}{D_0 - D_1}, & D_1 \leqslant D(u,v) \leqslant D_0 \\ 1, & D(u,v) > D_0 \end{cases} \tag{3.71}$$

式(3.71)中,D_0 为截止频率,$D_1 < D_0$(根据需要选择)。梯形高通滤波器是一种滤波特性介于理想高通滤波器和类似于 BHPF 这种完全平滑滤波器之间的高通滤波器。

图 3.20 给出了上述频率域高通滤波器的传递函数特性曲线。

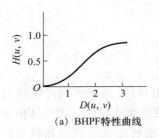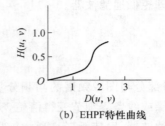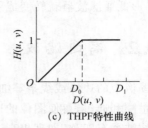

(a) BHPF特性曲线　　　　　　(b) EHPF特性曲线　　　　　　(c) THPF特性曲线

图 3.20　高通滤波器的传递函数特性曲线

3.4.3　同态滤波

　　图像的同态增强方法属于图像频率域处理范畴,其作用是对图像的灰度范围进行调整,以改善图像质量。实际中往往会得到这样的图像,它的灰度动态范围很大,而用户感兴趣的部分的灰度级范围比较小,造成图像的细节难以辨认。采用一般的灰度变换方法很难满足要求。为此可采用同态滤波法。同态滤波法在对数域中对图像进行滤波,在压缩图像整体灰度范围的同时扩大用户感兴趣的灰度范围。

　　由光反射形成自然景物图像 $f(x,y)$ 的数学模型为

$$f(x,y)=f_i(x,y)f_r(x,y) \tag{3.72}$$

可以近似地认为,照明函数 $f_i(x,y)$ 描述景物的照明,与景物本身无关;反射函数 $f_r(x,y)$ 包含了景物的细节信息。一般地,$0<f_i(x,y)<+\infty$,$0<f_r(x,y)<1$。同态增强就是在频率域内运用同一个滤波器对这两个分量分别进行滤波,然后再合成、反变换,其原理如图 3.21 所示。

$$f(x,y) \rightarrow \boxed{\ln} \xrightarrow{\ln f(x,y)} \boxed{FFT} \xrightarrow{F_{\ln}(u,v)} \boxed{H(u,v)} \xrightarrow{G_{\ln}(u,v)} \boxed{FFT^{-1}} \xrightarrow{\ln g(x,y)} \boxed{exp} \xrightarrow{g(x,y)}$$

图 3.21　图像同态增强原理框图

　　由于景物的照明亮度一般是缓慢变化的,所以照明函数的频谱特性集中在低频端,而景物本身具有较多的细节和边缘,为此反射函数的频谱集中在高频端。另外,照明函数描述的图像分量变化幅度大而包含的信息少,而反射函数描述的景物图像的灰度级较少而信息较多,为此,应该压缩照明函数部分而扩展反射函数部分,从而达到抑制图像的灰度范围、扩大图像细节的灰度范围的目的。

　　同态滤波的主要过程描述如下。

　　① 首先对图像函数 $f(x,y)$ 取对数,即进行对数变换,得到

$$\ln f(x,y)=\ln[f_i(x,y)f_r(x,y)]=\ln f_i(x,y)+\ln f_r(x,y) \tag{3.73}$$

　　② 对式(3.73)进行傅里叶变换,得到

$$F_{\ln}(u,v)=F[\ln f(x,y)]=F[\ln f_i(x,y)+\ln f_r(x,y)]$$
$$=F_{i,\ln}(u,v)+F_{r,\ln}(u,v) \tag{3.74}$$

　　③ 将对数图像频谱式(3.74)乘以同态滤波函数 $H(u,v)$,进行滤波处理:

$$G_{\ln}(u,v)=F_{\ln}(u,v) \cdot H(u,v)=G_{i,\ln}(u,v)+G_{r,\ln}(u,v) \tag{3.75}$$

　　④ 求傅里叶反变换,即

$$\ln g(x,y) = F^{-1}[G_{\ln}(u,v)] = \ln g_i(x,y) + \ln g_r(x,y)$$
$$= \ln[g_i(x,y) + g_r(x,y)] \tag{3.76}$$

⑤ 最后求指数变换,得到经同态滤波处理的图像,即

$$g(x,y) = \exp[\ln g(x,y)] = \exp\{\ln[g_i(x,y)g_r(x,y)]\}$$
$$= g_i(x,y)g_r(x,y) \tag{3.77}$$

同态滤波增强图像的效果与滤波曲线的分布形状有关。在实际应用中,需要根据不同图像的特性和增强的需要,选用不同的滤波曲线,如此才能得到满意的结果。

3.5　几 何 变 换

在一些电影或娱乐节目里经常可以看到变形的物体,它们的视觉表现力极强,这些变形物体的产生主要是因为几何变换改变了各物体之间的空间关系,从而产生了奇幻的效果。

一个几何运算需要两个部分完成:首先,定义"空间变换"本身,用它描述每个像素如何从其初始位置"移动"到终止位置,即每个像素的"运动";然后,定义一个用于"灰度插值"的算法,这是因为在一般情况下,输入图像的位置坐标(x,y)为整数,而输出图像的位置坐标为非整数,反过来也是如此。

3.5.1　几何变换过程

1. 空间变换

几何运算的第一个要求是保持图像中曲线特征的连续性和各物体的连通性,因此需要用数学方法来描述输入、输出图像点之间的空间关系。几何运算一般定义为

$$g(x,y) = f(x',y') = f[a(x,y),b(x,y)] \tag{3.78}$$

式(3.78)中,$f(x,y)$表示输入图像,$g(x,y)$表示输出图像。函数$a(x,y)$和$b(x,y)$描述了空间变换,若它们是连续的,则连通关系将在图像中得到保持。

2. 灰度级插值

几何运算的第二个要求是进行灰度级插值。在输入图像$f(x,y)$中,灰度值仅在整数位置(x,y)处被定义。然而,在式(3.78)中,$g(x,y)$的灰度值一般由处在非整数坐标上的$f(x,y)$的值来决定。所以,如果把几何运算看成是一个从f到g的映射,则f中的一个像素映射到g中几个像素之间的位置;反过来也是如此。为了方便讨论,我们规定所有像素都正好位于采样栅格的整数坐标处。

3. 实现几何运算

当实现一个几何运算时,可采用如下两种方法。一种方法是把几何运算想象成将输入图像的像素一个个地转移到输出图像。如果一个输入像素被映射到四个输出像素之间的位置,则采用插值算法在四个输出像素之间对该输入像素的灰度值进行分配。这种处理称为"像素移交"(pixel carry-over)或"前向映射法",如图3.22(a)所示。另一种更有效的方法是"像素填充"(pixel filling),或称为"后向映射法",就是指将输出像素逐个地映射回输入图像中,以便确定其灰度级。如果一个输出像素被映射到四个输入像素之间,则其灰度值由灰度级插值决定,如图3.22(b)所示,后向空间变换是前向变换的逆过程。

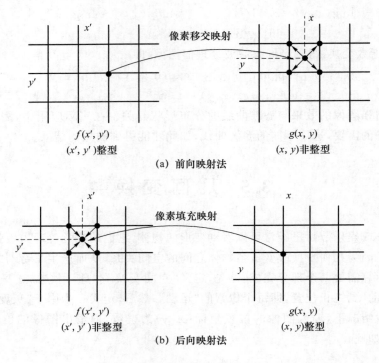

图 3.22 像素变换

应用前向映射法时许多输入像素可能会映射到输出图像的边界之外,因此会浪费很多计算量。通常情况下,每个输出像素的灰度值可能要由许多输入像素的灰度值来决定,因而会涉及多次计算的问题。例如:如果空间变换包括缩小处理,则会有四个以上的输入像素决定一个输出像素的灰度值;如果空间变换含有放大处理,则一些输出像素可能被漏掉(如果没有输入像素被映射到它们附近位置的话)。因此,前向运算不太周密。

后向映射法是逐像素、逐行地产出输出图像。每个输出像素的灰度级由最多四个输入像素参与的插值唯一确定。当然,输入图像必须允许按空间变换所定义的方式随机访问,因而算法可能有些复杂,但不失为一种切实可行的算法。

3.5.2 灰度级插值

在后向映射法中,输出像素通常被映射到输入图像中的非整数位置,即不在栅格点上,而是位于四个输入像素之间,这时就需要利用邻近栅格点上输入像素的灰度值进行插值运算,从而确定输出像素的灰度值。本节主要介绍零阶插值和一阶插值。

1. 最近邻插值

最简单的插值方法是“最近邻插值”,又称为“零阶插值”,具体为:令输出像素的灰度值等于离它所映射到的位置最近的输入像素的灰度值。

最近邻插值计算十分简单,在许多情况下,其结果可以被接受。但当图像包含明显的几何结构时,结果将不太光滑,从而图像中将产生人为的痕迹,即有明显的板块效应。

2. 双线性插值

双线性插值又称为“一阶插值”,其效果强于零阶插值法,在一个矩形栅格上进行双线性插值要用双线性函数实现。令 $f(x,y)$ 为两个变量的函数,其在单位正方形顶点的值是已知的。假设希望通过插值得到正方形内任意点 $f(x,y)$ 的值,可定义双线性方程:

$$f(x,y)=ax+by+cxy+d \tag{3.79}$$

它表示一个双曲抛物面,a,b,c,d 四个系数由已知的四个顶点的 $f(x,y)$ 值来确定,可以使该双曲抛物面与四个已知点拟合。

双线性插值算法如下。

① 对区域上端的两个顶点进行线性插值可得:

$$f(x,0)=f(0,0)+x[f(1,0)-f(0,0)] \tag{3.80}$$

② 对区域底端的两个顶点进行线性插值有:

$$f(x,1)=f(0,1)+x[f(1,1)-f(0,1)] \tag{3.81}$$

③ 在两条线段之间做垂直方向的线性插值,以确定 $f(x,y)$:

$$f(x,y)=f(x,0)+y[f(x,1)-f(x,0)] \tag{3.82}$$

④ 将式(3.80)和式(3.81)代入式(3.82),展开并合并可得:

$$\begin{aligned}f(x,y)=&[f(1,0)-f(0,0)]x+[f(0,1)-f(0,0)]y+\\&[f(1,1)+f(0,0)-f(0,1)-f(1,0)]xy+f(0,0)\end{aligned} \tag{3.83}$$

式(3.83)类似于式(3.79),是双线性的。通过验证可知,式(3.83)的确满足已知的单位正方形四个顶点的 $f(x,y)$ 值。双线性插值如图 3.23 所示。

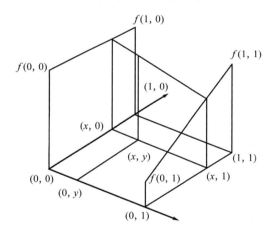

图 3.23　双线性插值

当使用双线性等式对相邻四个像素进行插值时,所得表面在邻域边界处吻合,但斜率却不吻合,因此,由分段双线性插值产生的表面是连续的,但其导数在邻域边界处通常是不连续的。

3. 高阶插值

在几何运算中,双线性灰度插值的平滑作用可能会使图像的细节产生退化,尤其是在进行放大处理时,这种影响将更为明显。而在其他应用中,双线性插值的斜率不连续性也会产生不希望得到的结果。这两种缺陷都可通过高阶插值得到修正。高阶插值函数类似于式(3.79),是包含 x,y 的非线性组合,具有 4 个以上系数,适用于拟合多于 4 个点的邻域。常用于高阶插值的函数有三次样条、Legendre 中心函数以及 $\sin(ax)/ax$ 函数。如果高阶插值函数系数的个数与点的个数相等,则插值表面可与所有点吻合;如果高阶插值函数系数的个数多于点的个数,则可使用曲线拟合或最小误差法优化系数,高阶插值常用卷积实现。

习　题　3

1. 编写一程序,显示任意图像及其直方图。

2. 编写一算法,实现直方图均衡化。

3. 编写一程序,实现中值滤波,并对实际图像进行操作。

4. $G_x = f(x,y) - f(x+1,y)$ 是用差分来近似导数的一种方法,请给出在频域进行等价计算时所用的滤波器传递函数 $H(u,v)$,并证明这个滤波器具有高通滤波器的作用。

第 4 章

图 像 编 码

4.1 概 述

随着信息技术的发展,图像信息已成为通信和计算机系统中的一种重要处理对象。与文字信息不同的是,图像信息占据大量的存储容量,所用传输信道也较宽。据一些实验和估算,人类获取的信息有近 80% 来自视觉系统,可见图像是多媒体信息中的重中之重。然而,图像最大的特点和最大的难点就是海量数据的表示与传输。我们先来看一个例子,一幅 512×512 像素,8 bit/像素的黑白图像占 256 KB 的磁盘空间;一幅 512×512 像素,每分量 8 bit/像素的彩色静止图像则占 3×256=768 KB 的磁盘空间。如果以每秒 24 帧(1 帧即 1 幅图像)的速度传送此彩色图像,一秒钟的数据量就有 24×768 KB≈18.5 MB,那么一张 680 MB 容量的 CD-ROM 仅能存储 30 多秒的原始数据,即使以现在的技术,仍然难以满足原始数字图像存储和传输的需要,因此,对图像数据进行压缩成了技术进步的迫切需求。图像数据本身固有的冗余性和相关性,使得将一个大的图像数据文件转换成较小的图像数据文件成为可能。

4.1.1 图像数据的冗余

图像数据文件通常包含着大量冗余信息,还有相当数量的不相干信息,这为数据压缩技术提供了可能。

数据压缩技术利用数据固有的冗余性和不相干性,将一个大的数据文件转换成较小的数据文件,图像数据压缩就是要去掉信号数据的冗余性。一般来说,图像数据中存在以下几种冗余。

① 空间冗余:这种冗余在图像数据中最常见。如在同一幅图像中,规则物体或规则背景(所谓规则是指表面是有序的)的表面,其物理特性具有相关性,这些相关性使成像后的数字化图像结构趋于有序和平滑,表现为空间数据的冗余。

② 时间冗余:在序列图像(电视图像、运动图像)和语音数据中,相邻两帧图像之间有较大的相关性,这就反映为时间冗余。

③ 结构冗余:有些图像存在较强的纹理结构,如墙纸图案等,这使图像在结构上产生了冗余。

④ 信息熵冗余:也称编码冗余,信息熵是指信源所携带的平均信息量,如果图像中平均每个像素使用的位数大于该图像的信息熵,则图像中存在冗余,这种冗余称为信息熵冗余。

⑤ 知识冗余:先验知识和背景知识是存在的,例如:人脸图像有固定的结构,嘴的上方有鼻子,鼻子的上方有眼睛,鼻子位于正脸图像的中线上;等等。这些知识使得需要传输的信息量减少,我们称这一类冗余为知识冗余。

⑥ 视觉冗余:人的眼睛对某些图像特征不敏感,这些特征信息可以不在图像数据中出现。事实上,人眼的分辨能力一般约为 2^6 灰度等级,而图像的量化常采用 2^8 灰度等级,我们把这类冗余称为视觉冗余。

图像数据的这些冗余信息为图像压缩编码提供了依据,针对数据冗余类型的不同,可以有多种不同的数据压缩方法。

4.1.2 图像压缩的性能评价

在数据的有损压缩中,编码恢复的信号与原始信号存在偏差。为了评价数据压缩性能,人们引入保真度准则来度量这种偏差。在图像压缩性能评价中,常用的准则有客观保真度与主观保真度。

1. 客观保真度

令 $\{f(m,n)\}$ 表示原始图像,$\{\hat{f}(m,n)\}$ 表示解压图像,$f(m,n)$ 与 $\hat{f}(m,n)$ 之间的偏差为

$$e(m,n) = f(m,n) - \hat{f}(m,n) \tag{4.1}$$

假定两幅图像的大小为 $M \times N$,它们之间的均方根误差 e_{ms} 为

$$e_{ms} = \left\{ \frac{1}{MN} \sum_{m=1}^{M} \sum_{n=1}^{N} [f(m,n) - \hat{f}(m,n)]^2 \right\}^{\frac{1}{2}} \tag{4.2}$$

可以采用均方根误差 e_{ms} 作为客观保真度,进行图像压缩性能评价。在进行图像压缩性能评价时,将数据压缩的性能评价与压缩比 CR 结合起来考虑。压缩比为表示原始数据所需的比特数与压缩编码后所需的比特数之比,即

$$CR = \frac{\text{表示原始数据所需的比特数}}{\text{压缩编码后所需的比特数}} \tag{4.3}$$

在相同的压缩比下,均方根误差 e_{ms} 越小,性能越好。反过来,在相同的均方根误差 e_{ms} 下,压缩比越大,性能越好。

常用的客观保真度还有信噪比 SNR 与峰值信噪比 PSNR:

$$SNR = 10\lg \left\{ \frac{\sum_{m=1}^{M} \sum_{n=1}^{N} [f(m,n) - e_f]^2}{\sum_{m=1}^{M} \sum_{n=1}^{N} [f(m,n) - \hat{f}(m,n)]^2} \right\} \tag{4.4}$$

$$PSNR = 10\lg \left\{ \frac{255 \times 255}{\frac{1}{MN} \sum_{m=1}^{M} \sum_{n=1}^{N} [f(m,n) - \hat{f}(m,n)]^2} \right\} \tag{4.5}$$

其中,SNR 与 PSNR 的单位为分贝(dB),e_f 为 $\{f(m,n)\}$ 的均值,即

$$e_f = \frac{1}{MN} \sum_{m=1}^{M} \sum_{n=1}^{N} f(m,n) \tag{4.6}$$

在相同的压缩比下,信噪比 SNR 或峰值信噪比 PSNR 越大,性能越好。反过来,在相同

的信噪比 SNR 或峰值信噪比 PSNR 下,压缩比越大,性能越好。

2. 主观保真度

主观评价是指人对图像质量的主观感觉。因为解压图像最终是给人观看的,所以在图像压缩性能评价中,主观评价往往更合适、更重要。一种常用的主观评价方法是:把图像展示给一组观察者,把他们对该图像的评价结果加以平均,以该结果来评价图像的主观质量。主观评价可参照某种绝对尺度,例如,有关电视图像的绝对评价打分标准如表 4.1 所示。

表 4.1　电视图像的绝对评价打分标准

评分	评价	质量说明
1	优秀的	具有极高的图像质量,是人能想象的最好的质量
2	良好的	图像质量高,可供观赏,干扰并不影响观看
3	可通过的	图像质量可以接受,干扰并不太影响观看
4	边缘的	图像质量较低,干扰有点影响观看,希望加以改善
5	劣等的	图像质量很差,尚能观看,干扰显著,影响观看
6	不能用的	图像质量非常差,无法观看

4.2　统　计　编　码

图像中存在冗余。图像编码就是要尽可能去除图像中的冗余成分,以最小的数码率传递最大的信息量。对于无记忆的信源,可以利用像素值出现概率的不均等性,采用统计编码方法来压缩数码率。统计编码就是根据数据出现概率的分布特性而进行的压缩编码。常用的统计编码有霍夫曼(Huffman)编码、香农-费诺(Shannon-Fano)编码与算术编码。对于有记忆的信源,首先要进行去相关处理,如 DPCM、KLT、DCT 与 DWT,然后再利用统计编码来压缩数码率。

本节先讨论编码效率与冗余度,再介绍三种统计编码方法。

4.2.1　编码效率与冗余度

编码效率与冗余度是用来衡量编码方法优劣的准则。设 $\{v_1, v_2, \cdots, v_M\}$ 为一个离散无记忆信源,具有 N 个消息,其中消息 v_i 出现的概率为 $p_i (i=1,2,\cdots,N)$。该信源可用如下的形式来表示:

$$X = \begin{Bmatrix} v_1, v_2, \cdots, v_N \\ p_1, p_2, \cdots, p_N \end{Bmatrix} \tag{4.7}$$

信源 X 的熵为

$$H(X) = -\sum_{i=1}^{N} p_i \log_2 p_i \tag{4.8}$$

从字母集 $A=\{0,1\}$ 中选取 0 或 1 对信源 X 进行无失真编码,假设 L_i 表示对 v_i 的编码长度,则平均码长为

$$\bar{L} = \sum_{i=1}^{N} p_i L_i \tag{4.9}$$

由信息论可知,熵 $H(X)$ 是离散无记忆信源进行无失真编码时的基本极限,即找不到平均码长比其更短的无失真编码,也就是

$$H(X) \leqslant \bar{L} \tag{4.10}$$

编码效率定义为

$$\eta = \frac{H(X)}{\bar{L}} \times 100\% \tag{4.11}$$

编码效率表示平均码长 $\bar{L}$ 与基本极限 $H(X)$ 的接近程度。如果 $\eta \neq 100\%$,表明编码还有冗余度。冗余度定义为

$$R_d = 1 - \eta \tag{4.12}$$

统计编码的关键问题就是尽量减小平均码长 $\bar{L}$,使编码效率 η 趋于 1,或者使冗余度 R_d 趋于 0。可以根据这一准则来衡量编码方法的优劣。

例如,设一离散信源 X 为

$$X = \left\{ \begin{array}{c} v_1, v_2, v_3, v_4 \\ \dfrac{1}{2}, \dfrac{1}{4}, \dfrac{1}{8}, \dfrac{1}{8} \end{array} \right\}$$

计算 X 的熵:

$$\begin{aligned} H(X) &= -\sum_{i=1}^{4} p_i \log_2 p_i \\ &= \left(-\frac{1}{2} \log_2 \frac{1}{2} - \frac{1}{4} \log_2 \frac{1}{4} - \frac{1}{8} \log_2 \frac{1}{8} - \frac{1}{8} \log_2 \frac{1}{8} \right) \text{比特 / 消息} \\ &= 1.75 \text{ 比特 / 消息} \end{aligned}$$

考虑下面两种编码方法。

① 变长码:

$$\left\{ \begin{array}{c} v_1, v_2, v_3, v_4 \\ 0, 10, 110, 111 \end{array} \right\}$$

② 等长码:

$$\left\{ \begin{array}{c} v_1, v_2, v_3, v_4 \\ 00, 01, 11, 11 \end{array} \right\}$$

方法①采用变长码,概率大的消息编码短,概率小的消息编码长,此时,平均码长 $\bar{L}$ 为

$$\bar{L} = \sum_{i=1}^{4} p_i L_i = \left(\frac{1}{2} \times 1 + \frac{1}{4} \times 2 + \frac{1}{8} \times 3 + \frac{1}{8} \times 3 \right) \text{比特 / 消息} = 1.75 \text{ 比特 / 消息}$$

编码效率为

$$\eta = \frac{H(X)}{\bar{L}} \times 100\% = \frac{1.75}{1.75} \times 100\% = 100\%$$

由上可知,方法①的编码效率为 100%,平均码长达到了基本极限。

方法②采用等长码,平均码长

$$\bar{L} = \sum_{i=1}^{4} p_i L_i = 2 \sum_{i=1}^{4} p_i = 2 \text{ 比特 / 消息}$$

编码效率为

$$\eta = \frac{H(X)}{\bar{L}} \times 100\% = \frac{1.75}{2} \times 100\% = 87.5\%$$

可见,变长码可达到较高的编码效率。变长码是统计编码中最主要的编码方法,其目的就是使平均码长达到基本极限。常用的变长码有霍夫曼(Huffman)编码、香农-费诺(Shannon-Fano)编码与算术编码。

4.2.2　霍夫曼编码

霍夫曼编码是 Huffman 于 1952 年提出的一种无失真编码方法。该编码方法根据消息出现的概率来构造平均码长最短的异字头码字,因此,有时称之为最佳编码。

可以证明,在变长编码中,若各码字长度严格按照所对应消息出现概率的大小逆序排列,则其平均码长最小。根据这个结论,可知编码步骤如下:

① 将信源中的消息按出现概率从大到小的顺序排列;

② 将两个最小的概率组合相加,并把相应的两个消息合并成一个消息,继续这一步骤,始终按出现概率从大到小的顺序排列消息,直到概率达到 1.0 为止;

③ 对于每对组合中的消息,将前一个赋 1,后一个赋 0(或反过来);

④ 对于每个信源消息,跟踪其概率到 1.0 处的路径,记下该路径的 1 和 0,从右到左得到一个 0,1 序列,即霍夫曼码。

例如,对于一个包含 6 个消息的信源

$$X = \left\{ \begin{matrix} v_1, & v_2, & v_3, & v_4, & v_5, & v_6 \\ 0.25, & 0.25, & 0.20, & 0.15, & 0.10, & 0.05 \end{matrix} \right\}$$

由上述步骤可得到霍夫曼码,其编码图如图 4.1 所示,其编码结果如表 4.2 所示。把表中各码字的 1 和 0 互换,可得信源 X 的另一组霍夫曼编码表,如表 4.3 所示。

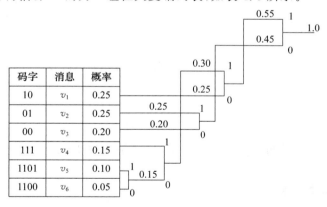

图 4.1　信源 X 的霍夫曼编码图

表 4.2　信源 X 的霍夫曼编码表

码字	消息	概率
10	v_1	0.25
01	v_2	0.25
00	v_3	0.20
111	v_4	0.15
1101	v_5	0.10
1100	v_6	0.05

表 4.3　信源 X 的另一组霍夫曼编码表

码字	消息	概率
01	v_1	0.25
10	v_2	0.25
11	v_3	0.20
000	v_4	0.15
0010	v_5	0.10
0011	v_6	0.05

信源 X 的熵为

$$H(X) = -\sum_{i=1}^{6} p_i \log_2 p_i$$

$$= (-0.25\log_2 0.25 - 0.25\log_2 0.25 - 0.20\log_2 0.20 -$$

$$0.15\log_2 0.15 - 0.10\log_2 0.10 - 0.05\log_2 0.05) \, 比特 / 消息$$

$$= 2.42 \, 比特 / 消息$$

平均码长为

$$\bar{L} = \sum_{i=1}^{4} p_i L_i$$

$$= (0.25 \times 2 + 0.25 \times 2 + 0.20 \times 2 + 0.15 \times 3 + 0.10 \times 4 + 0.05 \times 4) \, 比特 / 消息$$

$$= 2.45 \, 比特 / 消息$$

从而编码效率为

$$\eta = \frac{H(X)}{\bar{L}} \times 100\% = \frac{2.42}{2.45} \times 100\% = 98\%$$

冗余度为

$$R_d = 1 - 98\% = 2\%$$

也就是说,信源 X 的霍夫曼码的编码效率为 98%,冗余度为 2%。

4.2.3　香农-费诺编码

香农-费诺编码的步骤如下。

① 将信源中的消息按出现概率从大到小的顺序排列,即

$$X = \begin{Bmatrix} v_1, v_2, \cdots, v_N \\ p_1, p_2, \cdots, p_N \end{Bmatrix}$$

其中,$p_1 \geqslant p_2 \geqslant \cdots \geqslant p_N$。

② 将信源分割成两个子集合,即

$$X_1 = \begin{Bmatrix} v_1, v_2, \cdots, v_m \\ p_1, p_2, \cdots, p_m \end{Bmatrix}, \quad X_2 = \begin{Bmatrix} v_{m+1}, v_{m+2}, \cdots, v_N \\ p_{m+1}, p_{m+2}, \cdots, p_N \end{Bmatrix}$$

且满足

$$\sum_{i=1}^{m} p_i \approx \sum_{i=m+1}^{N} p_i$$

给子集合 X_1 中的消息赋 1，X_2 中的消息赋 0（或反过来）；继续这一步骤，对每个子集合进行分割，始终使两个小子集合中消息的概率之和相等或近似相等，直到每个子集合只包含一个消息。

③ 对于每个信源消息，依次排列所赋的值，就构成了香农-费诺编码。

如果信源消息的概率满足

$$p_i = 2^{-L_i} \quad (i = 1, 2, \cdots, N)$$

那么，香农-费诺编码的编码效率将达到 100%。否则，编码效率将小于 100%。

例如，对于一个包含 8 个消息的信源

$$X = \left\{ \begin{matrix} v_1, v_2, v_3, v_4, v_5, v_6, v_7, v_8 \\ \dfrac{1}{4}, \dfrac{1}{4}, \dfrac{1}{8}, \dfrac{1}{8}, \dfrac{1}{16}, \dfrac{1}{16}, \dfrac{1}{16}, \dfrac{1}{16} \end{matrix} \right\}$$

由上述步骤可得到香农-费诺码，其编码图如图 4.2 所示，其编码结果如表 4.4 所示。把表中各码字的 1 和 0 互换，可得信源 X 的另一组香农-费诺编码表，如表 4.5 所示。

码字	消息	概率			
11	v_1	1/4	1	1	
10	v_2	1/4		0	
011	v_3	1/8	1	1	
010	v_4	1/8		0	
0011	v_5	1/16	0	1	1
0010	v_6	1/16			0
0001	v_7	1/16		0	1
0000	v_8	1/16			0

图 4.2　信源 X 的香农-费诺编码图

表 4.4　信源 X 的香农-费诺编码表

码字	消息	概率
11	v_1	1/4
10	v_2	1/4
011	v_3	1/8
010	v_4	1/8
0011	v_5	1/16
0010	v_6	1/16
0001	v_7	1/16
0000	v_8	1/16

表 4.5　信源 X 的另一组香农-费诺编码表

码字	消息	概率
00	v_1	1/4
01	v_2	1/4
100	v_3	1/8
101	v_4	1/8
1100	v_5	1/16
1101	v_6	1/16
1110	v_7	1/16
1111	v_8	1/16

容易计算出信源 X 的熵为

$$H(X) = -\sum_{i=1}^{8} p_i \log_2 p_i = 2.75 \ 比特 / 消息$$

平均码长为

$$\bar{L} = \sum_{i=1}^{8} p_i L_i = 2.75 \ 比特 / 消息$$

从而,编码效率 $\eta = 100\%$,冗余度 $R_\mathrm{d} = 0$。

4.2.4　算术编码

算术编码是指从整个符号序列出发,采用递推形式进行连续编码。假设信源符号及其概率为 $\begin{Bmatrix} a_1, a_2, \cdots, a_m \\ p_1, p_2, \cdots, p_m \end{Bmatrix}$,即 $p_i = P(a_i)$。序列 $\{x_1, x_2, \cdots, x_N\}$ 的算术编码步骤如下。

① 首先在 0 和 1 之间给每个符号分配一个初始子间隔,子间隔的长度等于它的概率,初始子间隔的范围用 $\left[\sum_{j=1}^{i} p_{j-1}, \sum_{j=1}^{i} p_j\right)$ 表示,其中 $i = 1, 2, \cdots, m$,$p_0 = 0$。假设第一个输入符号为 $x_1 = a_i$,令

$$n = 1, \quad I_1 = [l_1, r_1) = \left[\sum_{j=1}^{i} p_{j-1}, \sum_{j=1}^{i} p_j\right), \quad d_1 = r_1 - l_1, \quad L = l_1, \quad R = r_1$$

② L 和 R 的二进制表达式分别为

$$L = \sum_{k=1}^{+\infty} u_k 2^{-k}, \quad R = \sum_{k=1}^{+\infty} v_k 2^{-k}$$

其中,u_k 和 v_k 等于"1"或者"0"。

比较 u_1 和 v_1:如果 $u_1 \neq v_1$,不发送任何数据,转到③;如果 $u_1 = v_1$,就发送二进制符号 u_1。

比较 u_2 和 v_2:如果 $u_2 \neq v_2$,不发送任何数据,转到③;如果 $u_2 = v_2$,就发送二进制符号 u_2。

依次类推,这种比较一直进行到两个符号不相同为止,然后进入③。

③ n 加 1,读入下一个符号。假设第 n 个输入符号为 $x_n = a_j$,按照之前的步骤把这个间隔分成如下所示的子间隔,即

$$I_n = [l_n, r_n) = \left[l_{n-1} + d_{n-1}\sum_{j=1}^{i} p_{j-1}, l_{n-1} + d_{n-1}\sum_{j=1}^{i} p_j\right)$$

令 $L = l_n, R = r_n, d_n = r_n - l_n$,然后转到②。

例如,假设信源符号为{00,01,10,11},这些符号的概率分别为{0.1,0.4,0.2,0.3},根据这些概率可以把[0,1]分成 4 个子间隔:[0,0.1),[0.1,0.5),[0.5,0.7),[0.7,1),其中[x,y)表示半开放间隔,包含 x 但不包含 y。上面的信息综合在表 4.6 中。

表 4.6　信源符号、概率和初始编码间隔

信源符号	00	01	10	11
概率	0.1	0.4	0.2	0.3
初始编码间隔	[0,0.1)	[0.1,0.5)	[0.5,0.7)	[0.7,1)

如果二进制消息序列的输入为 10001100101101,编码时首先输入的是 10,则它的编码范围是[0.5,0.7)。由于消息中第二个字符 00 的编码范围是[0,0.1),因此它的间隔就取[0.5,0.7)的第一个 1/10 作为新间隔[0.5,0.52)。依此类推,编码第三个符号 11 时取新间隔为[0.514,0.52);编码第四个字符 00 时取新间隔为[0.514,0.514 6);等等。消息的编码输出可以是最后一个间隔中的任意数,其整个编码过程如图 4.3 所示。

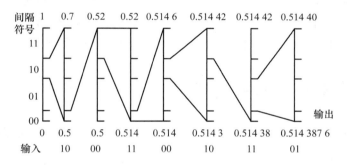

图 4.3　算术编码过程举例

这个例子的编码和解码的全过程见表 4.7 和表 4.8。

表 4.7　编码过程

步骤	输入符号	编码间隔	编码判决
1	10	[0.5,0.7)	符号的间隔范围为[0.5,0.7)
2	00	[0.5,0.52)	[0.5,0.7)间隔的第一个 1/10
3	11	[0.514,0.52)	[0.5,0.52)间隔的最后 3 个 1/10
4	00	[0.514,0.514 6)	[0.514,0.52)间隔的第一个 1/10
5	10	[0.514 3,0.514 42)	[0.514,0.514 6)间隔的从第 6 个 1/10 开始的 2 个 1/10
6	11	[0.514 384,0.514 42)	[0.514 3,0.514 42)间隔的最后 3 个 1/10
7	01	[0.514 387 6,0.514 402)	[0.514 384,0.514 42)间隔的从第 2 个 1/10 开始的 4 个 1/10
8	从[0.514 387 6,0.514 402)中选择一个数作为输出:0.514 39		

表 4.8 解码过程

步骤	间隔	译码符号	译码判决
1	$[0.5,0.7)$	10	0.514 39 在间隔$[0.5,0.7)$中
2	$[0.5,0.52)$	00	0.514 39 在间隔$[0.5,0.7)$的第 1 个 1/10
3	$[0.514,0.52)$	11	0.514 39 在间隔$[0.5,0.52)$的第 8 个 1/10
4	$[0.514,0.514\ 6)$	00	0.514 39 在间隔$[0.514,0.52)$的第 1 个 1/10
5	$[0.514\ 3,0.514\ 42)$	10	0.514 39 在间隔$[0.514,0.514\ 6)$的第 7 个 1/10
6	$[0.514\ 384,0.514\ 42)$	11	0.514 39 在间隔$[0.514\ 3,0.514\ 42)$的第 8 个 1/10
7	$[0.514\ 387\ 6,0.514\ 402)$	01	0.514 39 在间隔$[0.514\ 384,0.514\ 42)$的第 2 个 1/10
8	译码的消息:10 00 11 00 10 11 01		

4.3 预测编码

预测编码是一种简单、有效的编码方法,其基本原理是利用线性预测技术去除像素间的相关性,对预测值与实际值之间的差值(即预测误差)进行量化与编码,而不直接对原始数据进行量化与编码,从而提高编码效率。本节主要讨论预测编码的基本原理与差位脉冲编码调制。

4.3.1 预测编码的基本原理

对于输入图像的像素灰度(幅值)序列 $f_n(n=1,2,\cdots)$,利用像素之间存在相关性,根据过去的若干像素灰度对当前像素灰度 f_n 进行预测,得到估计 $\hat{f}_n$,预测误差为

$$e_n = f_n - \hat{f}_n \tag{4.13}$$

实际应用中,一般采用线性预测. 即

$$\hat{f}_n = \sum_{i=1}^{m} a_i f_{n-i} \tag{4.14}$$

式(4.14)中,m 表示预测的阶数,$a_i(i=1,2,\cdots,m)$ 为预测系数。此时预测误差为

$$e_n = f_n - \sum_{i=1}^{m} a_i f_{n-i} \tag{4.15}$$

线性预测估计 $\hat{f}_n$ 与 f_n 比较接近,预测误差序列 $e_n(n=1,2,\cdots)$ 的取值都将落在零附近的较小范围内。理论研究表明,通过预测可以去除大部分像素间冗余,预测误差序列 $e_n(n=1,2,\cdots)$ 可近似为互不相关,且都近似服从均值为 0 的拉普拉斯(Laplace)分布,即

$$p(e) = \frac{1}{\sqrt{2}\sigma_e} \exp\left\{-\frac{\sqrt{2}}{\sigma_e}|e|\right\} \tag{4.16}$$

式(4.16)中,e 为预测误差 e_n 的取值,σ_e 为 $e_n(n=1,2,\cdots)$ 的均方差。图像原始信号与预测误差的幅度分布如图 4.4 所示。

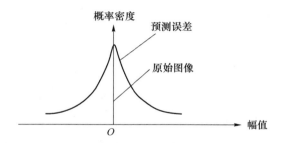

图 4.4 图像原始信号与预测误差的幅度分布

熵是概率分布的函数,分布越均匀,熵越大,其平均码长的下限越大,从而表示每个消息所需的比特数(码率)就会增高;反过来,分布越集中,其熵越小,平均码长的下限越小,从而码率就会降低。预测误差的方差比原始图像信号的方差小,其概率分布比原始图像信号更集中,从而预测误差的熵比原始图像信号的熵要小。

因此,根据上述原理,预测编码不直接对原始数据进行量化与编码,而对预测差进行量化与编码,从而提高了编码效率。

4.3.2 差值脉冲编码调制

差值脉冲编码调制(Differential Pulse Code Modulation,DPCM)是一种最典型的预测编码方法。DPCM 系统框图如图 4.5 所示。

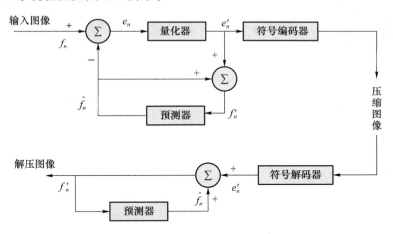

图 4.5 DPCM 系统框图

在图 4.5 中,预测器位于一个反馈环中,其输入为过去的预测及其对应预测误差的量化输出的函数,即

$$f'_n = \hat{f}_n + e'_n \tag{4.17}$$

这种闭环结构能够避免在解码器的输出端产生误差。解压输出的图像,即解压图像,也由式(4.17)给出。

一般地,预测器采用式(4.15)所示的线性预测,量化器采用标量量化,符号编码器采用统计编码,如 Huffman 编码、算术编码等。

在 DPCM 中,德尔塔调制(Delta Modulation,DM)是一种最简单的编码方法,其预测器与

编码器分别定义为

$$\hat{f}_n = af'_n \tag{4.18a}$$

$$f'_n = \hat{f}_n + e'_n = \begin{cases} C, & e_n > 0 \\ -C, & 其他 \end{cases} \tag{4.18b}$$

式(4.18)中,a 为预测系数(一般不超过 1),C 为一正常数。此时,编码器的输出只有 2 个值,从而只需 1 个比特来表示,即 DM 方法的码率为 1 比特/像素。

在 JPEG 图像压缩算法中,预测器一般采用固定的预测系数。假设当前像素为 Y,其相邻像素为 A、B 与 C,如图 4.6 所示。DPCM 线性预测器由下述方法构成:第一列采用 Y-B 预测,第一行采用 Y-A 预测,其他行和列采用 $Y-[A+(B-C)/2]$ 预测。

在 JPEG 静止图像的无失真压缩算法中,需要实现整数-整数变换。类似地,第一列采用 Y-B 预测,第一行采用 Y-A 预测,其他行和列采用 Y-int$\{A+(B-C)/2\}$ 预测。

图 4.6   空间位置关系

4.3.3   最优线性预测

由预测编码的基本原理可知,为了提高编码效率,对 f_n 的预测越准确越好。怎样才能获得最佳的预测值呢? 本节采用最小均方误差(MSE)准则来获得最优线性预测器。

如图 4.5 所示,在 DPCM 系统中,最优预测器满足

$$\hat{f}_n = \sum_{i=1}^{m} a_i f'_{n-i} \tag{4.19}$$

式(4.19)中,m 表示预测的阶数 $a_i(i=1,2,\cdots,m)$ 为预测系数。假设量化误差可以忽略,即

$$e'_n \approx e_n \tag{4.20}$$

此时

$$f'_n = f_n + e'_n \approx e_n + f_n = f_n \tag{4.21}$$

从而

$$\hat{f}_n = \sum_{i=1}^{m} a_i f'_{n-i} \approx \sum_{i=1}^{m} a_i f_{n-i} \tag{4.22}$$

因此,预测误差为

$$e_n = f_n - \hat{f}_n \approx f_n - \sum_{i=1}^{m} a_i f_{n-i} \tag{4.23}$$

均方误差为

$$E[e_n^2] \approx E\left[\left(f_n - \sum_{i=1}^{m} a_i f_{n-i}\right)^2\right] \tag{4.24}$$

最优线性预测器就是选择 m 个预测系数 $a_i(i=1,2,\cdots,m)$,使得式(4.24)定义的均方误差达到最小。

对 $E\left[\left(f_n - \sum_{i=1}^{m} a_i f_{n-i}\right)^2\right]$ 求关于 $a_i(i=1,2,\cdots,m)$ 的偏导,并令它等于零。

$$\frac{\partial E\left[\left(f_n - \sum_{i=1}^{m} a_i f_{n-i}\right)^2\right]}{\partial a_i} = E\left[\frac{\partial\left(f_n - \sum_{i=1}^{m} a_i f_{n-i}\right)^2}{\partial a_i}\right]$$

$$= -2E\left[\left(f_n - \sum_{k=1}^{m} a_k f_{n-k}\right) f_{n-i}\right] \tag{4.25}$$

$$= 0$$

其中 $i = 1, 2, \cdots, m$。

令 f_{n-k} 和 f_{n-i} 的自相关矩阵为 $R_{ki} = E\{f_{n-k} f_{n-i}\}$，其中大小为 $m \times m$ 的自相关矩阵为

$$\boldsymbol{R} = [R_{ki}]_{1 \leqslant k, i \leqslant m} = \begin{bmatrix} E\{f_{n-1} f_{n-1}\} & E\{f_{n-1} f_{n-2}\} & \cdots & E\{f_{n-1} f_{n-m}\} \\ E\{f_{n-2} f_{n-1}\} & E\{f_{n-2} f_{n-2}\} & \cdots & E\{f_{n-2} f_{n-m}\} \\ \vdots & \vdots & & \vdots \\ E\{f_{n-m} f_{n-1}\} & E\{f_{n-m} f_{n-2}\} & \cdots & E\{f_{n-m} f_{n-m}\} \end{bmatrix} \tag{4.26}$$

预测系数向量为

$$\boldsymbol{a} = (a_1, a_2, \cdots, a_m)^\top \tag{4.27}$$

m 维向量为

$$\boldsymbol{r} = (E\{f_n f_{n-1}\}, E\{f_n f_{n-2}\}, \cdots, E\{f_n f_{n-m}\})^\top \tag{4.28}$$

那么，方程组（4.25）可表示为

$$\boldsymbol{R} \boldsymbol{a} = \boldsymbol{r} \tag{4.29}$$

从而，最优线性预测系数为

$$\boldsymbol{a} = \boldsymbol{R}^{-1} \boldsymbol{r} \tag{4.30}$$

式（4.30）中，$\boldsymbol{R}^{-1}$ 为 $\boldsymbol{R}$ 的逆矩阵。

最小均方误差为

$$\sigma^2 = E\left[\left(f_n - \sum_{k=1}^{m} a_k f_{n-k}\right) f_n\right] = E[f_n f_n] - \sum_{k=1}^{m} a_k E[f_n f_{n-k}] \tag{4.31}$$

4.4　变 换 编 码

4.3 节所介绍的预测编码技术就是直接在图像空间对像素进行处理，利用线性预测去除冗余，因而称为空域方法。在图像压缩处理中，还有另一类方法——变换编码，它是先对图像进行变换，使得变换域中数据间的相关性减小或互不相关，从而减小冗余度，再进行量化与编码，实现数据压缩。常用的变换有正交变换（如 DFT、DCT、WHT、KLT 等）与小波变换（DWT）。本节主要讨论变换编码系统结构与正交变换编码。

4.4.1　变换编码系统结构

变换编码的基本原理框图如图 4.7 所示，编码器由构造子图像、正交变换、量化与编码几部分组成，解码器由解码、反变换及合并子图像组成。在编码过程中，模拟图像信号首先经过模数转换，将模拟信号变为数字信号。在实际变换编码中，不是对整幅图像进行正交变换，而是将图像分成若干块子图像，然后对子图像进行变换，即对数字图像信号分块进行正交变换，

通过正交变换将空间域信号变换到变换域信号,最后对变换系数进行量化和编码。在信道中传输或在存储器中存储的是这些变换系数的码字,这是编码的处理过程。在解码过程中,首先对压缩的码字进行解码,然后进行反变换,以使变换系数恢复为空间域数值,最后通过合并子图像处理来恢复整幅图像数据。

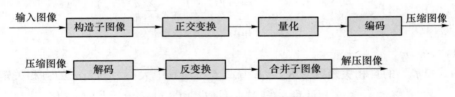

图 4.7 变换编码的基本原理框图

4.4.2 正交变换编码

1. 正交变换的特点

在正交变换编码中,采用正交变换(如 DFT、DCT、WHT、KLT 等)对图像进行变换。正交变换具有如下特点。

（1）熵保持

正交变换具有熵保持性质,即正交变换不丢失信息,通过传输变换系数来传送信息。

（2）能量保持性质

各种正交变换具有帕斯维尔能量保持性质。它的意义在于:只有当有限离散空间域的能量全部转移到某个有限离散变换域后,有限个空间取样才能完全由有限个变换系数对基向量加权来恢复。

（3）能量重新分配与集中

这个性质使图像有可能进行数据压缩。也就是在质量允许的情况下,可舍弃一些能量较小的系数;或者为能量大的谱点分配较多的位,为能量较小的谱点分配较少的位,从而使数据有较大的压缩。

对于 DFT、DCT 等正交变换,其变换域通常就是频率域,因此,在变换域中可以按照图像的频率特性或人类视觉系统特性对变换系数进行量化。例如,图像通常在频率域中表现出低通特性,而人眼的视觉频率响应特性也是低通的,于是,对变换系数进行量化时,就可以对较低的频率分量采用较小的量化步长,而对较高的频率分量采用较大的量化步长,这样引起的平均量化误差不会太大,并且由于量化误差主要集中于高频部分,人眼在大多数情况下是感觉不到的。

（4）去相关特性

正交变换可以使高度相关的空间图像值变为相关性很弱的变换系数。也就是说,正交变换有可能使相关的空间域转变为不相关的变换域。这样就使存在于相关性之中的冗余度得以去除。

正交变换都是线性变换,而线性变换具有坐标旋转的作用,这可用于去除或减小图像在空间域中的相关性。相关性的去除或减小将导致图像在变换域中的能量分布更为集中,这有利于对系数的量化和熵编码,从而在保证一定图像质量的条件下使压缩比得到提高。

下面考虑一个关于 1×2 的子图像$(f_1, f_2)^T$的线性变换问题,f_1 和 f_2 表示两个相邻像素的灰度值,在以 f_1 和 f_2 为坐标轴的二维空间中,每个具体的子图像都是该空间中的一个点,当把通常的数字图像中所有的 1×2 子图像都表示在该空间中时,就得到如图 4.8(a) 所示的分布。由于图像中相邻的像素之间具有很强的相关性,所以,正如图中所示,大多数点分布于直线 $f_1=f_2$ 附近。如果对每个子图像进行从 (f_1,f_2) 到 (F_1,F_2) 的线性变换,且这种变换的结果是使坐标旋转 $45°$ 角,那么,在变换域 (F_1,F_2) 中,F_1 和 F_2 之间的相关性就大大地减小了,从图 4.8(b) 中可以看出,这时大多数点分布于 F_1 轴上,F_1 不随 F_2 的变化而变化。如果从能量分布的角度看,变换前从图 4.8(a) 求得的子图像在 f_1 和 f_2 方向上的方差大致相等,即 $\sigma_{f_1}^2 = \sigma_{f_2}^2$,而变换后从图 4.8(b) 求得的子图像在 F_1 和 F_2 方向上的方差却差别很大,有 $\sigma_{F_1}^2 \gg \sigma_{F_2}^2$,这说明变换前子图像能量在 f_1 和 f_2 之间平均分布,而变换后能量大部分集中于 F_1 上。

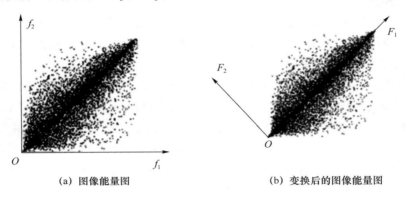

(a) 图像能量图　　　　　　　　　　　(b) 变换后的图像能量图

图 4.8　正交变换

总之,正交变换能够去除或减小数据间的相关性,减小信源的信息冗余,并且能量高度集中,因此,在信息传输或存储系统中,可通过对空域或时间域中的相关数据施加某种形式的正交变换,并在变换域内对变换系数进行量化与编码,实现数据压缩,从而提高信息传输或存储系统的有效性。

2. 子图像尺寸选择

子图像尺寸是影响变换编码误差和计算复杂度的一个重要因素。在大多数情况下,可将图像分成尺寸满足以下两个条件的子图像:相邻子图像之间的相关(冗余)减少到某个可接受的水平;子图像的长和宽都是 2 的整数次幂。第二个条件主要是为了简化对子图像变换的计算。在一般情况下,压缩量和计算复杂度都随子图像尺寸的增加而增加。最常用的子图像尺寸是 8×8 和 16×16。

图 4.9 给出了反映图像尺寸变化对不同变换编码重建误差影响的一个示意图。这里的数据是由对同一幅图像用 3 种变换方法分别编码得到的。具体步骤是将图像分成 $n\times n$ 的子图像,$n=2,4,8,16,32$;计算各个子图像的变换,截除掉 75% 的所得系数,再取其反变换。

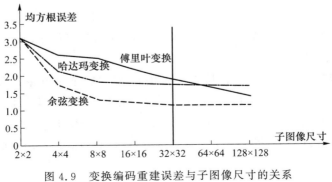

图 4.9　变换编码重建误差与子图像尺寸的关系

由图 4.9 可见,哈达玛变换和余弦变换所对应的曲线在子图像尺寸大于 8×8 时变得比较平缓,而傅里叶变换所对应的曲线则在这个区间下降得较快。将这些曲线对更大的子图像尺寸进行插值,结果表明,傅里叶曲线将穿过哈达玛曲线并逼近余弦曲线(见图中对应 32×32 竖直实线右边的虚线部分)。另外,当子图像尺寸为 2×2 时,3 条曲线交于同一点。此时对各变换来说都只保留了 4 个系数中的一个(25%)。这个保留的系数对 3 种变换来说都代表直流分量,所以反变换简化为对每 4 个子图像像素用它们的平均值(直流分量值)替换即可。上述情况表明,在重建图像上,每个像素在横竖两个方向的尺寸各增加 1 倍。

3. 正交变换选择

在正交变换编码中,需要选择一种合适的正交变换。从实用的观点出发,应综合考虑变换的去相关能力、能量集中能力与计算复杂度三个方面。一般地,只要在性能满足要求的条件下,尽可能地选择简单的变换即可。

常用的正交变换有 DFT、DCT、WHT、KLT 与 ST 等。研究表明,如果图像信号为马尔可夫模型,则上述正交变换在变换域中能量集中的从优到劣的顺序为 KLT、DCT、ST、DFT、WHT,计算复杂度从大到小的顺序为 KLT、DFT、DCT、ST、WHT。其中去相关性能最好的是 KLT,但其变换核是变化的且没有快速算法,因此,在实际应用中有一定的困难。不过,KLT 所具有的最佳性能仍有较大的理论价值。实际中常用一阶平稳马尔可夫模型的 KLT 性能作为比较标准来衡量各种准最佳变换的性能。

经综合比较,DCT 在去相关能力、能量集中能力与计算复杂度等方面的综合性能较好,因此,在正交变换编码中,DCT 是首要的选择,它成功地应用于编码标准中,如 JPEG、MPEG-1、MPEG-2 等。

4. 系数选择与比特分配

在正交变换中,为了达到压缩数据的目的,对于能量较小的系数,可进行较粗糙的量化,分配较小的比特,或者完全忽略;对于能量较大的系数,可分配较多的比特。这样就存在系数的选择问题,即选择哪些系数进行量化编码,选择略去哪些系数,这对压缩编码性能的影响很大。通常有两种选择系数的方法:区域采样与阈值采样。

(1) 区域采样

区域采样是对设定形状的区域内的变换系数进行量化与编码,而忽略区域外的变换系数,不进行量化与编码,解压缩时用 0 替代。

利用变换域中能量集中于低频区域的特点,可设置一个二维低通滤波器,即令变换域采样函数 $T(u, V)$ 为

$$T(u, V) = \begin{cases} 1, & \text{低通取样区域内} \\ 0, & \text{低通取样区域外} \end{cases}$$

这时,变换域中低频分量的变换系数得以保留,对其进行编码传输,而令高频分量全部为 0。区域采样法如图 4.10 所示。

在区域采样的基础上,可将低通区域再分为几个小区域,依据方差分布的特点,对不同小区域中的变换系数用不同的比特数进行量化和编码,就构成了区域编码法。区域编码法可节省码率,实现更有效的数据压缩。图 4.11 为区域压缩法的一个例子,图 4.11(a)中的数字表示该变换系数的编码比特数。将这时子图像中各变换系数的比特分配情况列为一个比特分配表,如图 4.11(b)所示。

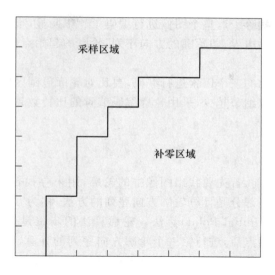

图 4.10　区域采样法

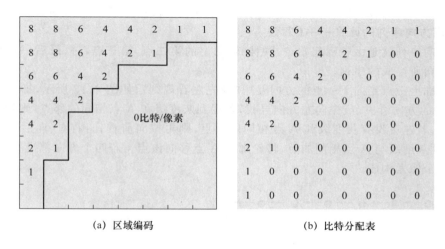

(a) 区域编码　　　　　　　　　　　　(b) 比特分配表

图 4.11　区域编码法示例

（2）阈值采样

阈值采样不是选择固定的采样区域,而是根据变换系数的方差的大小来决定是否选择该变换系数。也就是说,若某个系数的方差（或幅值）超过给定的阈值,则对该系数进行量化与编码;否则,略去该变换系数。

阈值采样有一定的自适应性,可以获得更好的重建图像质量。但是,该方法需要对位置进行编码,从而影响压缩比。

4.5　轮　廓　编　码

一幅图像中总是存在许多大小不等的灰度级相同的区域,尤其是一些所谓的特写图像,或某些几何图案的物体的照片等由少数恒定灰度级区域组成的图像。对这类图像进行数字化以后,所得到的数字图像同样存在着少数灰度级相同、大小不等的区域。假若我们能够将这些灰度级相同的区域从图像中找出来并给予不同的标志,那么我们只要对能够唯一确定这些区域的一些因素进行编码,也就等于对整个图像进行编码了。很明显,唯一确定某一区域只要三个因素:包围这个区域的外围边界,即轮廓的方向序列;轮廓的起始点位置(行和列数);轮廓所包围区的灰度值。

可以看出,对一个轮廓的三个因素进行编码,要比对轮廓包围区内每个像素都分配以码字节约很多比特数,而且图像细节越少,采用轮廓编码省的比特数越多。

4.5.1 轮廓算法

对图像进行轮廓编码前,首先要找出图像中的轮廓,用来寻找轮廓的方法称为轮廓算法。轮廓算法由两部分组成:一部分是计算轮廓方向序列的方法,称为 T 算法;另一部分是计算轮廓起始点的方法,称为 IP(Initial Point)算法。轮廓算法的步骤是由这两个算法依次交叉进行,即找到第一个轮廓起始点后,进行第一个轮廓方向序列的计算,计算完后再寻找第二个轮廓起始点,接着计算第二个轮廓方向序列,如此依次交叉地进行,直至计算完图中所有的轮廓。

下面结合例题分别介绍轮廓方向的序列 T 算法及轮廓起始点的 IP 算法。有一原始图像如图 4.12 所示,该图像有四种灰度,分别用不同形状表示,请寻找其图像轮廓。

1. 轮廓方向序列的计算——T 算法

轮廓方向序列就是由轮廓起始点开始到轮廓上的第二点,第三点,…,最后一点再返回起始点为止方向所组成的序列。

确定轮廓上一点走向下一点的方向要用"最先左看规则",如图 4.13 所示,即从进入轮廓点(如 A 点)的方向看去,最先向左方向寻找,若遇到灰度级和 A 点相同的邻点,则轮廓由 A 点走向这一点,若左看没有灰度级和 A 点相同的邻点,则再按向前看、向右看、向后看的顺序寻找,直至找到灰度级与 A 点相同的点,将轮廓由 A 点移向该点。若四个方向都没有,表示这个轮廓只由一个像素构成。

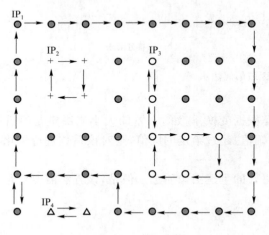

图 4.12　T 算法例图

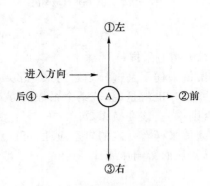

图 4.13　最先左看原则

应用"最先左看原则",计算图 4.12 中四个轮廓的方向序列 T_1,T_2,T_3,T_4。

2. 轮廓方向序列的标记

① 应用"最先左看规则"找出一个轮廓方向序列以后,这个轮廓就被确定了。对轮廓上的每一个点,根据进入和离开的方向按"方向序列标记规则表"给予不同的标记。方向序列标记规则表如表 4.9 所示。

表 4.9　方向序列标记规则表

		离开方向	
		↑ →	↓ ←
进入方向	↑ ←	A	R
	↓ →	R	D

例如,用方向序列标记规则表标记图 4.12 中的轮廓方向序列,见图 4.14。

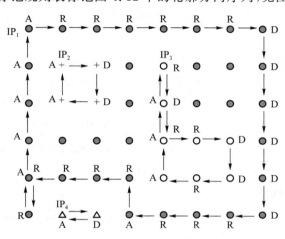

图 4.14　方向标记例图

② 若遇到一个轮廓点有两对进出方向时,即按"方向序列标记规则表"标记后有两个标志,则按"合并规则表"将两个标志合并为一个标志,见表 4.10。

表 4.10　合并规则表

第一、二次通过的方向标记	DA	DR	AR
	AD	RD	RA
	RR	DD	AA
合并后的标记	R	D	A

按合并规则表,将图 4.14 中的标志合并,见图 4.15。

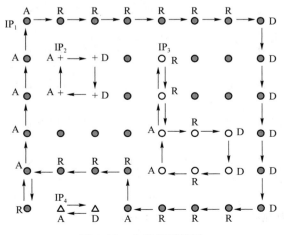

图 4.15　合并规则例图

③ 不是轮廓上的点一律给予标志 I,可见当数字图像标记完毕后,要为每一个像素额外分配两个比特来表示其标志符号 A、D、R、I。

3. 轮廓起始点的寻找——IP 算法

为了寻找轮廓起始点 IP,我们使用顺序扫描法,从数字图像左上角的像素开始,将其作为第一个轮廓的起始点,按行从左到右,按列从上到下的顺序逐点扫描,直到右下最后一个像素扫描完成为止,对扫描到的每一个像素,要判别其是不是轮廓的起始点 IP。我们使用"扫描搜索比较法"和"起始点判别准则"来寻找轮廓的起始点。

(1)扫描搜索比较表构成规则

① 每扫描一行制一个表,开始扫描前,表是空的。

② 对每一行进行扫描,从左到右逐个像素进行判别,若遇到标记为 A 的点,将该点灰度值填入表中;若遇到标记为 D 的点,则将表中的最后一个记录划去;若遇到标记为 I 的点,表的内容不变,但需要判别该点是不是起始点;若标记为 R,则表的内容不变。

③ 每一行扫描完毕后,表一定是空的,因为轮廓总是封闭的,轮廓通过某一行有向下的点 D,必有向上的点 A,即 A 点数一定等于 D 点数。

(2)轮廓起始点判别准则

在扫描搜索过程中,凡是符合下列两个条件的点,就判定其为轮廓起始点 IP:

① 它的标志是 I(即不是已确认过的轮廓上的点);

② 它的灰度值不等于扫描搜索表中最靠近标记为 A 的点的灰度值。

这里要注意的就是一幅数字图像左上角的点(第一行、第一列)总被认作第一轮廓的起始点。

4.5.2 轮廓编码算法的应用实例

若给定一幅数字图像如图 4.16 所示,对其进行轮廓编码的步骤如下。

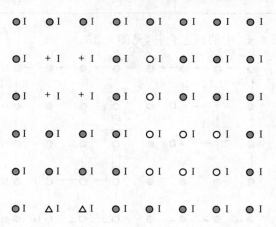

图 4.16 轮廓编码例图一

① 先将图像各像素都标志为 I,如图 4.16 所示。

② 图像左上角点(第一行、第一列)总被认为是 IP。有了 IP_1，根据"最先左看规则"找出第一轮廓方向序列 T_1，同时按"方向序列标记规则表"以及"合并规则表"将轮廓 T_1 上各点的标志改为 A 或 D 或 R 等，见图 4.17。

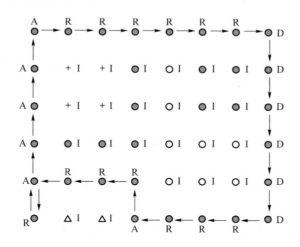

图 4.17　轮廓编码例图二

③ 按 IP 算法寻找第二个轮廓起始点 IP_2。

第一扫描行的搜索表为：扫描的第 1 点的标志为 A，其灰度级为"0"，将其填入表的末尾。扫描的第 2、3、4、5、6 点的标志为 R，不填入表内，即表的内容不变。第 8 点的标志为 D，将表中刚才填入的"0"划去。可见第一行扫描完成后，CPL 表是空的，表内没有起始点。

第二扫描行的搜索表为：扫描的第 1 点的标志为 A，其灰度级为"0"，将其填入表的末尾。扫描的第 2 点的标志为 I，它的灰度级为"+"，与表中相邻的标志为 A 的灰度级值"0"不同，因此确定其为新的轮廓起始，记为 IP_2。

按 T 算法找出 T_2，并进行标记，见图 4.18。

按 IP 算法找出 IP_3，进而找出 T_3，如此继续下去，直到找完全图为止，见图 4.19。

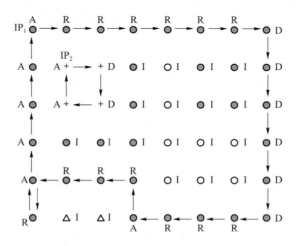

图 4.18　轮廓编码例图三

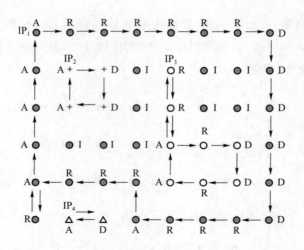

图 4.19 轮廓编码例图四

下面介绍编码方法。

将一幅数字图像轮廓全部找出并标记完毕后,还需给各轮廓分配码字。我们给出如下假设:轮廓的起始点位置(行和列数)用自然码;轮廓包围区的灰度值也用自然码;轮廓方向序列用链码表示。

基于上述假设,我们做出以下约定,码字分配如表 4.11 所示。

表 4.11　码字分配

轮廓号	码字自然码	灰度值	码字自然码	行或列	码字自然码	方向	码字链码
1	00	•	00	1	000	↑	00
2	01	＋	01	2	001	→	01
3	10	o	10	3	010	↓	10
4	11	△	11	4	011	←	11
				5	100		
				6	101		
				7	110		
				8	111		

根据表 4.11 的约定,可得到图 4.19 的编码结果,见表 4.12。

表 4.12　编码结果

轮廓号	灰度值	起始点		方向序列		
		行	列	第一个方向	第二个方向	
00	00	000	000	01	01	0101⋯
01	01	001	001	01	10	1100
10	10	011	100	10	10	01 01 10 11 11 00 00 00
11	11	10	001	01	11	

4.6　国际标准简介

随着计算机技术、网络技术以及通信技术的迅猛发展,图像通信已受到全球的关注,图像编码技术的需求与发展促进了该领域国际标准的制定。国际标准组织(International Standard Organization,ISO)、国际电工委员会(International Electrotechnical Commission,IEC)和国际电信联盟(International Telecommunications Union,ITU)等国际组织先后制定了一系列的图像和视频编码国际标准,如 JPEG、H.26X 与 MPEG 等,涉及的应用范围比较广泛,如多媒体、数字电视、HDTV、可视电话、视频会议等图像的传输。图像编码国际标准极大地促进了全球范围内信息传输的发展。此外,我国也在视频压缩方面制定了具备自主知识产权的 AVS(Audio Video coding Standard)标准。本节简要介绍 JPEG、MPEG、H.26X 与 AVS 等国际标准。

4.6.1 JPEG

ISO 和 CCITTT 于 1986 年联合成立了"联合图片专家组"(Joint Photographic Expert Group,JPEG),研究静止图像压缩标准。1987 年 7 月,该组织根据当时提出的 JPEG 要求,对 10 个候选方案进行了主观测试实验,并选出了 3 个初步方案,于 1988 年 1 月进行了最终测试,结果表明 8×8 的自适应 DCT(ADCT)方案是 3 个候选方案中最佳的。JPEG 基本系统框图如图 4.20 所示。此后,JPEG 组织经过深入的工作,于 1991 年 3 月提出了 ISO CD 10918 建议草案,简称 JPEG 标准,1994 年 2 月,该标准通过并成为正式标准。

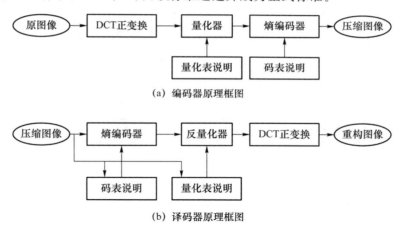

图 4.20 JPEG 基本系统框图

JPEG-2000 是由联合图片专家组于 1997 年开始征集提案,2000 年问世的新一代 JPEG 标准。JPEG-2000 的编码变换采用了小波变换。其目标是提高图像的压缩质量,特别是低码率时的压缩质量,同时支持码流的渐进传输与随机存取等。

4.6.2 MPEG 系列标准

1. MPEG-1 标准

1988 年,ISO 与 IEC 联合成立了活动图像专家组(Moving Pictures Expert Group,MPEG)。1990 年,该组织制定了 MPEG-1 标准草案,1993 年 8 月,该标准草案正式通过并成为 ISO/IEC 11172 号国际标准。其系统基本框图如图 4.21 所示。MPEG-1 标准旨在解决多媒体的存储问题,主要应用于数字存储媒介中活动图像及其伴音的编码表示,数码率约为 1.5 Mbps。

2. MPEG-2 标准

为了满足数字存储媒体、电视广播以及通信等领域对"活动图像及其伴音的通用编码方法"日益增长的需求,MPEG 组织在 1994 年又推出了 MPEG-2 标准,国际标号为 ISO/IEC 13818,数码率可高达 10 Mbps。其系统基本框图如图 4.21 所示。

3. MPEG-4 标准

继成功制定 MPEG-1 和 MPEG-2 标准之后,MPEG 专家组于 1999 年 1 月公布了全新的 MPEG-4 标准(ISO/IEC 14496)。MPEG-4 标准的目标是达到低比特率下多媒体通信和多业务的多媒体通信综合。为实现该目标,MPEG-4 标准引入了对象的概念,实际上就是用基于对象方法得到的分层区域。由此,MPEG-4 标准具有了交互性、灵活性与可扩展性这三个重要特征。MPEG-4 标准最大的创新在于它的开放性,这使用户可以针对应用建立个性化系统,因此它很容易实现 Internet 的图像搜索引擎、基于内容的图像数据库检索和交互式的多媒体通信等新功能,其具体应用目标为数字电视、交互式图形和交互式多媒体等。与前两个标准比较,MPEG-4 标准具有文件小且质量好的特点,现已被第三代手机 3GPP 接纳为多媒体传输标准。其系统基本框图如图 4.21 所示。

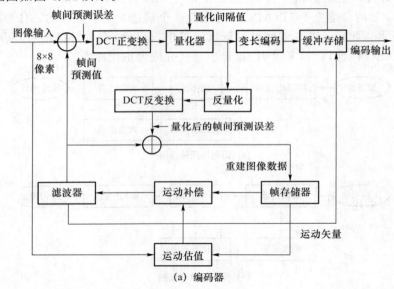

(a) 编码器

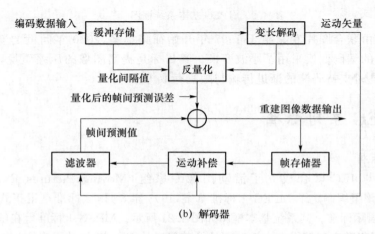

(b) 解码器

图 4.21 序列灰度图像压缩国际标准系统基本框图

4. MPEG-7 标准

随着 Internet 的普及与多媒体信息量的急速增长,如何对日渐庞大的信息进行组织和建库,实现信息的快速、有效检索和访问成为亟待解决的问题。为此,MPEG 专家组制定了MPEG-7 标准。

MPEG-7 标准致力于视听数据的信息编码表达,即对多媒体材料描述的通用接口进行标准化。其目标是针对各种类型的多媒体信息标准建立一套视听特征的量化标准描述器、结构以及它们相互之间的关系,称这种关系为描述方案。同时 MPEG-7 标准也建立了一套标准化的语言——描述定义语言,用以说明描述符和描述方案,以保证其扩展性和较长的生命周期。MPEG-7 需对各种不同类型的多媒体信息进行标准化的描述,并将该描述与所描述的内容联系起来,使其能够快速有效地搜索出用户所需的不同类型的多媒体材料,这些材料可以是静态图片、图形、3D 模型、声音、动画、运动视频等所组成的多媒体描述信息。MPEG-7 标准与其他MPEG 标准最大的不同之处在于它更注重对人的自然本性的考虑,这使其能够与许多相关领域的特点和技术结合起来,也必将使其成为多媒体数据库的产业标准。

5. MPEG-21 标准

随着多媒体技术的发展,有关多媒体的标准层出不穷,这些标准涉及多媒体技术的各个方面。各种不同的多媒体信息分布式地存在于全球不同的设备上,要想通过异构网络有效地传输这些多媒体信息,必然需要综合利用不同层次的多媒体技术标准。但现有标准是否能够真正做到配套衔接,以及在各个标准之间是否存在缺漏,还需要一个综合性的标准来加以协调。由此 MPEG 专家组提出了“多媒体框架”的概念,这个工作方向被确定为 MPEG-21。MPEG专家组的主要工作有:讨论是否需要和如何将这些不同的组件有机地结合起来;讨论是否需要新的规范;讨论如何将不同的标准集成在一起。

MPEG-21 标准的最终目的是试图从消费者的角度出发,通过自上而下地建立一个交互式的多媒体框架来跨越大范围内不同的网络和设备,以保证用户能够通过各种各样的异构网络和设备来透明而广泛地使用多媒体资源。它的基本框架要素包括数字项目说明、内容表示、数字项目的识别和描述、内容管理与使用、知识产权管理和保护、终端和网络、事件报告等七个部分。

MPEG-21 标准尚处于前期开发阶段,面临的问题还有很多。根据多媒体框架的基本框架要素,MPEG 专家组确定了 12 项用户交互作用时的“关键问题”,包括:网络传输、服务质量和灵活性、内容展示的质量、内容艺术性方面的质量、服务和设备的易用性、物理媒体格式的互操作性、付费/订购模式、多平台的解码和绘制、内容的操作、消费者信息发布、消费者使用权限、消费者隐私保护。

4.6.3　H.26X 系列标准

1. H.261 建议

H.261 建议是 CCITT 第 15 研究组(SGXV)制定的序列灰度图像压缩标准,主要应用于会议电视和可视电话业务。1990 年 7 月,SGXV 通过了“$P\times64$ kbps 视声业务用视频编解码器”,其中 $P=1\sim30$,因此 H.261 建议又称为 $P\times64$ kbps 的视频编码标准。同年 12 月 14 日,CCITT 在日内瓦修改并通过了该建议。

H.261 建议利用基于 DCT 的压缩方法对参考帧进行压缩,以减少帧内冗余度。同时,通过估计目标的运动,以确定如何压缩下一帧,减少帧间冗余度。序列灰度图像压缩国际标准系统基本框图如图 4.21 所示。

2. H.263

H.263 是 ITU 的一个标准草案,是为低码流通信而设计的,主要应用于公共模拟电话网上传输的低比特率压缩视频数据。但实际上这个标准可用在很宽的码流范围,在许多应用中可以取代 H.261。H.263 的编码算法和 H.261 一样,但做了一些改变,性能和纠错能力提高了。H.263 标准支持 5 种分辨率,除了 H.261 所支持的 QCIF 和 CIF 外,还有 SQCIF、4CIF 和 16CIF。1998 年,ITU 修订并发布了 H.263 标准的第二个版本。在保证原 H.263 标准核心句法和语义不变的基础上,该版本提供了 12 个新的可协商模式和其他特征,进一步提高了压缩编码性能,增强了应用的灵活性。

3. H.264\AVC

H.264 是由 ITU 和 ISO/IEC 联合制定的标准,于 2003 年 3 月正式发布。H.264 在 ISO 标准中又被称为高级视频编码(Advanced Video Coding,AVC),隶属于 MPEG-4 PART10。H.264 是在 MPEG-4 技术的基础之上建立起来的,其编解码流程主要包括 5 个部分:帧间和帧内预测、变换和反变换、量化和反量化、环路滤波、熵编码。H.264\AVC 视频编解码算法流程图如图 4.22 所示。

H.264\AVC 既取了以往压缩技术的精华,具有极高的数据压缩比率(在同等图像质量下,采用 H.264 技术压缩后的数据量只有 MPEG-2 的 1/8,MPEG-4 的 1/3),又有许多其他压缩技术无法比拟的优点:对各种信道的适应能力强,采用"网络友好"的结构和语法,有利于对误码和丢包进行处理;应用目标范围较宽,可以满足不同速率、不同解析度以及不同传输(存储)场合的需求。H.264\AVC 的优异性能将使其在数字电视广播、网络电视 IPTV、视频实时通信以及网络视频流媒体传输中占据重要位置。

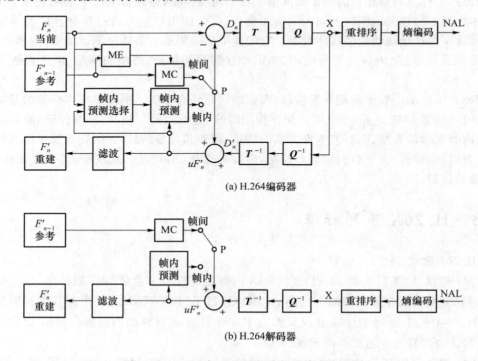

图 4.22 H.264\AVC 视频编解码算法流程图

4. H. 265

H. 265 又称为高效率视频编码(High Efficiency Video Coding,HEVC),是 ITU 继 H. 264 之后所制定的新的视频编码标准,是 2004 年由 ISO/IEC 和 ITU 作为 ISO/IEC 23008-2 MPEG-H Part2 开始制定的。2013 年 4 月 13 日,第一版的 HEVC/H. 265 成为 ITU 的正式标准。H. 265 标准围绕着现有的视频编解码标准 H. 264,保留了原来的某些技术,同时对一些相关的技术加以改进。新技术使用先进的技术用以改善码流、编码质量、延时和算法复杂度之间的关系,达到最优化设置。H. 265 具体的研究内容包括提高压缩效率、提高鲁棒性和错误恢复能力、减少实时的时延、减少信道获取时间和随机接入时延、降低复杂度等。

H. 265 最主要的用途就是要进一步降低影片所需的流量,以降低储存与传输的成本。H. 265 能够在最佳的编码范本中,在维持相同峰值信噪比的前提下,在 1080P 视频压缩上比 H. 264 节约 36% 左右的资料量,并且能在影像品质差不多的情况下,将节省的幅度进一步提升到 50%。H. 263 可以 2~4 Mbps 的传输速度实现标准清晰度广播级数字电视;而 H. 264 可以低于 2 Mbps 的速度实现标清数字图像传送;H. 265 可在低于 1.5 Mbps 的传输带宽下,实现 1080P 全高清视频传输。除了在编解码效率方面之外,H. 265 在网络适应性方面也有显著提高,可以很好地运行在 Internet 等复杂网络条件下。

4.6.4　AVS 标准

AVS 标准中采用的核心技术包括 8×8 整数变换、特殊的帧间预测运动补偿、二维的熵编码等。AVS 标准延续了以往标准的优点,在性能上与 H. 264 标准相当,现已应用于国内的广播电视系统中。

习　题　4

1. 简述数字图像压缩的必要性和可能性。
2. 变长编码为什么能减少表达信息所需的比特数?
3. 数据压缩的技术有哪几类?
4. 设数字图像有四种灰度 a,b,c,d,其中 $p(a)=1/8,p(b)=5/8,p(c)=1/8,p(d)=1/8$,请对其进行 Huffman 编码,并计算编码效率。
5. 设信源 $X=\{a,b,c,d\}$,且 $p(a)=0.2,p(b)=0.2,p(c)=0.4,p(d)=0.2$,请对 0.062 4 进行算术编码。
6. 传真机传送图像中利用了哪些图像压缩技术?
7. JPEG 实现图像压缩利用了哪些关键技术?
8. MPEG 实现图像压缩利用了哪些关键技术?
9. AVC 的编解码算法包含哪些部分?

第 5 章

图 像 分 割

5.1　图像分割的一般模型

在对图像的研究和应用中,人们往往仅对图像中的某些部分感兴趣。这些部分常称为目标或前景(其他部分称为背景),它们一般对应图像中特定的、具有独特性质的区域。为了辨识和分析目标,需要将这些有关区域分离提取出来,在此基础上才有可能进一步利用目标,如进行特征提取和测量。图像分割就是指把图像分成各具特性的区域并提取出感兴趣目标的技术和过程。这里特性可以是灰度、颜色、纹理或几何性质等,目标可以对应单个区域,也可以对应多个区域。分割出的区域应该同时满足以下条件。

① 分割出的图像区域具有均匀性和连通性。均匀性是指该区域中所有像素点都满足基于灰度、纹理、色彩等特征的某种相似性准则,连通性是指该区域内存在连接任意两点的路径。

② 某种选定的特性具有显著的差异。

③ 分割区域边界应该规整,同时保证边缘的空间定位准确。

可借助于集合概念,用如下比较正式的方法定义图像分割。

令集合 R 代表整个图像区域,对 R 的分割可被看作将 R 分成若干个满足以下 5 个条件的非空子集(子区域)$R_1 , R_2 , \cdots , R_n$:

① $\bigcup\limits_{i=1}^{n} R_i = R$;

② 对于所有的 i 和 j,$i \neq j$,有 $R_i \bigcap R_j = \varnothing$;

③ 对于 $i = 1, 2, \cdots, n$,有 $P(R_i) = \text{TRUE}$;

④ 对于 $i \neq j$,有 $P(R_i \bigcup R_j) = \text{FALSE}$;

⑤ 对于 $i = 1, 2, \cdots, n$,R_i 是连通的区域,

其中 $P(R_i)$ 代表所有在集合 R_i 中元素的某种性质,$\varnothing$ 是空集。

上述条件①指出分割所得到的全部子区域的总和(并集)应能包括图像中所有的像素,或者说分割应将图像中的每个像素都分进某一个子区域中。条件②指出各个子区域互不重叠,或者说 1 个像素不能同时属于 2 个区域。条件③指出在分割后得到的属于同一个区域中的像

素应该具有某些相同特性,如颜色、纹理等。条件④指出在分割后得到的属于不同区域中的像素应该具有一些不同的特性。条件⑤要求同一个子区域内的像素应当是连通的。对图像的分割总是根据一些分割的准则进行的。条件①与②说明分割准则应能帮助确定各区域像素有代表性的特性。

根据以上定义和讨论,可考虑按如下方法对分割算法进行分类。

首先,对灰度图像的分割常可基于像素灰度值的 2 个性质:不连续性和相似性。像素在区域内部一般具有灰度相似性,而在区域之间的边界上一般具有灰度不连续性,所以分割算法可据此分为利用区域间灰度不连续性的基于边界的算法和利用区域内灰度相似性的基于区域的算法。

然后,根据分割过程中处理策略的不同,分割算法又可分为并行算法和串行算法。在并行算法中,所有判断和决定都可独立地和同时地做出,而在串行算法中早期处理的结果可被其后的处理过程所利用。一般串行算法所需的计算时间要比并行算法长,但抗噪声能力也较强。

上述 2 个准则互不重合又互为补充,分割算法可根据这 2 个准则分成 4 类:并行边界类;串行边界类;并行区域类;串行区域类。

5.2　阈值分割

取阈值是最常见的并行的直接检测区域的分割方法,其他同类方法如像素特征空间分类可被看作取阈值技术的推广。假设图像由具有单峰灰度分布的目标和背景组成,在目标或背景内部的相邻像素间的灰度值是高度相关的,但在目标和背景交界处两边的像素在灰度值上有很大的差别。如果一幅图像满足这些条件,它的灰度直方图基本上可看作由分别对应目标和背景的 2 个单峰直方图混合而成。此时如果这 2 个分布大小(数量)接近且均值相距足够远,而且均方差也足够小,则灰度直方图应是双峰的。对于这类图像,可用取阈值的方法来较好地分割。

最简单的利用取阈值方法来分割灰度图像的步骤如下。首先,对于一幅灰度取值在 0 和 $L-1$ 之间的图像,确定 1 个灰度阈值 $T(0<T<L-1)$。然后将图像中每个像素的灰度值与阈值 T 相比较,并根据比较结果将对应的像素分割为 2 类:像素的灰度值大于阈值的为一类;像素的灰度值小于阈值的为另一类(灰度值等于阈值的像素可归入这 2 类之一)。这 2 类像素一般对应图像中的 2 类区域。在以上步骤中,确定阈值是关键,如果能确定 1 个合适的阈值就可将图像分割开来。

不管用何种方法选取阈值,取单个阈值分割后的图像可定义为

$$g(x,y)=\begin{cases}1, & f(x,y)>T \\ 0, & f(x,y)\leqslant T\end{cases} \tag{5.1}$$

图 5.1 为单阈值分割的 1 个示例。图 5.1(a)代表一幅含有多个不同灰度值区域的图像;图 5.1(b)代表它的直方图,其中 z 代表图像灰度值,T 为用于分割的阈值;图 5.1(c)代表分割的结果,大于阈值的像素以白色显示,小于阈值的像素以黑色显示。

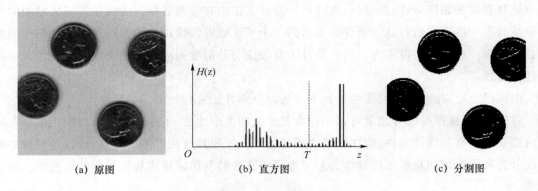

(a) 原图 (b) 直方图 (c) 分割图

图 5.1 单阈值分割示例

下面介绍几种借助于直方图选取阈值的方法。

1. 极小值点阈值

如果将直方图的包络看作 1 条曲线,则选取直方图的谷可借助于求曲线极小值的方法。设用 $h(z)$ 代表直方图,如果极小值点满足

$$\frac{\partial h(z)}{\partial z} = 0 \quad \text{或} \quad \frac{\partial^2 h(z)}{\partial z^2} > 0 \tag{5.2}$$

这些极小值点对应的灰度值就可用作分割阈值,在确定极小点的过程中,可能需要对直方图进行平滑处理。

2. 最优阈值

有时目标和背景的灰度值有部分交错,用 1 个全局阈值并不能将它们绝对分开。这时常希望能减小误分割的概率,而选取最优阈值是 1 种常用的方法。设一幅图像仅包含 2 类主要的灰度值区域(目标和背景),它的直方图可看成灰度值概率密度函数 $P(z)$ 的一个近似。这个密度函数实际上是目标和背景的 2 个单峰密度函数之和。如果已知密度函数的形式,那么就有可能选取 1 个最优阈值把图像分成 2 类区域而使误差最小。

最优阈值选取示例如图 5.2 所示。设图像由目标和背景两部分组成,目标的灰度分布概率密度为 $p_o(z)$,而背景的灰度分布概率密度为 $p_b(z)$,同时设目标占整个画面的百分比为 θ,则背景占 $1-\theta$。若取阈值为 t,则将物体点误判为背景点的误判概率为

$$E_o(t) = \int_{-\infty}^{t} p_o(z)\mathrm{d}z = P_o(t) \tag{5.3}$$

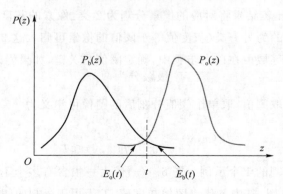

图 5.2 最优阈值选取示例

将背景点误判为物体点的误判概率为

$$E_b(t) = \int_t^\infty p_b(z)\mathrm{d}z = 1 - \int_{-\infty}^t p_b(z)\mathrm{d}z \tag{5.4}$$

式(5.4)右端第二项恰好是灰度小于 t 的背景点出现的总概率 $P_b(t)$，故

$$E_b(t) = \int_t^\infty p_b(z)\mathrm{d}z = 1 - P_b(t) \tag{5.5}$$

因此总的误判概率为

$$\varepsilon = \theta \cdot P_o(t) + (1-\theta)[1 - P_b(t)] \tag{5.6}$$

求出最佳阈值 t，使的误判概率最小，故利用莱布尼茨法则，将上述误判函数对 t 求导，并令其为零，故有

$$\theta \cdot \frac{\mathrm{d}[P_o(t)]}{\mathrm{d}t} - (1-\theta)\frac{\mathrm{d}[P_b(t)]}{\mathrm{d}t} = 0 \tag{5.7}$$

若背景和目标的灰度概率密度均为正态分布，则可以求出解析解。设目标区和背景区灰度的均值分别为 μ_o 和 μ_b，均方差分别为 σ_o 和 σ_b，则

$$p_o(z) = \frac{1}{\sqrt{2\pi}\sigma_o}e^{-\frac{(z-\mu_o)^2}{2\sigma_o^2}}$$

$$p_b(z) = \frac{1}{\sqrt{2\pi}\sigma_b}e^{-\frac{(z-\mu_b)^2}{2\sigma_b^2}} \tag{5.8}$$

将式(5.8)代入式(5.7)，可得到解一元二次方程的根判别式的系数：

$$A = \sigma_b^2 - \sigma_o^2$$

$$B = 2(\mu_b\sigma_o^2 - \mu_o\sigma_b^2)$$

$$C = \sigma_b^2\mu_o^2 - \sigma_o^2\mu_b^2 + 2\sigma_b^2\sigma_o^2\ln\left(\frac{\sigma_o}{\sigma_b} \cdot \frac{1-\theta}{\theta}\right) \tag{5.9}$$

该二次方程在一般情况下有 2 个解。如果 2 个区域的方差相等，则只有 1 个最优阈值：

$$t = \frac{1}{2}(\mu_b + \mu_o) + \frac{\sigma^2}{\mu_b - \mu_o}\ln\left(\frac{1-\theta}{\theta}\right) \tag{5.10}$$

3. 类间方差阈值分割

Ostu 提出的"最大类间方差法"比较简单，物理意义明确，是一种被广泛使用的阈值选取方法。算法以最佳门限将图像灰度直方图分割成两部分，使两部分类间方差取最大值，即分离性最大。

设图像灰度级的范围是 $1\sim M$，第 i 级像素的数目是 n_i，总像素的数目是 $N = \sum_{i=1}^M n_i$，则第 i 级灰度出现的概率为 $P_i = n_i/N$。

设灰度门限值为 k，则图像像素按灰度级被分为两类：

$$C_0 = \{1, 2, \cdots, k\}, \quad C_1 = \{k+1, \cdots, M\}$$

图像总平均灰度级

$$\mu = \sum_{i=1}^M i \cdot P_i \tag{5.11}$$

C_0 类的平均灰度级为 $\mu(k) = \sum_{i=1}^k i \cdot P_i$，像素数为 $N_0 = \sum_{i=1}^k n_i$。

C_1 类的平均灰度级为 $\mu - \mu(k)$，像素数为 $N - N_0$。

两部分图像所占比例分别为

$$w_0 = \sum_{i=1}^{k} P_i = w(k), \quad w_1 = 1 - w(k)$$

对 C_0, C_1 的均值进行处理:

$$\mu_0 = \mu(k)/w(k), \quad \mu_1 = \frac{\mu - \mu(k)}{1 - w(k)}$$

图像总均值可化为

$$\mu = w_0 \mu_0 + w_1 \mu_1 \tag{5.12}$$

类间方差

$$\sigma^2(k) = w_0 (\mu - \mu_0)^2 + w_1 (\mu - \mu_1)^2 = w_0 w_1 (\mu_0 - \mu_1)^2 \tag{5.13}$$

式(5.13)可化为

$$\sigma^2(k) = \frac{[\mu \cdot w(k) - \mu(k)]^2}{w(k) \cdot [1 - w(k)]} \tag{5.14}$$

其中 k 在 1 到 M 之间变化,使 $\sigma^2(k)$ 最大的 k^* 即为所求的最佳门限。$\sigma^2(k)$ 称为目标选择函数。

5.3　基于变换直方图选取阈值

在实际应用中,图像常因受到噪声等的影响而使直方图中原本分离的峰之间的谷被填充,使得谷的检测很困难。为解决这类问题,可以利用一些像素邻域的局部性质。下面介绍两种利用像素梯度值的方法。

1. 直方图变换

直方图变换的基本思想是利用一些像素邻域的局部性质来变换原来的直方图,以得到 1 个新的直方图。新直方图根据特点可分为 2 类:第 1 类是具有低梯度值像素的直方图,其中峰之间的谷比原直方图深;第 2 类是具有高梯度值像素的直方图,其中的峰是由原直方图的谷转化而来的。

先看第 1 类。根据前面描述的图像模型,目标和背景内部的像素具有较低的梯度值,而它们边界上的像素具有较高的梯度值。如果做出仅具有低梯度值的像素的直方图,那么这个新直方图中对应内部点的峰应基本不变,但因为减少了一些边界点,所以谷应比原直方图要深。

更一般地,可计算 1 个加权的直方图,其中赋给具有低梯度值的像素的权重大一些。例如,设 1 个像素点的梯度值为 g,则在统计直方图时可给它加权 $1/(1+g)^2$。这样一来,如果像素的梯度值为零,则它得到最大的权重"1";如果像素具有很大的梯度值,则它得到的权重就变得微乎其微。在这样加权的直方图中,峰基本不变而谷变深,所以峰谷差距加大(参见图 5.3(a),虚线为原直方图)。

再看第 2 类。第 2 类与上面的方法相反,可做出仅具有高梯度值的像素的直方图。这个直方图在对应目标和背景的边界像素灰度级处有 1 个峰(参见图 5.3(b),虚线为原直方图)。这个峰主要由边界像素构成,与这个峰对应的灰度值就可选作分割用的阈值。

更一般地,也可计算 1 个加权的直方图,不过这里赋给具有高梯度值的像素的权重大一些。例如,可用每个像素的梯度值 g 作为赋给该像素的权值。这样在统计直方图时就不必考虑梯度值为零的像素,而具有大梯度值的像素将得到较大的权重。

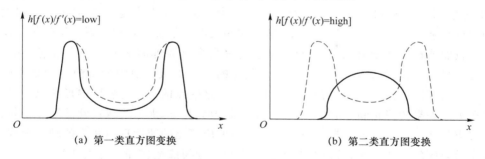

(a) 第一类直方图变换　　　　　(b) 第二类直方图变换

图 5.3　变换直方图示例

图 5.4 为 1 组变换直方图实例。

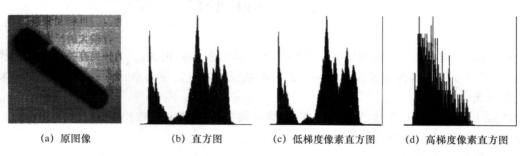

(a) 原图像　　(b) 直方图　　(c) 低梯度像素直方图　　(d) 高梯度像素直方图

图 5.4　变换直方图实例

在图 5.4 中,图 5.4(a)为原图像,图 5.4(b)为其直方图,图 5.4(c)和图 5.4(d)分别为具有低梯度和高梯度像素的直方图。比较图 5.4(b)和图 5.4(c)可见,在低梯度直方图中谷更深了,而对比图 5.4(b)和图 5.4(d)可见,在高梯度直方图中其单峰基本对应原来的谷。

2. 灰度-梯度散射图

以上介绍的直方图变换法都可以靠建立 1 个 2-D 的灰度值对梯度值的散射图并计算对灰度值轴的不同权重的投影而得到。这个散射图也可称为 2-D 直方图,其中 1 个轴是灰度值轴,1 个轴是梯度值轴,而其统计值是同时具有某个灰度值和梯度值的像素个数。例如,当做出仅具有低梯度值像素的直方图时,实际上是对散射图用了 1 个阶梯状的权函数进行投影,其中给低梯度值像素的权为 1,而给高梯度值像素的权为 0。

图 5.5(a)为输入图像。对该图做出的灰度-梯度散射图见图 5.5(b),其中色越浅代表满足条件的点越多。图 5.5(c)为典型的灰度-梯度散射图的示例。

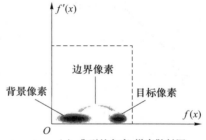

(a) 原图像　　　　(b) 灰度-梯度散射图　　　　(c) 典型的灰度-梯度散射图

图 5.5　灰度和梯度散射图

散射图中一般会有 2 个接近灰度值轴(低梯度值)但沿灰度值轴又互相分开一些的大聚类,它们分别对应目标和背景内部的像素。这 2 个聚类的形状与这些像素相关的程度有关。如果相关性很强或梯度算子对噪声不太敏感,这些聚类会很集中且很接近灰度值轴。反之,如果相关性较弱或梯度算子对噪声很敏感,则这些聚类会比较远离灰度值轴。散射图中还会有较少的对应目标和背景边界上像素的点。这些点的位置沿灰度值轴处于前 2 个聚类中间,但因具有较大的梯度值而与灰度值轴有一定的距离。这些点的分布与轮廓的形状以及梯度算子的种类有关。如果边缘是斜坡状的,且使用了一阶微分算子,那么边缘像素的聚类将与目标和背景的聚类相连。边缘像素的聚类将以与边缘坡度成正比的速度远离灰度值轴。根据不同区域像素在散射图的分布情况,可以结合灰度阈值和梯度阈值把目标和背景分开。

5.4　Hough 变换

Hough 变换方法是指利用图像全局特性而直接检测目标轮廓,其在预先知道区域形状的情况下,可以方便地得到边界曲线而将不连续的边缘像素点连接起来,并可以直接分割出来某些已知形状的目标。

Hough 变换利用点与线的对偶性,将图像空间的线条变为参数空间的点,从而检测图像中是否存在给定性质的线条。

在图像空间 X-Y 中,所有过点 (x,y) 的直线都满足方程

$$y=px+q \tag{5.15}$$

式(5.15)中,参数 p 和 q 分别表示斜率和截距。如果已知参数值,则该点坐标之间的关系便可以确定。把上述方程重新表示为

$$q=-px+y \tag{5.16}$$

如果 p 和 q 是变量,x 和 y 是参数,则式(5.16)表示的是参数空间 P-Q 中过点 (p,q) 的一条直线,斜率和截距由参数 x,y 决定。因此图像空间 X-Y 里的一条直线和参数空间 P-Q 中的一点有一一对应的关系,这种点和线的对偶关系称为 Hough 变换,见图 5.6。同理,参数空间 P-Q 里的一条直线和图像空间 X-Y 中的一点也是一一对应的。

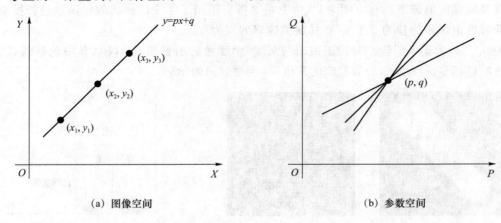

(a) 图像空间　　　　　　　　　(b) 参数空间

图 5.6　直角坐标中的 Hough 变换

假设给定直线 $y=px+q$ 上任意 3 个点 (x_i,y_i),$i=1,2,3$,其中 (x_1,y_1) 和 (x_2,y_2) 所对应

的参数空间的两条直线为

$$q = -x_1 p + y_1 \tag{5.17}$$

$$q = -x_2 p + y_2 \tag{5.18}$$

可以得到这两条直线的交点为

$$\begin{cases} p_1 = \dfrac{y_1 - y_2}{x_1 - x_2} = p_0 \\[2mm] q_1 = \dfrac{x_1 y_2 - x_2 y_1}{x_1 - x_2} = q_0 \end{cases} \tag{5.19}$$

同理可以得到 (x_2, y_2) 和 (x_3, y_3) 所对应的参数空间的两条直线交点为

$$\begin{cases} p_2 = \dfrac{y_2 - y_3}{x_2 - x_3} = p_0 \\[2mm] q_2 = \dfrac{x_2 y_3 - x_3 y_2}{x_2 - x_3} = q_0 \end{cases} \tag{5.20}$$

由此可以知道：如果直线 $y = px + q$ 上有 n 个点，那么这些点对应参数空间 $P\text{-}Q$ 上的一个直线簇，且所有直线相交于一点，利用这个性质可以检测共线点。

如果点 (x, y) 被映射到极坐标上，那么如果直线上有 n 个点，这些点对应极坐标空间的 n 条正弦曲线，且所有正弦曲线交于一点。

5.5　串行区域分割

串行区域分割技术指采用串行处理的策略，通过对目标区域的直接检测来实现图像分割的技术。串行分割方法的特点是将整个处理过程分解为顺序的多个步骤逐次进行，其中对后续步骤的处理要根据对前面已完成步骤的处理结果进行判断而确定。这里判断是要根据一定的准则来进行的。一般来说，如果准则是基于图像灰度特性的，则该方法可用于图像的分割；如果准则是基于图像的其他特性（如纹理）的，则该方法也可用于相应图像的分割。

串行区域分割中常利用图像多分辨率的表达结构，如金字塔结构。基于区域的串行分割技术有两种基本形式：一种是从单个像素出发，逐渐合并以形成所需的分割区域，称为区域生长；另一种是从全图出发，逐渐分裂切割至所需的分割区域。这两种方法可以结合使用。

5.5.1　区域生长

区域生长的基本思想是将具有相似性质的像素结合起来构成区域。具体步骤为：首先，对于每个需要分割的区域，找一个种子像素作为生长的起点；其次，将种子像素周围邻域中与种子像素有相同或相似性质的像素（根据某种事先确定的生长或相似准则来判定）合并到种子像素所在的区域中；最后，把这些新像素当作新的种子像素继续进行上面的过程，直到再没有满足条件的像素可被包括进来，这样一个区域就长成了。由此可知，在实际应用区域生长法时需要解决 3 个问题：

① 选择或确定一组能正确代表所需区域的种子像素；

② 确定在生长过程中能将相邻像素包括进来的准则；

③ 制定让生长过程停止的条件或规则。

种子像素的选取常可借助于具体问题的特点进行。如在军用红外图像中检测目标时,由于一般情况下目标辐射较大,所以可选用图中最亮的像素作为种子像素。要是对具体问题没有先验知识,则常可借助于生长所用准则对每个像素进行相应计算。如果计算结果呈现聚类的情况,则接近聚类重心的像素可取为种子像素。

区域生长的一个关键是选择合适的生长或相似准则,生长准则的选取不仅依赖于具体问题本身,也和所用图像数据的种类有关。生长准则可根据不同原则制定,而使用不同的生长准则会影响区域生长的过程。基于区域灰度差的方法主要有如下步骤:

① 对图像进行逐行扫描,找出尚没有归属的像素;

② 以该像素为中心检查它的邻域像素,即将邻域中的像素逐个与它比较,如果灰度差小于预先确定的阈值,则将它们合并;

③ 以新合并的像素为中心,返回步骤②,检查新像素的邻域,直到区域不能进一步扩张;

④ 返回步骤①,继续扫描,直到不能发现没有归属的像素,则结束整个生长过程。

图 5.7 为已知种子像素进行区域生长的一个示例。图 5.7(a)为需分割的图像,设已知有两个种子像素(标为深浅不同的灰色方块),现要进行区域生长。这里种子像素的选取可借助于图像的直方图来进行,由直方图可知,具有灰度值为 1 和 5 的像素最多且处在聚类的中心,所以可各选一个具有聚类中心灰度值的像素作为种子。设这里采用的生长判断准则是:如果所考虑的像素与种子像素灰度值差的绝对值小于等于某个门限 T,则将该像素划入种子像素所在的区域。图 5.7(b)为 $T=3$ 时的区域生长结果,整幅图被较好地分成两个区域。图 5.7(c)为 $T=1$ 时的区域生长结果,有些像素无法判定(注意,右上角像素无法被检测)。图 5.7(d)为 $T=6$ 时的区域生长结果,整幅图都被分在一个区域中。由此例可见,门限的选择是很重要的。

0	1	4	7	5
0	0	4	7	7
0	**1**	**5**	5	5
3	0	5	5	6
3	3	5	4	6

(a) 原图像

1	1	5	5	5
1	1	5	5	5
1	**1**	**5**	5	5
1	1	5	5	5
1	1	5	5	5

(b) $T=3$ 时的区域生长结果

1	1	5	7	5
1	1	5	7	7
1	**1**	**5**	5	5
3	1	5	5	5
3	3	5	5	5

(c) $T=1$ 时的区域生长结果

1	1	1	1	1
1	1	1	1	1
1	1	1	1	1
1	1	1	1	1
1	1	1	1	1

(d) $T=6$ 时的区域生长结果

图 5.7 区域生长示例

采用上述方法得到的结果对区域生长起点的选择有较大的依赖性。为克服这个困难可采用下面的改进方法:

① 设灰度差的阈值为零,用上述方法进行区域扩张,合并灰度相同的像素;

② 求出所有邻接区域之间的平均灰度差,合并具有最小灰度差的邻接区域;

③ 设定终止准则,反复进行步骤②中的操作,将区域依次合并直到终止准则满足为止。

当图像中存在缓慢变化的区域时,上述方法有可能将不同区域逐步合并,从而产生错误。为解决这个问题,可不将新像素的灰度值与邻域像素的灰度值进行比较,而将新像素所在区域的平均灰度值与各邻域像素的灰度值进行比较。

对一个含有 N 个像素的图像区域 R,其均值为

$$m = \frac{1}{N} \sum_R f(x,y) \tag{5.21}$$

对像素的比较测试可表示为

$$\max_R |f(x,y) - m| < T \tag{5.22}$$

其中 T 为给定的阈值。

现考虑以下两种情况。

设区域为均匀的,各像素灰度值为均值 m 与一个零均值高斯噪声的叠加。当用式(5.22)测试某个像素时,条件不成立的概率为

$$P(T) = \frac{2}{\sqrt{2\pi}\sigma} \int_T^\infty \exp\left(-\frac{z^2}{2\sigma^2}\right) \mathrm{d}z \tag{5.23}$$

这就是误差函数 $\mathrm{erf}(t)$,当 T 取 3 倍方差时,误判概率为 $1-(99.7\%)^N$。这表明当考虑灰度均值时,区域内的灰度变化应尽量小。

设区域为非均匀的,且由两部分像素构成。这两部分像素在 R 中所占比例分别为 q_1 和 q_2,灰度值分别为 m_1 和 m_2,则区域均值为 $q_1 m_1 + q_2 m_2$。对于灰度值为 m_1 的像素,它与区域均值的差为

$$S_m = m_1 - (q_1 m_1 + q_2 m_2) \tag{5.24}$$

根据式(5.22),可知正确判决的概率为

$$P(T) = \frac{1}{2}\big[P(|T - S_m|) + P(|T + S_m|)\big] \tag{5.25}$$

这表明当考虑灰度均值时,不同部分像素间的灰度差距应尽量大。

另外,在区域生长时还需考虑像素间的连通性和邻近性,否则有时会出现无意义的分割结果。

5.5.2　分裂合并法

树结构可以将图像划分为互不交叠、各自具有一致属性的区域图,树的根代表图像本身,树的叶代表每个像元。区域生长是先从单个生长点开始通过不断接纳满足接收准则的新生长点,最后得到整个区域,其是从树的叶子开始,由下至上最终达到树的根,完成图像区域的划分。分裂合并法是从树的某一层开始,按照某种区域属性的一致性测度,对应该合并的相邻块加以合并,对应该划分的块再进行划分的分割方法。分裂合并法基本上是区域生长过程的逆过程,它从整个图像出发,不断分裂得到各个子区域,然后把前景区域合并,实现目标提取。典型的分裂合并分割技术以图像四叉树和金字塔为基本数据结构。

设原始图像 $f(x,y)$ 的尺寸为 $2^N \times 2^N$,在金字塔数据结构中,最底层就是原始数据,上一层的图像数据的每一个像素的灰度值就是该层图像数据相邻四个像素点的平均值,因此上一层的图像尺寸比下一层的图像尺寸小,上一层的分辨率比下一层的分辨率低,但上一层图像所含信息更具有概括性。最顶层只有一个点,但通常在图像分割时不需要如此大的分辨率。这种数据结构由于模型图酷似金字塔而得名。这种结构在数据存储时采用四叉树结构最为方便。图 5.8 给出了 4×4 图像的金字塔数据结构及四叉树结构示意图。

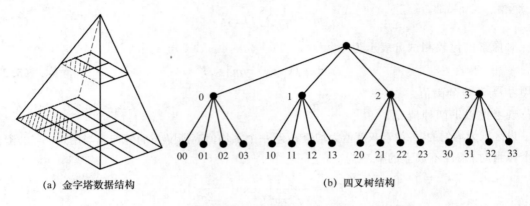

(a) 金字塔数据结构 　　　　(b) 四叉树结构

图 5.8　4×4 图像的金字塔数据结构及四叉树结构示意图

在金字塔数据结构中,对于 $2^N \times 2^N$ 的数字图像,若用 n 表示其层次,则第 n 层上图像的大小为 $2^{N-n} \times 2^{N-n}$,因此最底层(即第 0 层)就是原始图像,最顶层就是第 N 层,只有一个点。对于四叉树而言,第 n 层上有 4^n 个节点。

区域分裂合并法的步骤如下。

① 确定区域同质准则 H,同质是指不论图像的来源及反映的事物如何不同,同一物体在灰度、颜色、纹理、形状、大小等可以测量的特征上总是具有同一性和相似性。

② 将原始图像按照四份一级等分。

③ 对所有区域 R 进行均匀性检验,如果 $H(R)=$ false,则将该区域分裂成四个大小相等的子区域;如果任一区域 R_i 都满足 $H(R_i)=$ false,则继续分裂此子区域,直至这一分枝上的树结构到达它的底层树叶,分裂不能继续为止;如果 $H(R_i)=$ true,则该区域不需要继续分裂,进入树结构的下一个区域继续上述步骤。

④ 回溯合并环节:若相邻的两个区域 R_i 和 R_j 满足 $H(R_i \bigcup R_j)=$ true,说明这两个区域同质,则合并这两个区域,不要求 R_i 和 R_j 大小相同,但要求它们相邻。

⑤ 回溯结束后,分析面积很小的零星区域与相邻大区域的相似度,将它们改为相似度大的区域。

⑥ 第⑤步完成后可以得到近似的边界,由于该边界是在各种方块组合的基础之上得到的,是一条锯齿形的线,所以还需要经过曲线拟合变成一条光滑的分界线。

5.6　基于形态学的图像分割

形态学(Morphology)原来研究对动植物调查时所采取的某种形式,数学形态学(Mathematical Morphology)是分析几何形状和结构的数学方法,它建立在集合代数的基础上,是用集合论方法定量描述集合结构的学科。1985 年之后,数学形态学逐渐成为分析图像几何特征的工具。形态学的理论基础是集合论。在图像处理中,形态学的集合代表着黑白和灰度图像的形状,如黑白图像中的黑像素点组成了此图像的完全描述。通常我们选择图像中感兴趣的目标图像区域像素集合来进行形态学变换。

数学形态学的基本思想是用一个结构元素作为基本工具来探测和提取图像特征,从而判断这个结构元素是否能够适当、有效地放入图像内部。结构元素是一种收集图像信息的探针，具有一定的集合形状，如圆形、正方形、十字形等。对于每一个结构元素，要指定一个原点，该原点是结构元素参与形态学运算的参考点，可以包含在结构元素中，也可以不包含在结构元素中，但两种情形下的运算结果会有所不同。结构元素的选取原则有两个：

① 结构元素在几何上必须比原图像简单，而且有界；

② 结构元素的形状最好具有某种凸性，如圆形、十字形、方形等。

数学形态学的基本运算有膨胀（dilatation）、腐蚀（erosion）、开启（opening）和闭合（closing）。

5.6.1　膨胀和腐蚀

1. 膨胀运算（记为 ⊕）

设 A 和 B 是整数空间 Z 中的集合，其中 A 为图像区域集合，B 为具有原点的结构元素，则 B 对 A 的膨胀运算定义为

$$A \oplus B = \{x \mid [(\hat{B})_x \cap A] \neq \varnothing\} \tag{5.26}$$

其中 $\hat{}$ 表示对原点的映射，$(B)_x$ 表示 B 平移 x，$\cap$ 表示交集。用 B 膨胀 A 实际上就是 $\hat{B}$ 的位移与 A 至少有一个非零元素相交时 B 的原点位置的集合。

膨胀是将与物体边界接触的背景像素合并到物体中的过程，经过膨胀后，图像比原图像所占像素更多，如果两个物体在某处用少于几个像素分开，膨胀后这两个物体就合并成了一个物体。膨胀运算满足交换率，即 $A \oplus B = B \oplus A$。图 5.9 给出了一个膨胀过程示例。

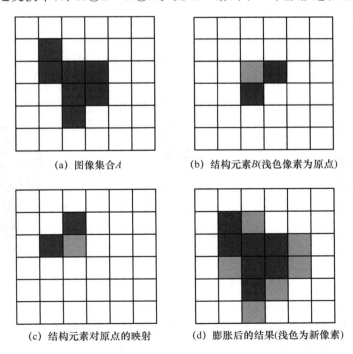

(a) 图像集合A　　　　　(b) 结构元素B(浅色像素为原点)

(c) 结构元素对原点的映射　　(d) 膨胀后的结果(浅色为新像素)

图 5.9　膨胀过程示例

2. 腐蚀运算(记为 $\ominus$)

设 A 和 B 是整数空间 Z 中的集合,其中 A 为图像区域集合,B 为具有原点的结构元素,则 B 对 A 的腐蚀运算定义为

$$A\ominus B=\{x\mid(B)_x\subseteq A\} \tag{5.27}$$

用 B 腐蚀 A 实际上就是 B 完全包括在 A 中时 B 的原点位置的集合,腐蚀后的结果比原图像有所收缩,简单的腐蚀运算是将一个物体沿边界缩小的过程。图 5.10 给出了腐蚀运算示例。

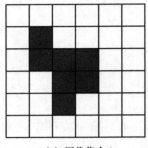
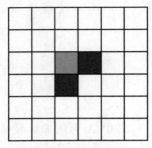
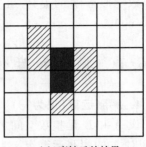

(a) 图像集合A　　　　(b) 结构元素B(浅色像素为原点)　　　　(c) 腐蚀后的结果

图 5.10　腐蚀运算示例

前面讨论的膨胀和腐蚀运算假设原点包含在结构元素中,还有一种可能是原点不包含在结构元素中,对于这种情况,腐蚀和膨胀运算结果和原图像集合有不同的关系。

(1) 当原点包含在结构元素中时

对于膨胀运算总有 $A\subseteq A\oplus B$,如图 5.9 所示;对于腐蚀运算总有 $A\ominus B\subseteq A$,如图 5.10 所示。

(2) 当原点不包含在结构元素中时

对于膨胀运算只有一种可能:$A\not\subseteq A\oplus B$。图 5.11(a)为原图像。在图 5.11(b)中,结构元素只有两个像素,×代表结构元素原点,但不在结构元素内。图 5.11(c)为膨胀结果,可以看出阴影所示的像素原来属于原图像 A,但不是膨胀结果。

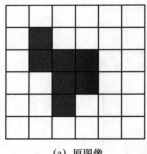
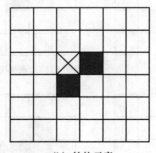
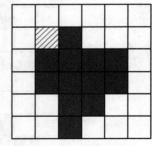

(a) 原图像　　　　　　(b) 结构元素　　　　　　(c) 膨胀结果

图 5.11　原点不在结构元素内的膨胀结果

对于腐蚀运算有两种可能:$A\ominus B\subseteq A$ 或 $A\ominus B\not\subseteq A$,如图 5.12 和图 5.13 所示。在图 5.12(b)中,结构元素也是只有两个像素,×代表结构元素原点。从腐蚀结果可以看出,$A\ominus B\subseteq A$。在图 5.13(b)中,结构元素也是只有两个像素,×代表结构元素原点,把图 5.12(a)中的原图像向左旋转 90°即为图 5.13(a)。图 5.13(c)为腐蚀结果,浅灰色像素表示新增像素,从结果可以看出,$A\ominus B\not\subseteq A$。

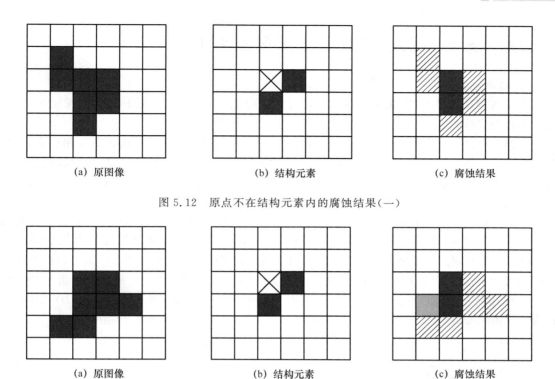

图 5.12　原点不在结构元素内的腐蚀结果(一)

图 5.13　原点不在结构元素内的腐蚀结果(二)

5.6.2　开启和闭合

开启和闭合运算是形态学中另外两个重要的运算,由于膨胀和腐蚀并不互为逆运算,因此通过级连可形成开启和闭合运算。

1. 开启运算(记为。)

对于整数空间中的集合 A 和集合 B,B 对 A 的开启运算定义为

$$A \circ B = (A\Theta B)\oplus B \tag{5.28}$$

也就是说,开启运算是先用结构元素 B 对图像 A 进行腐蚀,然后再用 B 对腐蚀结果进行膨胀操作。

开启运算可以删除小物体或将物体拆分为小物体,也可以起到平滑图像轮廓的作用,如去掉轮廓上突出的毛刺,平滑大物体边界而不明显改变它们的面积。

2. 闭合运算(记为·)

对于整数空间中的集合 A 和集合 B,B 对 A 的闭合运算定义为

$$A \cdot B = (A\oplus B)\Theta B \tag{5.29}$$

闭合运算与开启运算过程相反,它是先用结构元素 B 对图像 A 进行膨胀,然后再用 B 对膨胀结果进行腐蚀操作。

闭合运算可以填充物体的小洞或连接相近的物体,也可以平滑物体的边界而不明显改变它们的面积。

5.6.3 数学形态学在图像处理中的应用

1. 噪声去除

由于各种因素的影响,采集图像时不可避免地存在噪声,多数情况下噪声是可加性噪声。可以通过形态变换进行平滑处理,滤除图像的可加性噪声。

开启运算是一种串行复合极值滤波,可以切断细长的搭线,消除图像边缘毛刺和孤立点,显然具有平滑图像边界的功能,如图 5.14 所示。闭合运算是另一种串行复合极值滤波,具有平滑边界的作用,能连接短的间断,起到填充小孔的作用。另外,还可以通过开启和闭合运算的串行结合来构造形态学噪声滤波器。考虑如图 5.15 所示的一个简单的二值图像,它是一个被噪声影响的矩形目标。图 5.15(a)框外的黑色小块表示噪声,目标中的白色小孔表示孔洞噪声,所有的背景噪声成分的物理尺寸均小于结构元素。图 5.15(c)是原图像 X 被结构元素 B 腐蚀后的图像,实际上它将目标周围的噪声块消除了,而目标内的孔洞噪声成分却变大了。因为目标中的空白部分实际上是内部的边界,所以经腐蚀后会变大。用 B 对腐蚀结果进行膨胀得到图 5.15(d),再用 B 对图 5.15(d)进行闭合运算,它将目标内部的噪声孔消除了。由此可见,$(X \circ B) \cdot B$ 可以构成滤除图像噪声的形态滤波器,该滤波器可以滤除目标内比结构元素小的噪声块。

(a) 具有噪声的原图像

(b) 结构元素

(c) 去噪声后的图像

图 5.14　二值形态学用于噪声去除

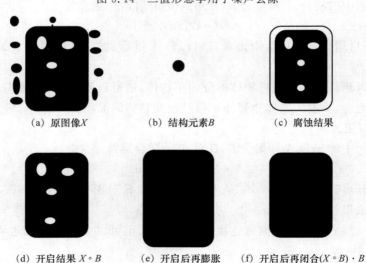

(a) 原图像 X　　(b) 结构元素 B　　(c) 腐蚀结果

(d) 开启结果 $X \circ B$　　(e) 开启后再膨胀　　(f) 开启后再闭合 $(X \circ B) \cdot B$

图 5.15　二值形态学用于图像平滑处理

2. 边界提取

在一幅图像中,图像的边缘线或棱线是信息量最为丰富的区域。提取边界或边缘也是图像分割的重要组成部分。实践证明,人的视觉系统首先在视网膜上实现边界线的提取,然后再把所得的视觉信息提供给大脑。因此,通过提取物体的边界可以明确物体大致的形状。这种做法实质上是把一个二维复杂的问题表示为一条边缘曲线,这样大大节约了处理时间,为识别物体带来了便利。

提取物体的轮廓边缘的形态学变换为

$$\beta(A) = A - (A \Theta B) \tag{5.30}$$

边界提取示例如图 5.16 所示。

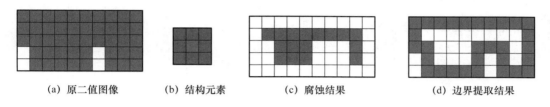

(a) 原二值图像　　(b) 结构元素　　(c) 腐蚀结果　　(d) 边界提取结果

图 5.16　边界提取示例

3. 区域填充

区域是图像边界线所包围的部分,边界是图像的轮廓线,因此区域和其边界可以互求。下面通过示例具体说明区域填充的形态学变换方法。

图 5.17(a)是一个给出区域边界点的图像 A,边界点用深色表示,赋值为 1,所有非边界点是白色部分,赋值为 0,显然是一幅二值图像。图 5.17(b)为图像 A 的补集 A^c。图 5.17(c)为结构元素 B,填充过程实际上就是从边界上某一点(只有一个边界点的集合)开始做以下迭代运算:

$$X_k = (X_{k-1} \oplus B) \bigcap A^c, \quad k = 1, 2, 3, \cdots \tag{5.31}$$

其中,X_0 是原图边界的一个点,如图 5.17(d)所示。图 5.17(e)为第一次迭代结果。图 5.17(f)为第二次迭代结果,当 k 迭代到 $X_k = X_{k-1}$ 时结束,如图 5.17(g)所示,集合 X_k 和 A^c 的交集就包括了图像边界线所包围的填充区域及其边界,如图 5.17(h)所示。可见求区域填充算法是一个用结构元素对其进行膨胀、求补和求交集的过程。

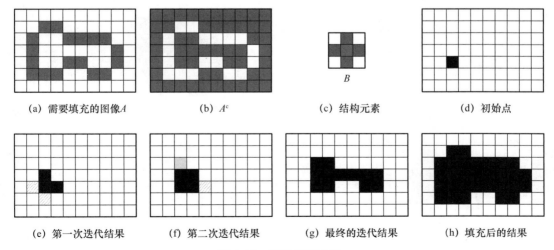

(a) 需要填充的图像 A　　(b) A^c　　(c) 结构元素　　(d) 初始点

(e) 第一次迭代结果　　(f) 第二次迭代结果　　(g) 最终的迭代结果　　(h) 填充后的结果

图 5.17　区域填充示例

习　题　5

1. 请编程实现 Robert 和 Sobel 算子,并结合实际处理的图像比较两者的不同。

2. 图像分割中的基于区域的分割算法有哪些?

3. 图像分割中的基于边缘的分割算法有哪些?

4. 如果图像背景与目标灰度分布均是正态分布,其均值分别为 μ 和 ν,图像背景与目标面积相等,证明最佳阈值为 $\frac{\mu+\nu}{2}$。

5. 尝试阐述区域生长算法的基本原理。

6. 设计一个形态学平滑处理程序。

第6章

图像特征分析

　　图像分割的直接结果是得到了区域内的像素集合或位于区域轮廓上的像素集合,这两个集合是互补的。在图像分析应用中我们感兴趣的常常仅是图像中的某些区域,通常称之为目标。一般对目标常用不同于原始图像的合适的表达形式来表示,与图像分割类似,图像中的区域可用其内部(如组成区域的像素集合)表示,也可用其外部(如组成区域轮廓的像素集合)表示。一般来说,如果比较关心区域的反射性质(如灰度、颜色、纹理等),常选用内部表达法;如果比较关心区域的形状等,则常选用外部表达法。

6.1　拓　扑　特　性

6.1.1　邻接与连通

　　邻接和连通是数字图像的基本几何特性之一,主要研究像素或由像素构成的目标物之间的关系。

　　一个像素的 4 邻接像素包括它的上下左右 4 个像素,如图 6.1(a)中的编码为 0、2、4、6 的4 个像素。而 8 邻接像素则为它的所有 8 个像素,见图 6.1(b)。

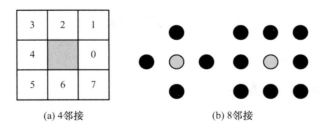

(a) 4邻接　　　　　　　　　(b) 8邻接

图 6.1　像素邻接关系

　　若同一区域集合的所有像素都是 4 邻接的,则它们为 4 连通。

　　设 S 是图像中的一个子集,区域 S 中所有连通点的集合称为 S 的连通分量,假设连通分量 $P,Q \in S$,如果从 P 到 Q 存在一个全部点都在 S 中的通路,则称 P,Q 在 S 中是连通的。

根据通路的性质,可将连通分为 4 连通或 8 连通。

连通有如下性质:

① P 与 P 连通;

② 若 P 与 Q 连通,则 Q 与 P 也连通;

③ 若 P 与 Q 连通,Q 与 R 连通,则 P 与 R 也连通。

设二值图像中物体点的集合为 S,则其他像素构成 S 的补集 S^c,设物体的边缘点包含在 S^c 中,则 S^c 的某个连通分量构成了背景。若存在 S^c 的其他连通分量,则一定处于 S 的某个连通分量之中,称之为孔。S 中有孔的连通分量称为复连通,没有孔的称为单连通。

6.1.2　距离

距离是像素间重要的几何特征,满足以下 3 条基本性质:

① 非负性:$d(p,q) \geqslant 0$;

② 对称性:$d(p,q) = d(q,p)$;

③ 三角不等式:$d(p,q) \leqslant d(p,r) + d(r,q)$。

常见的距离有以下 3 种:

① 欧氏距离:$d_e = \sqrt{(p_x - q_x)^2 + (p_y - q_y)^2}$;

② 街区距离:$d_4 = |p_x - q_x| + |p_y - q_y|$;

③ 棋盘距离:$d_8 = \max(|p_x - q_x|, |p_y - q_y|)$。

不同的距离定义,其描述的区域大小、形状不同。如 p 为常数,满足 $d(p,x) < t$ 的 x 构成的区域如图 6.2 所示。

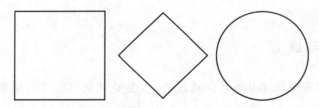

图 6.2　满足 $d(p,x) < t$ 的 x 构成的区域

6.2　轮廓的表达

6.2.1　轮廓的链码表达

链码是对轮廓点的一种编码表示方法,其特点是利用一系列具有特定长度和方向的相连的直线段来表示目标的轮廓。因为每个线段的长度固定而方向数目取为有限,所以只有轮廓的起点需用(绝对)坐标表示,其余点都可只用接续方向来代表偏移量。由于表示一个方向数比表示一个坐标值所需的比特数少,而且对每一个点又只需一个方向数就可以代替 2 个坐标值,所以链码表达可大大减少轮廓表示所需的数据量。数字图像一般是按固定间距的网格采

集的,所以最简单的链码是跟踪轮廓并赋给 2 个相邻像素的连线 1 个方向值。常用的有 4 方向和 8 方向链码,其方向定义分别见图 6.3(a)和图 6.3(b),它们的共同特点是直线段的长度固定,方向数有限。图 6.3(c)和图 6.3(d)分别为用 4 方向和 8 方向链码表示区域轮廓的例子。

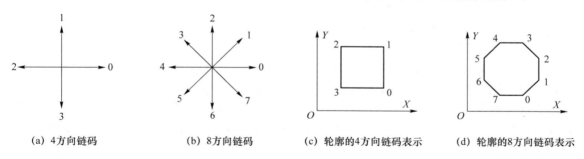

(a) 4 方向链码　　(b) 8 方向链码　　(c) 轮廓的4方向链码表示　　(d) 轮廓的8方向链码表示

图 6.3　4 方向和 8 方向链码

使用链码时,起点的选择常常是很关键的。对于同一个轮廓,如果用不同的轮廓点作为链码起点,得到的链码是不同的。为解决这个问题,可把链码归一化,一种具体的做法是把一个从任意点开始而产生的链码看作一个由各方向数构成的自然数,将这些方向数依一个方向循环,以使它们所构成的自然数的值最小,将这样转换后所对应的链码起点作为这个轮廓的归一化链码的起点,见图 6.4。

图 6.4　链码的起点归一化

用链码表示给定目标的轮廓时,如果目标平移,链码不会发生变化,而如果目标旋转,则链码会发生变化。为解决这一问题,可利用链码的一阶差分来重新构造一个序列(一个表示原链码各段之间方向变化的新序列)。这就是把链码进行旋转归一化。新的差分序列可用相邻 2 个方向数(按反方向)相减得到,参见图 6.5。图中,上面的一行为原链码(括号中为最右一个方向数循环到左边),下面的一行为两两相减得到的差分码。左边的目标在逆时针旋转 90°后成为右边形状,原链码发生变化,但差分码并没有发生变化。

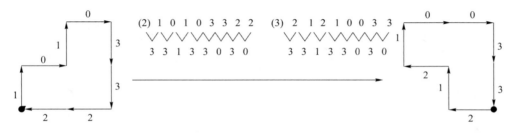

图 6.5　链码的旋转归一化

对于同一个轮廓,选择的起始点不同,得到的差分链码也不同,为使同一个轮廓有唯一一个形状描述符,可引入形状数来描述轮廓形状。一个轮廓的形状数是多个轮廓差分码中值最小的一个序列。也就是说,形状数是值最小的(链码)差分码。如在图 6.5 中,归一化前轮廓的基于 4 方向的链码为 10103322,差分码为 33133030,形状数为 03033133。

6.2.2 轮廓的近似表达

实际应用中的轮廓常由于噪声、采样等的影响而有许多较小的不规则处,这些不规则处常对用链码进行的轮廓表达产生较明显的干扰。一种抗干扰性能更好,且更节省表达所需数据量的方法是用多边形去近似逼近轮廓。多边形是一系列线段的封闭集合,它可以任意的精度逼近大多数实用的曲线。在数字图像中,如果多边形的线段数与轮廓上的点数相等,则多边形可以完全准确地表达轮廓(链码是特例)。实际中多边形表达的目的是用尽可能少的线段来代表轮廓并保持轮廓的基本形状,这样就可以用较少的数据和较简洁的形式来表达和描述轮廓。常用的多边形表达方法有以下 3 种:基于收缩的最小周长多边形法;基于聚合(merge)的最小均方误差线段逼近法;基于分裂(split)的最小均方误差线段逼近法。

上述第一种方法将原目标轮廓看成是有弹性的线,将组成轮廓的像素序列的内外边各看成一堵墙,轮廓处于内外端之间,如果将线拉紧,则可得到目标的最小周长多边形。

下面详细讲一下基于聚合和分裂的线段逼近法。

假设已知如图 6.6 所示的轮廓图,轮廓由 a,b,c,d,e,f,g,h,i 等点表示,现在分别用基于聚合和分裂的方法逼近多边形。

基于聚合的方法:

① 先从 a 出发,依次做直线 ab,ac,ad,ae 等;

② 从 ac 开始,对于每条线段,计算其与前一轮廓点的距离,将该距离作为拟合误差,并将该距离与预先设定的阈值做比较;

③ 如果该距离超过阈值,则选择该轮廓点为多边形的顶点,如图 6.6 所示,假设 bj 和 ck 没有超过阈值,而 dl 超过设定的阈值,则选择 d 为紧接 a 的多边形顶点;

④ 再从 d 点出发,继续步骤①,直至得到近似多边形的各个顶点 a,d,g,h,i。

基于分裂的方法:

① 连接轮廓中最远的两个点,如图 6.7 中的 a 和 g;

② 分别计算取连线两边距离最远的点到连线的距离,如果距离超过预先设定的阈值,则将两个点连接为多边形顶点,如果未超过阈值,多边形不变;

③ 计算其他轮廓点与各相应直线的距离,重复第②步,直至所有轮廓点到相应直线的距离都小于阈值。

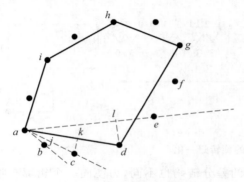

图 6.6 聚合逼近多边形

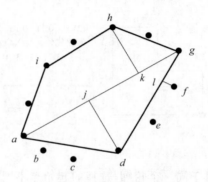

图 6.7 分裂逼近多边形

6.3　区域的骨架表达

区域的骨架表达是一种简化的目标区域表达方法,在许多情况下可反映目标的结构形状。利用细化技术得到区域的骨架是常用的方法。中轴变换(Medial Axis Transform,MAT)是一种用来确定物体骨架的细化技术,也可比较形象地将其称为草火技术(grass-fire technique),假设有如同骨架区域形状的一块草地,在它的周边同时放起火来,随着火逐步向内燃烧,火线前进的轨迹将交于中轴。换句话说,中轴(或骨架)是最后才烧着的。具有轮廓 B 的区域 R 的 MAT 是按如下方法确定的:对每个 R 中的点 P,我们在 B 中搜寻与它最近的点,如果对 P 能找到多于 1 个这样的点(即同时有 2 个或 2 个以上的 B 中的点与 P 最近),就可认为 P 属于 R 的中线或骨架,或者说 P 是 1 个骨架点。

理论上讲,每个骨架点保持了其与轮廓点距离最小的性质,所以如果使用以每个骨架点为中心的圆的集合(利用合适的量度),就可恢复原始的区域。具体就是以每个骨架点为圆心,以前述最小距离为半径作圆周。它们的包络就构成了区域的边缘,填充圆周就可得到区域。或者以每个骨架点为圆心,以所有小于或等于最小距离的长度为半径作圆,这些圆的并集就覆盖了整个区域。

由上述讨论可知,骨架是用 1 个点与 1 个点集的最小距离来定义的,可写成

$$d_s(p,B)=\inf\{d(p,z)\,|\,z\subset B\} \tag{6.1}$$

其中距离量度可以是欧氏的、街区的或棋盘的。因为最近距离取决于所用的距离量度,所以 MAT 的结果也和所用的距离量度有关。

图 6.8 给出了一些区域和它们的用欧氏距离算出的骨架。由图 6.8(a)和图 6.8(b)可知,对于较细长的物体,其骨架常能提供较多的形状信息。而对于较粗短的物体,其骨架提供的信息较少。有时用骨架表示区域受噪声的影响较大。例如比较图 6.8(c)和图 6.8(d),其中图 6.8(d)中的区域与图 6.8(c)中的区域只有一点儿差别,可认为由噪声产生,但两者的骨架相差很大。

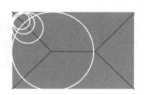

(a) 区域*A*及其骨架　　(b) 区域*B*及其骨架　　(c) 区域*C*及其骨架　　(d) 区域*D*及其骨架

图 6.8　利用欧氏距离算出的骨架示例

6.4　边界的描述

对图像中目标的描述可以分为边界的描述和区域的描述。边界的描述可以分为简单的描述和复杂的描述。简单的描述包括边界的长度、边界的直径、边界的曲率等。复杂的描述包括

边界的形状数、边界的矩、傅里叶描述符。

6.4.1 边界的简单描述

1. 边界的长度

图像中的目标由内部的区域点和边界点构成,边界的长度是所包围区域的周长,是一种简单的全局特征。区域 R 的轮廓 B 是由 R 的所有轮廓点按 4 方向或 8 方向连接组成的,区域的其他点称为区域的内部点。对区域 R 来说,它的每一个轮廓点 P 都应满足 2 个条件:P 本身属于区域 R;P 的邻域内存在不属于 R 的像素,如果区域 R 的内部点是用 8 方向连通的,则得到的边界为 4 方向连通的。如果区域 R 的内部点是用 4 方向连通的,则得到的边界为 8 方向连通的,可分别定义 4 方向和 8 方向的连通边界如下:

$$B_4 = \{(x,y) \in R \mid N_8(x,y) - R \neq 0\} \tag{6.2}$$

$$B_8 = \{(x,y) \in R \mid N_4(x,y) - R \neq 0\} \tag{6.3}$$

式(6.2)和式(6.3)右边第一个条件表明边界点本身属于区域,第二个条件表明边界点的邻域中有不属于区域的点。如果边界已用单位长链码表示,则水平和垂直码的个数加上 $\sqrt{2}$ 乘以对角码的个数为边界的长度。将边界的所有点表示为从 0 到 $K-1$(设边界点的个数为 K),上面两种计算边界长度的公式可以统一表示为

$$\|B\| = \# \{k \mid (x_{k+1}, y_{k+1}) \in N_4(x_k, y_k)\} + \sqrt{2} \# \{k \mid (x_{k+1}, y_{k+1}) \in N_D(x_k, y_k)\} \tag{6.4}$$

其中 $\#$ 表示数量,$k+1$ 按模为 K 计算。式(6.4)右边第一项对应 2 个像素间的直线段,第二项对应 2 个像素间的对角线段。

图 6.9(a)中的阴影为一个多边形的区域,其 4 方向连通边界见图 6.9(b),其 8 方向连通边界见图 6.9(c)。因为 4 方向连通边界上共有 18 个直线段,所以长度为 18。而 8 方向连通边界上共有 14 个直线段和 2 个对角线段,所以边界长度为 16.8。

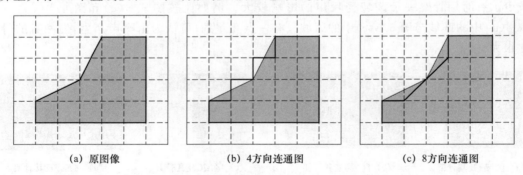

| (a) 原图像 | (b) 4方向连通图 | (c) 8方向连通图 |

图 6.9 轮廓长度的计算

2. 边界的直径

边界的直径是边界上相隔最远的两点之间的距离,也就是两点之间直联线段的长度,也称为边界的主轴或长轴,与主轴垂直且与边界的两个交点间的线段最长的为边界的短轴,边界直径的长度和取向是描述边界的重要参数。边界 B 的直径可以由下式计算:

$$\text{Dia}_d(B) = \max_{i,j}[D_d(b_i, b_j)], \quad b_i \in B, b_j \in B \tag{6.5}$$

其中 $D_d(\cdot)$ 为某种距离量度,如果 $D_d(\cdot)$ 用的距离量度不同,得到的结果也不同,常用的距离量度有 3 种,即欧氏距离 $D_E(\cdot)$、街区距离 $D_4(\cdot)$ 和棋盘距离 $D_8(\cdot)$。

图 6.10 给出了用 3 种不同的距离量度来计算同一个目标边界得到的不同的直径值,可以看出,当选用不同的距离量度时,同一条线段长度的测量结果可能会有较大的差别。

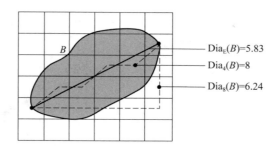

图 6.10　边界直径的计算

3. 斜率、曲率和角点

斜率表示曲线上各点的指向。曲率是斜率的改变率,它描述了边界上各点沿边界方向变化的情况。对于一个给定的边界点,曲率的符号描述了边界在该点的凹凸性。如果曲率大于零,则曲线凹向朝着该点法线的正向;如果曲率小于零,则曲线凹向朝着该点法线的负方向。在沿顺时针方向跟踪边界时,若在一个点的曲率大于零,则该点属于凸段的一部分,否则为凹段的一部分。曲率的局部极值点称为角点,它在一定程度上反映了边界的复杂性。以上概念对非闭合的边界也是适用的。

6.4.2　边界的特征描述

1. 边界的形状数

形状数是取值最小的归一化差分链码,形状数序列的长度称为其对应的阶(order)。形状数提供了一种有用的形状度量方法,它对每个阶都是唯一的,不随边界的旋转、平移和尺度变化而改变。

边界的形状数如图 6.11 所示。

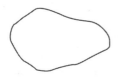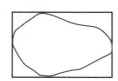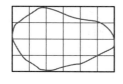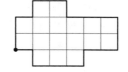

图 6.11　边界的形状数

链码为

1 1 0 1 0 0 3 0 0 0 0 3 3 2 2 2 3 2 2 2 2 1 2

差分码为

3 0 3 1 3 0 3 1 0 0 3 0 3 0 1 3 0 0 3 1

形状数为

0 0 3 0 3 0 1 3 0 0 3 1 3 0 3 1 3 0 3 1

2. 边界的矩

将边界看作由一系列曲线段组成,每个曲线段均可表示为一维函数 $f(r)$。r 为任意变量,取遍各曲线段上的所有点。进一步可以把 $f(r)$ 放到直角坐标系中,把它的线下面积归一化成单位面积并把它看成一个直方图,如图 6.12 所示,其中图 6.12(a)表示由 L 个点组成的曲线段集合,图 6.12(b)是由这些曲线段表达的一维函数 $f(r)$,可以用矩来定量描述这个曲线段集合。

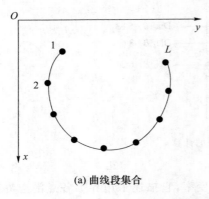 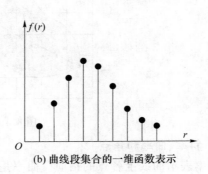

(a) 曲线段集合　　　　　　　　(b) 曲线段集合的一维函数表示

图 6.12　曲线段和一维函数表示

一维函数 $f(r)$ 具有随机性质,因此可以用统计量来描述。如均值

$$m = \sum_{i=1}^{L} r_i f(r_i) \tag{6.6}$$

和 n 阶矩

$$\mu_n = \sum_{i=1}^{L} (r_i - m)^n f(r_i) \tag{6.7}$$

μ_n 与 $f(r)$ 的形状有直接的关系,如 μ_2 描述曲线相对均值的分布,μ_3 描述相对均值的对称性,这些矩与曲线段在空间的绝对位置是无关的。由此可见,利用矩可以把对边界的描述转化成对一维函数的描述,这种描述方式的优点是容易实现并且有物理意义。另外,它对边界的旋转也不敏感。

3. 傅里叶描述符

对边界的离散傅里叶变换表达可以作为定量描述边界形状的基础,采用傅里叶描述的优点是可以将二维的问题简化为一维的问题,具体的方法是将轮廓所在的 XY 平面与一个复平面 UV 重合起来,其中实部 U 轴和 X 轴重合,虚部 V 轴和 Y 轴重合,这样就可以用复数 $u+jv$ 的形式来表示给定边界上的每个点 (x,y),而将 XY 平面的曲线段转化为复平面上的一个序列。在空间平面 XY 上和在复平面 UV 上的两种表示形式在本质上是一致的,且点点一一对应,见图 6.13。

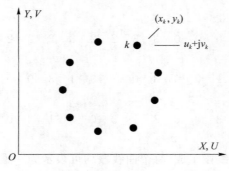

图 6.13　轮廓点的两种表示方法

现在考虑一个由 N 个点组成的封闭边界,从任一点开始绕边界一周就可以得到一个复数序列:

$$s(k) = u(k) + \mathrm{j}v(k), \quad k = 0, 1, \cdots, N-1 \tag{6.8}$$

$s(k)$ 的离散傅里叶变换就是

$$s(w) = \frac{1}{N} \sum_{k=0}^{N-1} s(k) \exp(-\mathrm{j}2\pi wk/N), \quad w = 0, 1, \cdots, N-1 \tag{6.9}$$

$s(w)$ 可称为边界的傅里叶描述,它的傅里叶反变换为

$$s(k) = \frac{1}{N} \sum_{w=0}^{N-1} s(w) \exp(\mathrm{j}2\pi wk/N), \quad k = 0, 1, \cdots, N-1 \tag{6.10}$$

因为离散傅里叶变换是可逆线性变换,所以在这个过程中信息既未增加也未减少。上述表达方法给我们有选择地描述边界提供了便利。设只利用 $s(w)$ 的前 M 个系数,这样可以得到 $s(k)$ 的一个近似表达式:

$$\hat{s}(k) = \frac{1}{N} \sum_{w=0}^{M-1} s(w) \exp(\mathrm{j}2\pi wk/N), \quad k = 0, 1, \cdots, N-1 \tag{6.11}$$

式(6.11)中 k 的范围不变,即在近似轮廓上的点数不变,但 w 的范围缩小了,为重建边界点所用的频率项少了。因为傅里叶变换的高频分量对应边界的细节而低频分量对应边界的总体形状,所以可只用一些对应低频分量的傅里叶系数来近似描述边界的形状,以减少表达边界所需的数据量。

图 6.14 给出了借助于傅里叶描述近似表达轮廓的例子,第一个图是一个由 $N(N=64)$ 个点组成的正方形边界,其他图是当 M 取不同值时重建正方形边界得到的重建结果。可以注意到,对于很小的 M 值,重建的边界是圆的,这与原始的正方形有很大的差别,原因是角点对应高频成分,而这里仅利用了几个低频系数。当 M 增加到 8 时,重建的边界才开始变得像一个圆角方形。其后随着 M 的增加,重建到 $M=61$ 时,4 条边直了起来。最后再加上一个系数,即 $M=62$,重建的边界就与原边界几乎一致了。由此可见,当用较少的系数时,仅可以反映大体的形状,只有继续增加很多系数才能精确地描述像直线和角点这样的一些形状的特征。

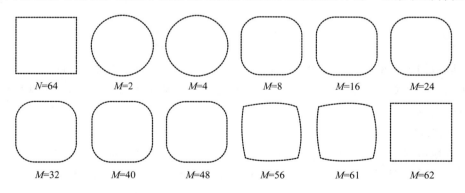

$N=64$　　$M=2$　　$M=4$　　$M=8$　　$M=16$　　$M=24$

$M=32$　　$M=40$　　$M=48$　　$M=56$　　$M=61$　　$M=62$

图 6.14　傅里叶描述近似表达轮廓

傅里叶表达和描述会受边界平移、旋转、尺度变换以及计算起点(傅里叶描述与从边界点建立复数序列对的起点有关)等的影响。边界的平移在空域相当于对所有坐标加上一个常数平移量,这并不会在傅里叶变换域中(除原点 $k=0$ 处外)带来变化。当 $k=0$ 时,根据常数的傅里叶变换是在原点的脉冲函数可知,有一个 $\delta(k)$ 存在。边界在空域旋转一个角度相当于在频

率域旋转一个角度。同理，对边界在空域进行尺度变换也相当于对它的傅里叶变换在频率域进行相同的尺度变换。起点的变化在空域相当于把序列原点平移，见表 6.1。

表 6.1 傅里叶描述符受轮廓平移、旋转、尺度变化及起点的影响

变换	边界	傅里叶描述
平移	$s_t(k)=s(k)+\Delta xy$	$S_t(w)=S(w)+\Delta xy \cdot \delta(u)$
旋转	$s_r(k)=s(k)\exp(j\theta)$	$S_r(w)=S(w)\exp(j\theta)$
尺度变化	$s_C(k)=C \cdot s(k)$	$S_C(w)=C \cdot S(w)$
起点	$s_p(k)=s(k-k_0)$	$S_p(w)=S(w)\exp(-j2\pi k_0 w/N)$

注：$\Delta xy = \Delta x + \Delta y$；$\theta$ 为旋转角度；C 为变化因子；k_0 表示起点。

6.5 区域的描述

6.5.1 区域的简单描述

1. 区域面积

区域的面积描述区域的大小，是描述区域的一个基本特征。对于一个区域 R，设正方形像素的边长为单位长，则其面积 A 的计算公式为

$$A = \sum_{(x,y)\in R} 1 \tag{6.12}$$

也就是说，区域的面积就是属于这个区域的像素点的个数。

2. 区域重心

区域重心是对区域的一种全局描述符，区域重心点的坐标可以根据区域内的所有点来计算。

$$\bar{x} = \frac{1}{A}\sum_{(x,y)\in R} x, \quad \bar{y} = \frac{1}{A}\sum_{(x,y)\in R} y \tag{6.13}$$

尽管区域内各点的坐标总是整数，但区域重心的坐标不一定为整数，在区域本身的尺寸与各区域间的距离相对很小时，可用位于其重心坐标的质点来近似表示区域，如此就可以将区域的空间位置表示出来。

3. 区域灰度

描述区域的目的是描述原场景中目标的特性，包括目标灰度、颜色等。与计算区域面积和区域重心仅需分割图不同，对目标的灰度特性的测量要结合原始灰度图和分割图来得到。常用的区域灰度特征有目标灰度（或各种颜色分量）的最大值、最小值、中值、平均值、方差以及高阶矩等统计量，它们大多数也可以借助于灰度直方图得到。

4. 拓扑描述符和欧拉数

拓扑学研究图形不受畸变变形（不包括撕裂或粘贴）影响的性质。区域的拓扑特性对区域的全局描述很有用，这些性质既不依赖于距离，也不依赖于基于距离测量的其他特性。欧拉数就是一种区域的拓扑描述符，它描述的是区域的连通性。对一个给定平面区域来说，区域内的

连通组元(其中任两点可用完全在内部的曲线相连接的点的集合)的个数 C 和区域内孔的个数 H 都是常用的拓扑性质,它们可以进一步用来定义欧拉数 E:

$$E = C - H \qquad (6.14)$$

如图 6.15 中的 4 个字母区域,它们的欧拉数分别为 $-1,2,1,0$,计算方法为 $1-2=-1$,$2-0=2,1-0=1,1-1=0$。欧拉数不受区域的伸长、压缩、旋转、平移的影响。但如果区域撕裂或折叠,欧拉数就有可能发生变化。

Bird

图 6.15　字母区域的欧拉数

6.5.2　区域的形状描述

1. 形状参数

形状参数(form factor)F 是根据区域的周长和区域的面积计算出来的:

$$F = \frac{\|B\|^2}{4\pi A} \qquad (6.15)$$

由式(6.15)可见,一个连续区域为圆形时,$F=1$,当区域为其他形状时,F 大于 1,即 F 的值在区域为圆形时达到最小。

如果边界的长度是按 4 连通计算的,则正八边形区域 F 取得最小值;如果边界的长度是按 8 连通计算的,则正菱形区域 F 取得最小值。

形状参数在一定程度上描述了区域的紧凑性,它没有量纲,所以对区域尺度的变化不敏感,除了离散区域旋转带来的误差之外,它对旋转也不敏感。

区域的形状和形状参数有一定的联系,但又不是一一对应的。在有的情况下,仅靠形状参数 F 并不能把不同形状的区域区分开,如图 6.16 所示,图中 4 个区域均包括 5 个像素,面积相同,它们的 4 连通的边界长度也相同,因而它们有相同的形状参数,但从图中可以看出它们的形状明显互不相同。

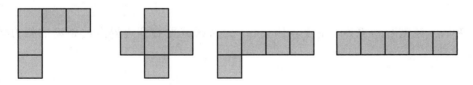

图 6.16　形状参数相同但形状不同的例子

2. 偏心率

偏心率(eccentricity)E 也称为伸长度(elongation),它在一定程度上描述了区域的紧凑性。偏心率有多种计算方法,一种常见的计算方法是计算区域的长轴(直径)的长度与短轴长度的比值,不过这种计算方法受物体形状和噪声的影响比较大。一种比较好的方法是利用整个区域的像素,这种方法的抗噪能力强。

设目标区域在 XY 平面上,区域像素点绕 X 轴的转动惯量为 A,绕 Y 轴的转动惯量为 B,惯性积为 C,目标区域长短主轴分别为 p 和 q:

$$p = \sqrt{2/\left[(A+B)+\sqrt{(A-B)^2+4C^2}\right]} \tag{6.16}$$

$$q = \sqrt{2/\left[(A+B)-\sqrt{(A-B)^2+4C^2}\right]} \tag{6.17}$$

区域的偏心率 $E=p/q$,这样定义的偏心率不受区域平移、旋转和尺度变换的影响。

3. 球状性

球状性(sphericity)S 是一种描述二维目标形状的参数,定义为

$$S = \frac{r_{\mathrm{i}}}{r_{\mathrm{c}}} \tag{6.18}$$

其中 r_{i} 代表区域内切圆的半径,而 r_{c} 代表区域外接圆的半径,两个圆的圆心都在区域的重心上。

球状性定义示意图如图 6.17 所示。

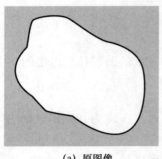 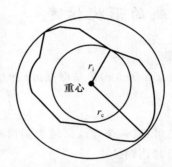

(a) 原图像   (b) 目标形状的内切圆与外接圆

图 6.17　球状性定义示意图

球状性的值当区域为圆形时达到最大($S=1$),而当区域为其他形状时则有 $S<1$,它也不受区域平移、旋转和尺度变换的影响。

4. 圆形性

与前面的几个参数不一样,圆形性(circularity)C 是一个用区域 R 的所有边界点定义的特征量:

$$C = \frac{\mu_R}{\sigma_R} \tag{6.19}$$

其中 μ_R 为从区域重心到边界点的平均距离,σ_R 为从区域重心到边界点的距离的均方差,表达式分别为

$$\mu_R = \frac{1}{K} \sum_{k=0}^{K-1} \left\| (x_k, y_k) - (\bar{x}, \bar{y}) \right\| \tag{6.20}$$

$$\sigma_R = \frac{1}{K} \sum_{k=0}^{K-1} \left[\left\| (x_k, y_k) - (\bar{x}, \bar{y}) \right\| - \mu_R \right]^2 \tag{6.21}$$

特征量 C 当区域 R 趋向圆形时是单调递增趋于无穷的,它不受区域平移、旋转和尺度变换的影响。

部分特殊形状物体的区域描述符如表 6.2 所示,由表可以看出,各个区域描述符的数值对不同物体的区别能力是各有特点的。

表 6.2　部分特殊形状物体的区域描述符

表 6.2　部分特殊形状物体的区域描述符

区域形状	F	E	S	C
正方形(边长为 1)	$4/\pi$	1	0.707	9.102
正六边形(边长为 1)	1.103	1.010	0.866	22.613
正八边形(边长为 1)	1.055	1	0.924	41.616
长为 2、宽为 1 的长方形	1.432	2	0.447	3.965
长轴为 2、短轴为 1 的椭圆	1.190	2	0.500	4.412

6.6　尺度不变特征转换描述子

尺度不变特征转换(Scale-Invariant Feature Transform,SIFT)是由英属哥伦比亚大学的教授大卫·罗伊(David Lowe)在 1999 年所提出的。SIFT 特征是一种基于尺度空间,对图像平移、旋转、缩放保持不变性的图像局部特征,是机器学习中最为经典的特征描述子之一。局部特征可以帮助我们辨识物体,SIFT 特征基于物体上的一些局部外观的兴趣点而与图像的分辨率和旋转无关。对于光线、噪声等变化,SIFT 特征具有很高的鲁棒性。SIFT 算法的实质是在不同的尺度空间上查找关键点(特征点),并计算出关键点的方向。SIFT 所找到的关键点是一些十分突出,不会因光照、仿射变换和噪声等因素而变化的点,如角点、边缘点、暗区的亮点及亮区的暗点等。基于以上特点,SIFT 在很多计算机视觉任务中得以成功应用,极大地推动了机器学习和计算机视觉的发展。但 SIFT 计算量大、耗时长,在一些强实时性场景下无法使用。针对上述缺点,后续又有大量特征描述子被提出,包括 SURF、FAST、BRISK、BERIEF、ORB 等。这些特征描述子都是在某一方面对 SIFT 进行了改进,在保持整体性能相差无几的情况下,大大地提高了 SIFT 的计算实时性。

SIFT 算法一般分为 4 个步骤:尺度空间极值检测、关键点(极值点)定位、关键点方向分配、关键点特征描述。下面我们将逐一介绍。

1. 尺度空间极值检测

Lindeberg 等人已证明高斯卷积核是实现尺度变换的唯一变换核,并且是唯一的线性核。因此,尺度空间理论的主要思想是利用高斯核对原始图像进行尺度变换,获得图像多尺度下的尺度空间表示序列,再对这些序列进行尺度空间特征提取。

(1)尺度空间

一个图像的尺度空间 $L(x,y,\sigma)$ 定义为一个二维高斯核 $G(x,y,\sigma)$ 与二维图像 $I(x,y)$ 的卷积:

$$L(x,y,\sigma)=G(x,y,\sigma)*I(x,y) \tag{6.22}$$

$$G(x,y,\sigma)=\frac{1}{2\pi\sigma^2}e^{-(x^2+y^2)/2\sigma^2} \tag{6.23}$$

其中: $*$ 表示在 x 和 y 方向上的卷积运算;(x,y) 代表图像 I 上的点;σ 是尺度因子,选择合适的尺度因子平滑是建立尺度空间的关键。

(2)高斯金字塔

将原始图像不断降阶采样,得到一系列大小不一的图像,这些图像由大到小、从下到上构成的塔状模型就是图像的金字塔模型。原图像为金字塔的第一层,每次降采样所得到的新图像为金字塔的一层(每层一张图像)。

SIFT 算法将图像金字塔引入了尺度空间,为了让尺度体现其连续性,高斯金字塔在简单降采样的基础上加了高斯滤波。如图 6.18 所示:采用不同尺度因子 $k\sigma,k^2\sigma,k^3\sigma,k^4\sigma,k^5\sigma$($k$ 为常数因子)的高斯核对初始图像进行卷积,以得到图像的不同尺度空间,将这一组图像作为金字塔的阶(octave)。高斯金字塔的第一阶的初始图像是原始图像,高斯金字塔下一阶的初始图像是通过对前一阶图像的倒数第三张图像进行隔点采样得到的,即图中黑色实曲线箭头所指示的过程。

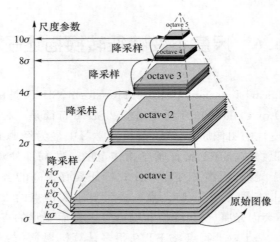

图 6.18 高斯金字塔

(3) 高斯差分金字塔

为了提高在尺度空间检测稳定关键点的效率,Lowe 提出利用高斯差值(Difference of Gaussian,DoG)方程同图像的卷积求取尺度空间极值,用 $D(x,y,\sigma)$ 表示,即用固定的系数 k 相乘的相邻的两个尺度的差值计算:

$$D(x,y,\sigma)=\left[G(x,y,k\sigma)-G(x,y,\sigma)\right]*I(x,y)=L(x,y,k\sigma)-L(x,y,\sigma) \qquad (6.24)$$

高斯差分金字塔是由高斯金字塔中每一阶相邻的高斯图像相减获得的图像组成的,如图 6.19 所示。

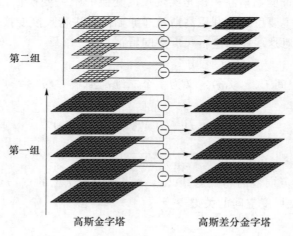

图 6.19 高斯差分金字塔

（4）空间极值点检测

将 DoG 尺度空间中的每个点与相邻尺度和相邻位置的点逐个进行比较,得到的局部极值位置即为空间极值点。为了确保找到同时符合尺度空间和二维图像空间的极值点,高斯差分金字塔中每一阶的中间层的每个像素点都需要跟同一层的相邻 8 个像素点以及上一层和下一层的 9 个相邻像素点(总共 26 个相邻像素点)进行比较,如图 6.20 所示,标记为"×"的像素如果比相邻 26 个像素点的 DoG 值都大或都小,则该点将作为一个局部极值点,此时需要记下它的位置和对应尺度。

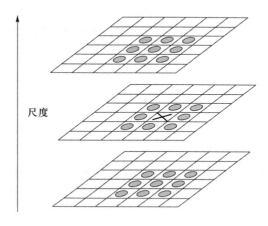

图 6.20　空间极值点检测

高斯金字塔中的高斯核卷积保证了特征点对视角变化、仿射变换、噪声也保持一定程度的稳定性,DoG 图像保证了特征点不受光照等亮度变化因素的影响,在高斯差分图像空间提取极值点保证了尺度不变性。

2. 关键点(极值点)定位

（1）关键点的精确定位

离散空间的极值点并不是真正的极值点,且对噪声和边缘较为敏感。为了提高关键点的稳定性,需要对尺度空间 DoG 函数进行曲线拟合。使用 Taylor 级数将尺度空间函数 $D(x,y,\sigma)$ 展开:

$$D(\boldsymbol{X})=\boldsymbol{D}+\left(\frac{\partial\boldsymbol{D}^{\mathrm{T}}}{\partial\boldsymbol{X}}\right)\boldsymbol{X}+\frac{1}{2}\boldsymbol{X}^{\mathrm{T}}\frac{\partial^2\boldsymbol{D}}{\partial\boldsymbol{X}^2}\boldsymbol{X} \tag{6.25}$$

其中,$\boldsymbol{X}=(x,y,\sigma)^{\mathrm{T}}$,$\dfrac{\partial\boldsymbol{D}}{\partial x}=\begin{pmatrix}\frac{\partial\boldsymbol{D}}{\partial x}\\[2pt]\frac{\partial\boldsymbol{D}}{\partial y}\\[2pt]\frac{\partial\boldsymbol{D}}{\partial\sigma}\end{pmatrix}$,$\dfrac{\partial^2\boldsymbol{D}}{\partial\boldsymbol{X}^2}=\begin{pmatrix}\frac{\partial^2\boldsymbol{D}}{\partial x^2}&\frac{\partial^2\boldsymbol{D}}{\partial xy}&\frac{\partial^2\boldsymbol{D}}{\partial\sigma}\\[2pt]\frac{\partial^2\boldsymbol{D}}{\partial xy}&\frac{\partial^2\boldsymbol{D}}{\partial y^2}&\frac{\partial^2\boldsymbol{D}}{\partial y\sigma}\\[2pt]\frac{\partial^2\boldsymbol{D}}{\partial x\sigma}&\frac{\partial^2\boldsymbol{D}}{\partial y\sigma}&\frac{\partial^2\boldsymbol{D}}{\partial\sigma^2}\end{pmatrix}$。式(6.25)中的一阶和二阶导数

通过附近区域的差分近似求得,对式(6.25)求导数并令其为零,求出精确的极值位置 $\hat{X}$:

$$\hat{X}=-\frac{\partial^2\boldsymbol{D}^{-1}}{\partial\boldsymbol{X}^2}\cdot\frac{\partial\boldsymbol{D}}{\partial\boldsymbol{X}} \tag{6.26}$$

极值点的极值为

$$\boldsymbol{D}(\hat{X})=-\frac{1}{2}\cdot\frac{\partial\boldsymbol{D}^{\mathrm{T}}}{\partial\boldsymbol{X}}\hat{X} \tag{6.27}$$

其中,$\hat{X}$ 代表相对插值中心的偏移量,当它在任一维度上的偏移量大于 0.5 时(即 x 或 y 或 δ),意味着插值中心已经偏移到它的邻近点上,此时必须改变当前关键点的位置。同时在新的位置上反复插值直到收敛,也有可能超出所设定的迭代次数或者超出图像边界的范围,此时应该删除这样的点。另外,当 $|D(\hat{X})|$ 小于某个经验值(0.03)时,其响应值过小,这样的点容易受噪声的干扰而变得不稳定,所以也要删除。

(2) 消除边缘响应

一个定义不好的高斯差分算子的极值在横跨边缘的地方有较大的主曲率,而在垂直边缘的方向有较小的主曲率。DoG 算子会产生较强的边缘响应,需要剔除不稳定的边缘响应点。曲率可以通过计算一个 2×2 的 Hessian 矩阵 H 得到:

$$H=\begin{pmatrix} D_{xx} & D_{xy} \\ D_{yx} & D_{yy} \end{pmatrix} \tag{6.28}$$

n 维图像的 Hessian 矩阵为一个 $n\times n$ 的实对称矩阵,因而具有 n 个实特征值。在 $H(D)$ 的 n 个特征值中,幅值最大的特征值对应的特征向量代表着 D 点曲率最大的方向,同样,幅值最小的特征值对应的特征向量代表着 D 点曲率最小的方向。D 的曲率和 H 的特征值成正比。令 α 为最大的特征值,β 为最小的特征值,计算 Hessian 矩阵的迹和行列式:

$$\mathrm{Tr}(H)=D_{xx}+D_{yy}=\alpha+\beta$$
$$\mathrm{Det}(H)=D_{xx}D_{xx}-D_{xy}^2=\alpha\beta \tag{6.29}$$

令 $\alpha=r\beta$,有

$$\frac{[\mathrm{Tr}(H)]^2}{\mathrm{Det}(H)}=\frac{(\alpha+\beta)^2}{\alpha\beta}=\frac{(r\beta+\beta)^2}{r\beta^2}=\frac{(r+1)^2}{r} \tag{6.30}$$

$\dfrac{(r+1)^2}{r}$ 在 $\alpha=\beta$ 时取最小值,随着 r 的增大而增大。因此,为了检测某点的曲率是否在一定的值域范围内,只需要检测其是否满足不等式

$$\frac{[\mathrm{Tr}(H)]^2}{\mathrm{Det}(H)}<\frac{(r+1)^2}{r} \tag{6.31}$$

如果不满足,则这个点有可能是边缘点,应该把它删除。

3. 关键点方向分配

为了使描述符具有旋转不变性,需要利用图像的局部特征为每一个关键点分配一个基准方向,使用图像梯度的方法求取局部结构的稳定方向。对于在 DoG 尺度空间中检测出的关键点,采集其所在高斯金字塔图像 3σ 邻域窗口内像素的梯度和方向分布特征。梯度的模值和方向如下:

$$m(x,y)=\sqrt{[L(x+1,y)-L(x-1,y)]^2+[L(x,y+1)-L(x,y-1)]^2}$$
$$\theta(x,y)=\arctan\{[L(x,y-1)-L(x,y+1)]/[L(x-1,y)-L(x+1,y)]\} \tag{6.32}$$

完成关键点的梯度计算后,使用直方图统计邻域内像素的梯度和方向。梯度直方图将 $0^\circ\sim360^\circ$ 的方向范围分为 36 个柱(bins),其中每个柱为 10°。方向直方图的峰值则代表了该特征点处邻域梯度的方向,以直方图中的最大值为该关键点的主方向。为了增强匹配的鲁棒性,只保留峰值大于主方向峰值 80% 的方向作为该关键点的辅方向。因此,对于同一梯度值的多个峰值的关键点位置,在相同位置和尺度将会有多个关键点被创建,但方向不同。仅有 15% 的关键点被赋予多个方向,但可以明显提高关键点匹配的稳定性。

4. 关键点特征描述

通过以上步骤,每一个关键点都有 3 个信息:位置、尺度以及方向。接下来就是为每个关键点建立一个描述符,并用一组向量将这个关键点描述出来,使其不随各种因素的变化而改变,如光照变化、视角变化等。这个描述子不但包括关键点,也包含关键点周围对其有贡献的像素点,并且描述符应该有较高的独特性,以便提高特征点正确匹配的概率。

在关键点周围选取 16×16 的邻域,将它分为 16 个 4×4 大小的子块。将坐标轴旋转为关键点的方向,以确保旋转不变性,如图 6.21(a)所示。对于每个子块,创建包含 8 个柱的方向直方图,如图 6.21(b)所示。因此,关键点总共有 128 个 bin 值,由这 128 个 bin 值形成的向量构成了关键点描述子(即 128 维的特征向量)。此外,为了减少非线性亮度的影响,把大于 0.2 的梯度值设为 0.2,将正规化后的向量乘上 256,且以 8 位元无号数储存,这样可有效减少储存空间。

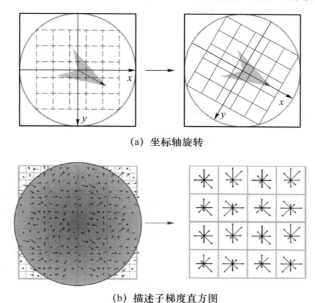

(a) 坐标轴旋转

(b) 描述子梯度直方图

图 6.21　坐标轴旋转和描述子梯度直方图

SIFT 特征是机器学习中非常经典的图像的局部特征,具有很多优点:对旋转、尺度缩放、亮度变化保持不变性,对视角变化、仿射变换、噪声也保持一定程度的稳定性;独特性好,信息量丰富,适合在海量特征数据库中进行快速、准确的匹配;即使少数的几个物体也可以产生大量的 SIFT 特征向量;可以很方便地与其他形式的特征向量进行联合。但是同时它也具备一些缺点:实时性不高,因为要不断地进行下采样和插值等操作;有时特征点较少(比如模糊图像);无法准确提取边缘光滑的目标的特征(比如圆)。后来不断有人改进 SIFT,并提出了其他的特征描述子,其中有 SURF(计算量小,运算速度快,提取的特征点与 SIFT 几乎相同)和 CSIFT(彩色尺度特征不变变换,顾名思义,可以解决基于彩色图像的 SIFT 问题)。

6.7　梯度方向直方图描述子

梯度方向直方图(Histogram of Oriented Gradient,HOG)是一种在计算机视觉和图像处理中用来进行物体检测的特征描述子,是图像处理经典的特征提取算法。HOG 特征直接将图像像素点的梯度作为图像特征,包括梯度大小和方向。通过先计算图像局部区域的梯度直方图特征,然后将局部的特征串联起来,最后可构成整幅图像的 HOG 特征。HOG 特征的提取一般分为 3 个步骤:计算图像梯度、构建梯度方向直方图、块归一化。

1. 计算图像梯度

计算图像横坐标和纵坐标方向的梯度,并据此计算每个像素位置的梯度方向值。求导操作不仅能够捕获轮廓、人影和一些纹理信息,还能进一步弱化光照的影响。

图像中像素点(x,y)的梯度为

$$\boldsymbol{G}_x(x,y)=\boldsymbol{I}(x+1,y)-\boldsymbol{I}(x-1,y)$$
$$\boldsymbol{G}_y(x,y)=\boldsymbol{I}(x,y+1)-\boldsymbol{I}(x,y-1) \tag{6.33}$$

其中,$\boldsymbol{G}_x(x,y)$,$\boldsymbol{G}_y(x,y)$ 和 $\boldsymbol{I}(x,y)$ 分别表示图像在点(x,y)处的水平梯度、垂直梯度和像素值。

像素点(x,y)处的梯度幅值和梯度方向分别是

$$\boldsymbol{G}(x,y)=\sqrt{\boldsymbol{G}_x(x,y)^2+\boldsymbol{G}_y(x,y)^2}$$
$$\alpha(x,y)=\tan^{-1}\left(\frac{\boldsymbol{G}_y(x,y)}{\boldsymbol{G}_x(x,y)}\right) \tag{6.34}$$

在每个像素点都有一个梯度幅值和梯度方向,对于有颜色的图片,如果在 3 个通道上计算梯度,那么相应的梯度幅值就是 3 个通道上最大的幅值,方向是最大幅值所对应的角。

2. 构建梯度方向直方图

将图像分成多个单元格,每个单元格的大小为 8×8,给每个单元格构建梯度方向直方图。将梯度方向映射到 0°～180°的范围内,并将其分为 9 个直方图通道,梯度直方图的纵坐标表示对应梯度方向的幅值,梯度幅值与梯度大小有紧密联系。梯度幅值越大,对应该方向上的权值越大,则这个方向的纵坐标取值越大。如图 6.22 所示,首先将 0°～180°分成 9 个直方图通道,分别是 0,20,40,…,160,然后统计每一个像素点所在的直方图通道。第一个点(实线圈)的梯度方向是 80,梯度幅值是 2,被分配到第五个直方图通道 80,通道权值为 2。第二个点(虚线圈)的梯度方向是 10,梯度幅值是 4,处于第一个通道 0 和第二个通道 20 之间,因此平分到这两个通道。

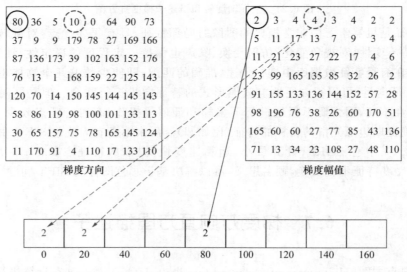

图 6.22　梯度方向直方图

3. 块归一化

局部光照的变化以及前景-背景对比度的变化,使得梯度强度的变化范围非常大。这就需要对梯度强度进行归一化处理。归一化能够进一步对光照、阴影和边缘进行压缩。把各个单元格组合成大的、空间上连通的区间,这个区间叫作块。这样,HOG 描述符就变成了由各区间所有单元格的直方图成分所组成的一个向量。假如我们利用 3×3 的单元格组成一个块,这个块的 HOG 特征是将这 9 个单元格的特征串联而得到的,对这个块的 HOG 特征做 L_2 归一化,继续沿着 x 轴或者 y 轴移动这个 3×3 的窗口就能获得不同的块特征,每次窗口移动的距离称为步长。图 6.23 给出了利用窗口大小为 3×3、步长为 1 的扫描图像获得块的 HOG 特征的示例,将所获得的所有块的 HOG 特征串联就可得到图像的 HOG 特征。

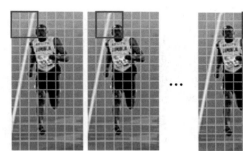

图 6.23　利用 3×3 的窗口扫描图像获取块的 HOG 特征

由于 HOG 是在图像的局部方格单元上操作的,故可以保留一定的空间分辨率,同时归一化操作不仅使该特征对局部对比度的变化不敏感,还使其对图像几何和光学的形变都能保持很好的不变性。

习　题　6

1. 边界描述的参数有哪些? 区域描述的参数有哪些?

2. 已知题图 6.1 中的两个像素 p 和 q,请计算它们之间的欧氏距离、街区距离和棋盘距离。

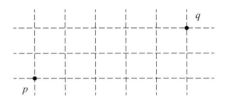

题图 6.1

3. 已知如题图 6.2 所示的边界,请按 4 方向链码的定义,写出图中的归一化链码和差分链码。

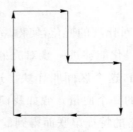

题图 6.2

4. 简述多边形近似中基于聚合的最小均方误差线段逼近法。

5. 试说明傅里叶描述子与傅里叶变换的关系。

6. 求题图 6.3 所示的区域的面积和重心(1 表示目标)。

0	1	1	1	1	1	1	0
0	1	1	1	1	1	0	0
0	1	1	1	1	0	0	0
1	1	1	1	1	0	0	0
1	1	1	1	1	1	1	1
1	1	1	1	1	1	0	0
0	0	1	1	1	1	1	0
0	0	0	0	1	1	1	1

题图 6.3

7. 用题图 6.4(b)所示的结构元素对题图 6.4(a)所示的目标进行膨胀运算。

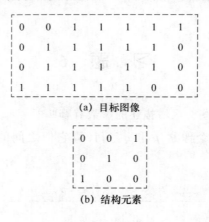

(a) 目标图像

(b) 结构元素

题图 6.4

8. SIFT 特征提取一般分为哪几个步骤,分别是什么?

9. 对于一个分辨率为 64×128 的图像,按照 8×8 像素点组成单元格,每个单元格直方图向量的长度为 9,3×3 个单元格组成块,按照步长为 1 的方式扫描图像,那么最后图像的 HOG 特征的维度是多少?

第7章

图 像 识 别

图像的变换、增强、恢复等技术都是对输入图像的某种有效的改善,其输出仍然是一幅完整的图像。随着数字图像处理技术的发展和实际应用的需求越来越多,不再要求其输出是一幅完整图像本身,而是要求对经过上述处理后的图像再进行分割和描述,以提取有效的特征,进而加以分类。

7.1 图像识别概述

"识别"这两个字分开解释有"认识"和"区别"的含义。"识别某物件"包含认识它而且能在一堆物件中把它与别的物件区别开来的意思。通常我们说:"你认识某事物",这一定是你曾经见过或接触过它,因而了解它的某些特性。一旦你认识了它,自然能把它与其他事物区别开来。人就具有这样的本领,例如,桌上放了一堆文具,而你需要一支笔,你会很快地从它们中间抓起一支笔。人的识别能力在于,不管桌上放的是什么形式的笔(铅笔、钢笔、圆珠笔或彩色笔),你总能将它从一堆文具中挑选出来。尽管这支笔的色彩和它独特的造型你从前并未见过。人何以具有这样的本领呢?这是因为你从前见过、用过笔,对它能写字的功能有认识,而且对它便于手握的外形也了解。这些特征经过你的实践构成一个笔的概念存储在你的大脑里。或者说通过你以前对它的接触,有一个"笔的模式"存储在你的大脑里,这个"模式"就是你用来刻画笔的一个、两个或多个特征。当下次遇到这类物件时,如一支具体的笔,尽管你以前可能并未见过,但是你也能通过它的特征去鉴别。符合存储在你的大脑中的这个模式的,它就是笔;否则,它就不是。故有人称这种识别为"模式识别"。

图像识别可以认为就是图像的模式识别,它是模式识别技术在图像领域中的具体应用。模式识别的研究对象基本上可概括为两大类:一类是有直觉形象的研究对象(如图像、相片、图案、文字等);另一类是没有直觉形象而只有数据或信息波形的研究对象(如语声、心电脉冲、地震波等)。但是,对模式识别来说,无论是数据、信号还是平面图形或立体景物,都要除掉它们的物理内容而找出它们的共性,把具有同一共性的归为一类,而具有另一种共性的归为另一类。模式识别研究的目的是研制能够自动处理某些信息的机器系统,以便代替人完成分类和辨识的任务。狭义地讲,图像识别所研究的模式就是图像。

一个图像识别系统可分为 4 个主要部分,其框图如图 7.1 所示。

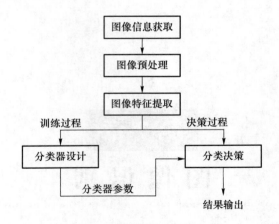

图 7.1　图像识别系统框图

　　第一部分是图像信息的获取。它相当于对被研究对象进行调查和了解,从中得到数据和材料。对图像识别来说,就是把图片等信息经系统输入设备数字化后输入计算机,以备后续处理。第二部分是图像预处理。预处理的目的是去除干扰、噪声及差异,将原始图像变成适合计算机进行特征提取的形式。它包括图像的变换、增强、恢复等,这些内容在本书的前面章节已介绍过。第三部分是图像特征提取。它的作用在于对通过调查了解得到的数据和材料进行加工、整理、分析、归纳,以去伪存真、去粗取精,抽出能反映事物本质的特征。当然,提取什么特征以及保留多少特征与采用何种判决有很大关系。第四部分是分类决策,即根据提取的特征参数,采用某种分类判别函数和判别规则,对图像信息进行分类和辨识,以得到识别的结果。这相当于人们从感性认识上升到理性认识而做出结论的过程。

7.2　判别函数和判别规则

　　模式识别系统的基本功能是判别各模式所归属的类别,实现这一功能的重要方法之一是采用判别函数。判别函数有线性和非线性之分,本节将介绍几种典型的判别函数及相应的判别规则。

7.2.1　线性判别函数

　　线性判别函数是应用较广的一种判别函数。所谓线性判别函数是指判别函数是图像所有 N 个特征量的线性组合。设它的组合系数为 ω_{i0},则对于 M 类问题,其任一类 i 的线性判别函数为

$$D_i(X) = \sum_{k=1}^{N} \omega_{ik} X_k + \omega_{i0}, \quad i = 1, 2, \cdots, M \tag{7.1}$$

式(7.1)中:$D_i(X)$ 代表第 i 个判别函数;ω_{ik} 是系数或权;ω_{i0} 为常数或称为阈值。在 ω_i 和 ω_j 两类之间的判决分界处有 $D_i(X) = D_j(X)$,所以边界方程为

$$D_i(X) - D_j(X) = 0 \tag{7.2}$$

该方程在二维空间是直线,在三维空间是平面,在 N 维空间则是超平面。$D_i(X) - D_j(X)$ 可

以写成以下形式：

$$D_i(X) - D_j(X) = \sum_{k=1}^{N} (\omega_{ik} - \omega_{jk}) X_k + (\omega_{i0} - \omega_{j0}) \tag{7.3}$$

相应的判别规则为：如果 $D_i(X) > D_j(X)$ 或 $D_i(X) - D_j(X) > 0$，则 $X \in \omega_i$；如果 $D_i(X) < D_j(X)$ 或 $D_i(X) - D_j(X) < 0$，则 $X \in \omega_j$。

用线性判别函数构造的分类器是线性分类器。任何 M 类问题都可以分解为 $(M-1)$ 个两类识别问题。具体方法是把模式空间分为某一类和其他类的组合，即两两相比，如此进行下去即可实现最终分类。因此，两类线性分类器是最简单和最基本的。

分离两类的分界线用 $D_1(X) - D_2(X) = 0$ 表示。对于任何特定输入的特征向量 $\boldsymbol{X}$，都必须判定 $D_1(\boldsymbol{X})$ 大还是 $D_2(\boldsymbol{X})$ 大。考虑某函数 $D(\boldsymbol{X}) = D_1(\boldsymbol{X}) - D_2(\boldsymbol{X})$，它对于 1 类模式为正，对于 2 类模式为负。于是，只要处理与 $D(\boldsymbol{X})$ 相应的一组权值和特征向量的元素，并判断输出符号即可进行分类。执行这种运算的分类器原理框图如图 7.2 所示，其中 $\sum$ 是累加器。

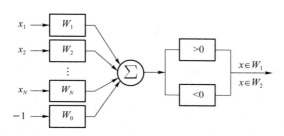

图 7.2　分类器原理框图

在线性分类器中找到合适的权值，才能使分类尽可能不出差错，有效的方法就是实验法。例如，先设所有的权值为 1，把已经分类的标准样本输入分类器进行判别，根据分类结果不断调整权值系数，直到实际分类结果和标准样本的分类结果基本吻合，这个过程称为线性分类器的训练或学习过程。

这里简要介绍一下调整权值系数的方法。为了便于表达，用矩阵形式来表示上述线性判别函数：将 N 个特征向量值和 1 放在一起记为 $\boldsymbol{Y}$，$N+1$ 个权重系数记为 $\boldsymbol{W}$，它们的矩阵形式为

$$\boldsymbol{Y} = \begin{pmatrix} X_1 \\ X_2 \\ \vdots \\ X_N \\ 1 \end{pmatrix}, \quad \boldsymbol{W} = \begin{pmatrix} W_1 \\ W_2 \\ \vdots \\ W_N \\ W_0 \end{pmatrix} \tag{7.4}$$

则线性函数可改写为

$$D(X) = \sum_{k=1}^{N} W_k X_k + W_0 = (X_1, X_2, \cdots, X_N, 1)^{\mathrm{T}} (W_1, W_2, \cdots, W_N, W_0) = \boldsymbol{Y}^{\mathrm{T}} \boldsymbol{W} \tag{7.5}$$

式(7.5)中：$\boldsymbol{Y}^{\mathrm{T}}$ 表示 $\boldsymbol{Y}$ 的转置矩阵。考虑有两个类别的图像（$M=2$），假设此时有两个训练集，即两组已经分类的标准样本集 T_1 和 T_2，两个训练集合是线性可分的，这意味着存在一个权值向量 $\boldsymbol{W}$，使得

$$\begin{cases} \boldsymbol{Y}^{\mathrm{T}} \boldsymbol{W} > 0, & \boldsymbol{Y} \in T_1 \\ \boldsymbol{Y}^{\mathrm{T}} \boldsymbol{W} < 0, & \boldsymbol{Y} \in T_2 \end{cases} \tag{7.6}$$

如果分类器的输出不能满足式(7.6)的条件,说明权值向量不符合分类要求,必须加以调整。可以通过误差修正的方法对权值系数进行调整。例如,如果第一类模式 $\boldsymbol{Y}^{\mathrm{T}}\boldsymbol{W}$ 不大于零,则说明系数不够大,可用加大系数 α 的方法进行误差修正。具体修正方法如下:

对于任意一个 $\boldsymbol{Y} \in T_1$,若 $\boldsymbol{Y}^{\mathrm{T}}\boldsymbol{W} \leqslant 0$,则使

$$\boldsymbol{W}' = \boldsymbol{W} + \alpha \boldsymbol{Y} \tag{7.7}$$

对于任意一个 $\boldsymbol{Y} \in T_2$,若 $\boldsymbol{Y}^{\mathrm{T}}\boldsymbol{W} > 0$,则使

$$\boldsymbol{W}' = \boldsymbol{W} - \alpha \boldsymbol{Y} \tag{7.8}$$

通常使用的误差修正方法有固定增量规则、绝对修正规则和部分修正规则。

固定增量规则:取 α 为一个固定的非负数。

绝对修正规则:取 α 为一个最小整数,它是使 $\boldsymbol{Y}^{\mathrm{T}}\boldsymbol{W}$ 正好大于零的一个阈值,公式为

$$\alpha = \frac{|\boldsymbol{Y}^{\mathrm{T}}\boldsymbol{W}|}{\boldsymbol{Y}^{\mathrm{T}}\boldsymbol{W}} \tag{7.9}$$

部分修正规则:取

$$\alpha = \lambda \frac{|\boldsymbol{Y}^{\mathrm{T}}\boldsymbol{W}|}{\boldsymbol{Y}^{\mathrm{T}}\boldsymbol{W}}, \quad 0 < \lambda \leqslant 2 \tag{7.10}$$

7.2.2 最小距离判别函数

在图像识别中,线性分类器的一种很重要的方法就是将未知类别的图像和特征空间中作为模板的点(标准样本的中心)之间的距离作为分类的准则。对于 M 类模板,未知类别的图像与哪一类的距离最近就属于哪一类。

假定图像类别数为 M,分别为 $W_1, W_2, \cdots, W_M$。每类有一个标准图像模板特征向量,则共有 M 个模板特征向量,表示为 $\boldsymbol{Z}_1, \boldsymbol{Z}_2, \cdots, \boldsymbol{Z}_M$。那么未知类别图像的特征向量 $\boldsymbol{X}$ 和 W_i 类的模板特征向量 $\boldsymbol{Z}_i$ 之间的欧几里得距离为

$$D_i(\boldsymbol{X}) = d(\boldsymbol{X}, \boldsymbol{Z}_i) = \|\boldsymbol{X} - \boldsymbol{Z}_i\| = \sqrt{(\boldsymbol{X} - \boldsymbol{Z}_i)^{\mathrm{T}}(\boldsymbol{X} - \boldsymbol{Z}_i)}, \quad i = 1, 2, \cdots, M \tag{7.11}$$

相应的判别规则为:分别求未知图像的特征向量 $\boldsymbol{X}$ 和 M 类图像的模板特征向量之间的距离,可得到距离集 $D_1, D_2, \cdots, D_M$,将 $\boldsymbol{X}$ 分到与它距离最近的类别。换句话说,对所有的 $j \neq i$,若 $D_i(\boldsymbol{X}) < D_j(\boldsymbol{X})$,则 $\boldsymbol{X}$ 就属于 W_i 类,即 $\boldsymbol{X} \in W_i$。基于最小距离判别函数的分类器称为最小距离分类器。

方程(7.11)可改写为

$$
\begin{aligned}
D_i^2(\boldsymbol{X}) &= \|\boldsymbol{X} - \boldsymbol{Z}_i\|^2 \\
&= (\boldsymbol{X} - \boldsymbol{Z}_i)^{\mathrm{T}}(\boldsymbol{X} - \boldsymbol{Z}_i) \\
&= \boldsymbol{X}^{\mathrm{T}}\boldsymbol{X} - 2\boldsymbol{X}^{\mathrm{T}}\boldsymbol{Z}_i + \boldsymbol{Z}_i^{\mathrm{T}} + \boldsymbol{Z}_i \\
&= \boldsymbol{X}^{\mathrm{T}}\boldsymbol{X} - 2\left(\boldsymbol{X}^{\mathrm{T}}\boldsymbol{Z}_i - \frac{1}{2}\boldsymbol{Z}_i^{\mathrm{T}}\boldsymbol{Z}_i\right)
\end{aligned}
\tag{7.12}
$$

其中 $i = 1, 2, \cdots, M$。

因为所有距离都是正的,所以 D_i^2 最小,也就是 D_i 最小。在方程(7.12)中,$\boldsymbol{X}^{\mathrm{T}}\boldsymbol{X}$ 与 i 无关,则最小化 D_i^2 等于最大化 $\left(\boldsymbol{X}^{\mathrm{T}}\boldsymbol{Z}_i - \frac{1}{2}\boldsymbol{Z}_i^{\mathrm{T}}\boldsymbol{Z}_i\right)$。因此可以定义判别函数为

$$D_i(\boldsymbol{X}) = \boldsymbol{X}^{\mathrm{T}}\boldsymbol{Z}_i - \frac{1}{2}\boldsymbol{Z}_i^{\mathrm{T}}\boldsymbol{Z}_i, \quad i = 1, 2, \cdots, M \tag{7.13}$$

相应的判别规则为:对所有的 $j \neq i$,若 $D_i(\boldsymbol{X}) > D_j(\boldsymbol{X})$,则 $\boldsymbol{X}$ 属于 W_i 类,即 $\boldsymbol{X} \in W_i$。

由式(7.12)和式(7.13)可见，$D_i(\boldsymbol{X})$是一个线性函数，因此最小距离分类器也是一个线性分类器。在最小距离分类中，在决策边界上的点与相邻两类都是等距离的，这种问题就难以解决。此时，必须寻找新的特征，重新分类。

7.2.3　最近邻域判别函数

最近邻域判别函数是最小距离判别函数的延伸。上述最小距离判别函数是取一个最标准的向量作为模板，而在最近邻域判别函数中，每类图像的模板不是取一个点为代表，而是取一组点代表一类。未知类别的图像与模板的距离是一个点和一组点之间的距离。如有 M 类图像 $W_1, W_2, \cdots, W_M$，某一类 W_i 中含有 N_i 个标准模板，我们用符号 $\boldsymbol{Z}_i$ 来表示这个标准模板集合，则 $\boldsymbol{Z}_i$ 集合中的模板可表示为 $\boldsymbol{Z}_i = \{\boldsymbol{Z}_1, \boldsymbol{Z}_2, \cdots, \boldsymbol{Z}_M\}$，也就是属于集合 $\boldsymbol{Z}_i$ 的一组空间点。输入图像与 W_i 类的距离可表示为

$$d(x, \boldsymbol{Z}_i) = \min(d(x, \boldsymbol{Z}_i^k)) = \min \|\boldsymbol{X} - \boldsymbol{Z}_i^k\|, \quad k = 1, 2, \cdots, N_i \tag{7.14}$$

也就是说，输入图像 x 与模板集 $\boldsymbol{Z}_i$ 的距离就是 x 与 $\boldsymbol{Z}_i$ 中一组空间点的距离中最小的那一个。空间点之间距离的求法与最小距离分类器中距离的求法相同。

在采用这种判别函数的图像识别中，决策边界将是分段线性的。例如，有一个两类问题如图 7.3 所示，W_1 类模板集由两个模板组成，即 $\boldsymbol{Z}_1 = \{\boldsymbol{Z}_1^1, \boldsymbol{Z}_1^2\}$，$N_1 = 2$；$W_2$ 类模板集由 3 个模板组成，即 $\boldsymbol{Z}_2 = \{\boldsymbol{Z}_2^1, \boldsymbol{Z}_2^2, \boldsymbol{Z}_2^3\}$，$N_2 = 3$，其分界线由分段直线组成，用实线表示；虚线连接产生两类分界线的空间点。

识别系统判定对象类别时，首先要计算输入图像与每个空间点的距离，然后找出最小距离。这种方法简单，可以将分段的线性边界分段拟合成很复杂的曲线，用分段直线来近似代替本来曲线的边界，降低了识别的复杂性。

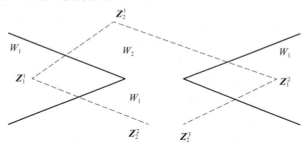

图 7.3　两类最近邻域分类示意图

7.2.4　非线性判别函数

线性判别函数很简单，但也有缺点，它往往不能完成较复杂的分类。在较复杂的分类问题中，往往需要提高判别函数的次数，因此根据问题的复杂性，可将判别函数从线性推广到非线性。非线性判别函数可写成如下形式：

$$D(x) = \omega_0 + \omega_1 x_1 + \omega_2 x_2 + \cdots + \omega_N x_N + \omega_{12} x_1 x_2 + \omega_{13} x_1 x_3 + \cdots +$$
$$\omega_1 x_1 x_N + \omega_{11} x_1^2 + \omega_{22} x_2^2 + \cdots + \omega_{NN} x_N^2$$
$$= \omega_0 + \sum_{k=1}^{N} \omega_{kk} x_k^2 + \sum_{k=1}^{N} \omega_k x_k + \sum_{k=1}^{N} \sum_{i=1}^{N} \omega_{ki} x_k x_i \tag{7.15}$$

式(7.15)是一个二次型判别函数,通常二次型判别函数的决策边界是一个超二次曲面。

7.3　特征的提取和选择

在图像识别中,对获得的图像直接进行分类是不现实的。首先,图像数据占用很大的存储空间,直接进行识别费时费力,其计算量大到无法接受;其次,图像含有许多与识别无关的信息,如图像的背景等,因此必须进行特征的提取和选择,这样就能对被识别的图像数据进行大量压缩,从而利于图像识别。提取特征和选择特征很关键,若提取得不恰当,就不能很精确地分类,甚至无法分类。

在图像识别中,良好的特征应具有4个特点。

① 可区别性。对于属于不同类别的图像,它们的特征值应具有明显的差异。

② 可靠性。对于同类的图像,它们的特征值应比较相近。

③ 独立性。各个特征之间应互不相关。

④ 数量少。

图像识别系统的复杂度随着特征个数的增加而迅速增加,尤为重要的是用来训练分类器和测试结果的样本数量随特征数量的增加而呈指数增长。

我们能够利用很多词语描述一个西瓜,如色泽、根蒂、纹理、触感、敲声等,但是有经验的人往往只需要看根蒂、听敲声就知道是不是好瓜,换言之,对于一个任务来说,其中有些描述词语可能很关键、很有用,而有些词语可能没什么用。我们把这些词语当作特征,称对当前任务有用的词语为相关特征,称对当前任务没用的词语为无关特征。特征选择的过程就是从给定的词语集合中选出相关特征的过程。

特征选取的方法很多。从一个模式中提取什么特征,因不同的模式而异,并且与识别的目的、方法等有直接关系。有关图像特征的各种检测方法,均已在前面章节介绍过,这里不再赘述。需要说明的是,特征提取和选择并不是截然分开的,有时可以先将原始特征空间映射到维数较低的空间,再在这个空间中进行选择,以进一步降低维数,也可以先经过选择去掉那些明显没有分类信息的特征,再进行映射,以降低维数。

特征提取和选择的总原则是:尽可能减少整个识别系统的处理时间和减少错误识别概率。当两者无法兼得时,人们需要使二者达到平衡。要么减小错误识别概率,以提高识别精度,但这样会增加系统运行时间;要么提高整个系统的速度,以适应实时需要,但这样会增大错误识别概率。

7.4　统计模式识别方法

当图像特征分布的统计性质已知或能够推断时,可采用统计模式识别方法。在对样本图像进行实际分类时,测量到的数据总会不同程度地受到噪声的影响,这时测量到的特征有可能不代表图像。此时为了客观地描述图像,就要用统计的方法。统计方法最基本的内容为贝叶斯分析理论。

7.4.1　基本概念

先介绍统计模式识别方法中一些符号的含义。

$p(\omega_i)$ 为 ω_i 的先验概率,是预先了解检测对象属于 ω_i 类的概率的。

$p(x|\omega_i)$ 为 x 属于 ω_i 类的条件概率。此时把检测对象的特征 x 看作一个分布依赖于类别状态的随机变量,随着检测对象特征值 x 的不断变化,其落入 ω_i 类的可能性(概率)也不断变化。这种可能性的变化可以用函数来描述。

$p(\omega_i|x)$ 为特征 x 属于 ω_i 的后验概率。它表示以检测对象的特征 x 为观察判断检测对象属于 ω_i 的可能性。此时 x 是特定的值,它是由未知类别的检测对象经特征提取产生的。

7.4.2　贝叶斯(Bayes)分类器

对于一个实际的图像识别问题来说,由于存在噪声的干扰,检测对象的几何分布常常不是线性可分的,甚至在同一区域内有可能出现不同类检测对象的情况,因而不可避免地会出现错分现象。贝叶斯准则就是基于错分概率或风险最小的准则,按 Bayes 准则建立起来的 Bayes 判别规则,称为 Bayes 分类器。

假定有一模式 X,X 属于 W_i 类的概率为 $P(W_i|X)$。如果模式 X 实际是属于 W_i 类的,而分类器把它分到 W_j 类,于是就会产生损失,记作 L_{ij}。由于模式 X 可能属于所研究的 M 类中的任何一类,于是把 X 分配到 W_j 类所发生的期望损失为

$$r_j(X) = \sum_{i=1}^{M} L_{ij} P(W_i|X) \tag{7.16}$$

在判别理论中,常把 $r_j(X)$ 称为条件平均风险。

对于每个给定的模式,分类器有 M 种可能的分法。如果对于每个模式 X 计算 $r_1(X)$,$r_2(X)$,$\cdots$,$r_M(X)$,并且将它分到条件平均风险最小的那一类,就称这样的分类器为 Bayes 分类器。

Bayes 公式为

$$P(W_i|X) = \frac{P(W_i)P(X|W_i)}{P(X)} \tag{7.17}$$

其中:$P(W_i)$ 为 W_i 类出现的先验概率;$P(X|W_i)$ 为在 W_i 类中出现 X 的条件概率;$P(W_i|X)$ 为 X 属于 W_i 类的后验概率。

于是式(7.16)可以进一步表示为

$$r_j(X) = \frac{1}{P(X)} \sum_{i=1}^{M} L_{ij} P(W_i) p(X|W_i) \tag{7.18}$$

由于在求 $r_j(X)$($j=1,2,\cdots,M$)的 $r_j(X)$ 值时,$1/P(X)$ 是一个公共因子,所以可将它从式(7.18)中略去。于是条件平均风险的表达式可以简化为

$$r_j(X) = \sum_{i=1}^{M} L_{ij} P(W_i) P(X|W_i) \tag{7.19}$$

对于二分类问题,$M=2$。如果将一模式 X 分到类别 1,则

$$r_1(X) = L_{11} p(x|\omega_1) p(\omega_1) + L_{21} p(x|\omega_2) p(\omega_2) \tag{7.20}$$

如果分到类别 2,则

$$r_2(X) = L_{12} p(x|\omega_1) p(\omega_1) + L_{22} p(x|\omega_2) p(\omega_2) \tag{7.21}$$

如上所述,Bayes 分类器是将一模式分配到 r 值最小的那一类。因此,当 $r_1(x) < r_2(x)$ 时,也就是当

$$L_{11} p(x|\omega_1) p(\omega_1) + L_{21} p(x|\omega_2) p(\omega_2) < L_{12} p(x|\omega_1) p(\omega_1) + L_{22} p(x|\omega_2) p(\omega_2) \tag{7.22}$$

或当

$$(L_{21}-L_{22})p(x|\omega_2)p(\omega_2)<(L_{12}-L_{11})p(x|\omega_1)p(\omega_1) \tag{7.23}$$

时,将 x 判别为 ω_1 类;否则,将 x 判别为 ω_2 类。

对于多分类问题,当 $j=1,2,\cdots,M,j\neq i,r_i(x)<r_j(x)$ 时,模式 x 被分配到 ω_i 类,也就是说,当

$$\sum_{k=1}^{M}L_{ki}p(x|\omega_k)p(\omega_k)<\sum_{q=1}^{M}L_{qj}p(x|\omega_q)p(\omega_q), \quad j=1,2,\cdots,M,j\neq i \tag{7.24}$$

时,x 属于 ω_i 类。

在大多数模式识别问题中,对于正确的判别,分类损失 r_{ij} 为零;而对于所有错误的判别,则有相同的损失。因此,损失函数可以表示为

$$L_{ij}=1-\delta_{ij} \tag{7.25}$$

其中:当 $i=j$ 时,$\delta_{ij}=1$;当 $i\neq j$ 时,$\delta_{ij}=0$。式(7.25)说明:当模式分类不正确时,具有值等于1的归一化损失;而在分类正确时,则无损失。

将式(7.25)代入式(7.19)中,可得:

$$r_j(X)=\sum_{i=1}^{M}(1-\delta_{ij})P(W_i)P(X|W_i)=P(X)-P(X|W_j)P(W_j) \tag{7.26}$$

于是 Bayes 判别规则可以写成,当

$$P(X)-P(X|W_i)P(W_i)<P(X)-P(X|W_j)P(W_j), \quad j=1,2,\cdots,M,j\neq i \tag{7.27}$$

或

$$P(X|W_i)P(W_i)>P(X|W_j)P(W_j), \quad j=1,2,\cdots,M,j\neq i \tag{7.28}$$

时,模式 X 属于 W_i 类。

根据判别函数的意义可知,式(7.28)的 Bayes 判别规则实际上也是判别函数

$$D_i(X)=P(X|W_i)P(W_i), \quad i=1,2,\cdots,M \tag{7.29}$$

的执行过程。若某一模式 X 对所有 $j\neq i$ 满足 $D_i(X)>D_j(x)$,则该模式属于 W_i 类。

从上述论述可以看出,式(7.25)作为 Bayes 分类器的特殊情况,规定正确分类时的损失为零,不正确分类时的损失都相等,对这种特殊情况所做的最优判别使分类错误概率最小。

如果假定概率密度函数 $P(X|W_i)$ 是多变量正态分布的,则其概率密度函数为

$$P(X|W_i)=\frac{1}{(2\pi)^{n/2}|\Sigma_i|^{1/2}}\exp\left[-\frac{1}{2}(\boldsymbol{X}-\boldsymbol{M}_i)^{\mathrm{T}}(\Sigma_i)^{-1}(\boldsymbol{X}-\boldsymbol{M}_i)\right] \tag{7.30}$$

其中:$\boldsymbol{X}=(x_1,x_2,\cdots,x_n)^{\mathrm{T}}$ 为模式的特征向量;$\boldsymbol{M}=(m_1,m_2,\cdots,m_n)^{\mathrm{T}}$ 为数学期望向量,其中 $m_i=\frac{1}{L}\sum_k x_{ik}$,$x_{ik}$ 表示第 i 类第 k 个像素的灰度值,L 为第 i 类像素数;Σ 为协方差矩阵

$$\begin{bmatrix} \sigma_{11} & \sigma_{12} & \cdots & \sigma_{1n} \\ \sigma_{21} & \sigma_{22} & \cdots & \sigma_{2n} \\ \vdots & \vdots & & \vdots \\ \sigma_{n1} & \sigma_{n2} & \cdots & \sigma_{nn} \end{bmatrix}$$

其中

$$\sigma_{ij}=\frac{1}{L}\sum_k(x_{ik}-m_i)(x_{ik}-m_j)$$

式(7.29)中的 $P(X|W_i)$ 是正态密度函数,它是指数形式的。为了便于计算,可以用取对数的方式来处理,因而可将判别函数写成

$$D_i(X)=\ln P(X|W_i)P(W_i)=\ln P(X|W_i)+\ln P(W_i), \quad i=1,2,\cdots,M \tag{7.31}$$

由于 ln 是一个单调增加的函数,因此从分类效果来看,式(7.31)与式(7.29)完全等效。

将式(7.30)代入式(7.31),得到

$$D_i(X) = \ln P(W_i) - \frac{n}{2}\ln 2\pi - \frac{1}{2}\ln|\Sigma_i| - \frac{1}{2}\left[(X-M_i)^T(\Sigma_i)^{-1}(X-M_i)\right], \quad i=1,2,\cdots,M$$

$$(7.32)$$

由于 $\frac{n}{2}\ln 2\pi$ 与 i 无关,故可把它从表达式中略去,于是 $D_i(X)$ 变成

$$D_i(X) = \ln P(W_i) - \frac{1}{2}\ln|\Sigma_i| - \frac{1}{2}\left[(X-M_i)^T(\Sigma_i)^{-1}(X-M_i)\right], \quad i=1,2,\cdots,M$$

$$(7.33)$$

式(7.33)即为 Bayes 分类判别函数。相应的 Bayes 分类判别规则为:若对于所有可能的类 $j(j=1,2,\cdots,N;j\neq i)$ 有 $D_i(X)>D_j(X)$,则 X 属于 W_i 类。

7.5 深度神经网络图像识别

7.5.1 深度神经网络概述

2016 年,Google 旗下的 DeepMind 公司开发的围棋程序 AlphaGo 与世界围棋冠军李世石、柯洁相继进行人机大战,最终分别以 4:1 和 3:0 的总比分赢得比赛。随着媒体的争相报道,人工智能(Artificial Intelligence,AI)、机器学习(Machine Learning,ML)、深度学习(Deep Learning,DL)这 3 个概念得到了迅速普及。图 7.4 很好地概括了这三者间的关系。人工智能的概念从被提出后就一直广受关注和期待,机器学习是实现人工智能的一个分支,也是人工智能领域发展最快的一个分支。而深度学习是一种机器学习方法,和传统的机器学习方法一样,都可以根据输入的数据进行分类或者回归。随着数据量的增加,传统的机器学习方法表现得不尽如人意,而此时深度学习表现出了优异的性能,迅速受到学术界和工业界的重视,现在甚至有人开始担心未来人工智能会危害人类。

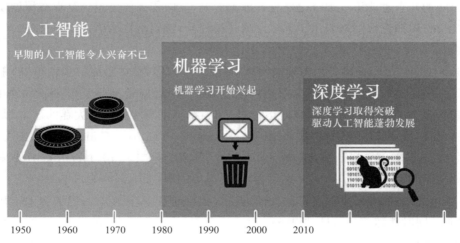

图 7.4 人工智能、机器学习、深度学习三者关系图

神经网络是人工智能重要的研究对象,因为研究者相信人类的智能主要体现在大脑的神经网络之中。神经网络的本质是一个数学模型,是一个将输入数据映射成输出结果值的函数。与普通函数不同的是,神经网络函数中的函数结构和参数会在学习过程中不断调整和优化。深度学习是多层神经网络利用简单的表示逐层表达复杂现象的过程。深度神经网络不是凭空出现的,是许多学者长期坚持对神经网络进行研究得来的,是目前神经网络的"集大成者"。神经网络的发展可以大致分为3个阶段。

(1) 第一阶段

1943 年,W. McCulloc 和 W. Pitts 提出了人工神经网络的概念。人工神经网络(Artificial Neural Network)研究最初的灵感源自生物神经系统,是以模拟人体神经系统的结构和功能为基础而建立的一种信息处理系统。在生物学上,人体神经系统由神经细胞(即神经元)构成,每一个神经元都包括细胞体、树突、轴突三个部分。神经元之间通过树突和轴突的相互连接(称为突触)形成神经网络。其中,细胞体相当于一个初等处理器,它对来自其他神经元的信号进行处理(例如进行求和运算),然后产生一个输出信号;树突是神经元的输入部分,接收其他神经元的信号;轴突则是神经元的输出部分,产生输出信号并通过突触传送给其他神经元。1958 年前后,感知机和自适应线性单元等线性模型的提出,让人工神经网络走进了现实,并获得了人们的关注和期望。然而,线性模型有很多局限性,如它们无法学习异或逻辑函数。因此,人工神经网络研究陷入停滞状态。

(2) 第二阶段

从 20 世纪 70 年代开始,人们对神经网络的研究热情消退,特别是 1995 年,最受欢迎的支持向量机算法被提出,进一步削弱了深度神经网络的影响力,但是深度学习算法的发展并没有因此停止。在 1989 年,Y. LeCun 等人将标准的反向传播算法应用于卷积神经网络中,实现了自动提取图像特征,成功地完成了手写数字识别。1992 年前后,研究人员在使用神经网络进行序列建模方面取得了重要进展。长短期记忆网络通过神经单元中输入门、遗忘门、输出门等门的概念,来提取长期信息和短期信息,提升网络的记忆能力。但是受神经网络训练时间长、参数设置严重依赖经验等多种因素的影响,长短期记忆网络最终并没有引起人们足够的重视。然而,这期间的几个重要贡献如今仍然具有深远影响,反向传播的思想仍是现在深度模型训练的主导方法,长短期记忆网络应用于许多序列建模任务,特别是自然语言处理任务。

(3) 第三阶段

2006 年,G. Hinton 提出了深度神经网络,他使用一种称为"贪婪逐层预训练"的策略来有效地训练网络,通过非监督学习来学习出网络结构,利用后向传播算法学习网络内部参数。2009 年,基于长短期记忆的递归神经网络获得了 ICDAR 手写字体识别大赛的冠军,尤其是在 2012 年的计算机视觉领域的著名比赛——ImageNet Large Scale Visual Recognition Challenge (ILSVRC)中,基于深度学习的 AlexNet 以高于第二名 10 个百分点的战绩获得第一名。自此,深度学习迎来了伟大复兴。之后,在很短的时间内,各种基于深度学习的方法刷新了很多领域的最好成绩,并取得了巨大的进步。到目前为止,深度学习已成为人工智能的主要研究方向。同时伴随着各种硬件设备(如 GPU、TPU 等运算设备)的发展,各种深度学习框架(如 Caffe、Pytorch、Tensorflow、Keras Theano、MXNet、CNTK)的开源,现在深度学习的流行程度和易用性得到了极大的提升。

7.5.2　卷积神经网络简介

卷积神经网络是非常适用于计算机视觉的模型,早在 20 世纪 90 年代,卷积神经网络就已经被广泛使用,深度学习的复兴也归因于卷积神经网络的成功应用。接下来我们将简单介绍构成卷积神经网络的网络层(包括卷积层、池化层、激活函数、全连接层等)以及经典的卷积神经网络模型。

（1）卷积层

通常,在计算机处理数据时,时间是离散的,因此只考虑离散卷积,其数学定义如下,即两个实变函数之间的内积运算。在卷积网络中,我们称 x 为输入(Input),ω 为核函数(Kernel Function),输出 s 为特征映射(Feature Map)。

$$s(t) = \sum_{a=-\infty}^{\infty} x(a)\omega(t-a) \tag{7.34}$$

在人工智能的应用中使用卷积运算有 3 个好处:稀疏交互(Sparse Interaction)、参数共享(Parameter Sharing)和等价表示(Equivariant Representation)。此外,卷积也提供了一种处理输入尺寸可变的方法。

稀疏交互也叫稀疏连接,是指通过尺寸远小于输入数据尺寸的卷积核来进行卷积操作,建立输入数据和输出特征映射之间的稀疏连接。这样既能减少存储参数,又能减少模型的训练参数,从而加快网络的运行速度。

参数共享是指模型中的多个函数可以共用同一组参数。在一个卷积层中,一个卷积核会作用于输入数据的所有位置,这样不需要针对每个位置学习一个单独的参数集合,如图 7.5 所示,针对一个二维图像,使用大小为 2×2、步长为 1 的卷积核进行卷积运算。参数共享进一步减少了模型的参数量和降低了存储需求。为了提高卷积层对输入数据的特征提取能力和表达能力,可以在一个卷积层中使用多个卷积核,分别获得不同的特征映射,如图 7.6 所示,利用不同的卷积核可获得不同的特征映射。参数共享使得卷积层具有输入数据发生变化输出特征也随之发生同样变化的变换等价性。

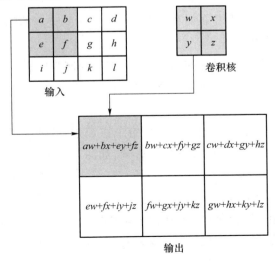

图 7.5　二维卷积运算过程示意图

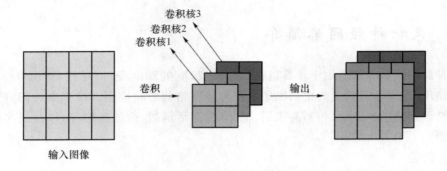

图 7.6　多核卷积示意图

（2）池化层

池化函数使用某一位置所在局部区域的总体统计特征来代替网络在该区域的输出。如果用该区域的平均值代替该区域的输出,则称为平均值池化;如果使用最大值,则称为最大值池化。这两种池化是目前最常用的池化方式。如图 7.7 所示,对输入数据进行滑动窗口为 2×2、步长为 2 的最大值池化和平均值池化。池化函数能对数据进行进一步的压缩,缓解计算时的内存压力,同时能使网络具备局部平移不变性。

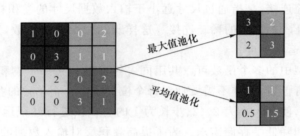

图 7.7　最大值池化和平均值池化

（3）激活函数

激活函数是一种模仿生物神经元的函数,是生物神经元的抽象和简化,旨在帮助网络学习数据中的复杂模式。与人类大脑中的神经元模型类似,一个节点的激活函数定义了该节点在给定的输入或输入集合下的输出。

由于现实中的很多问题是线性不可分的,因此在神经网络中引入非线性激活函数,能让神经网络的表达能力更加强大。常用的激活函数如图 7.8 所示。

（4）全连接层

全连接层是指每一个节点都与上一层的所有节点相连,其所有的输出和该层的输入都有连接,即每个输入节点对所有的输出节点都有影响,如图 7.9 所示。由于其全相连的特性,一般全连接层的参数也是最多的。

卷积神经网络的末端通常由多个全连接层组成。全连接层在整个卷积神经网络中起到"分类器"的作用。如果说卷积层、池化层和激活函数等操作是将原始数据映射到隐层特征空间的话,全连接层则起到将学到的特征空间映射到样本标记空间的作用。在实际使用中,全连接层也可由卷积核为 1×1 的卷积操作实现。

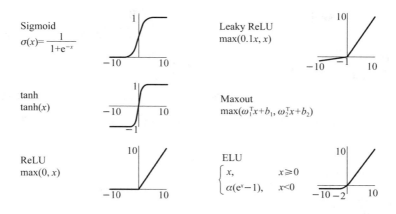

图 7.8　常用的激活函数

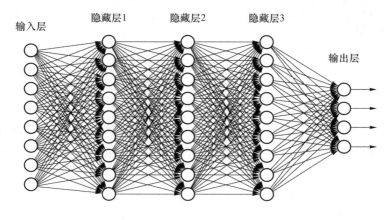

图 7.9　全连接层

7.5.3　经典图像分类卷积神经网络模型

　　图像分类是指根据图像的语义信息将不同类别的图像区分开来,是计算机视觉中重要的基本问题,也是图像检测、图像分割、物体跟踪、行为分析等其他高层视觉任务的基础。传统的图像分类通过提取图像的手工特征,再利用分类器判别物体类别。而基于深度学习的图像分类方法可以通过有监督或无监督的方式学习层次化的特征描述,从而取代了手工设计或选择图像特征的工作。深度学习模型中的卷积神经网络(Convolution Neural Network,CNN)近年来在图像领域取得了惊人的成绩。CNN 直接利用图像像素信息作为输入,在最大程度上保留了输入图像的所有信息,通过卷积操作进行特征的提取,直接输出图像识别的结果。这种基于"输入-输出"直接端到端的学习方法取得了非常好的效果,得到了广泛的应用。

　　从 2012 年 AlexNet 大幅度刷新 ILSVRC 竞赛成绩并获得比赛冠军开始,卷积神经网络获得了广泛的关注,后续不少优秀的研究者不断刷新纪录,提出了很多优秀的模型,如 VGGNet、GoogleNet、ResNet 等。这些经典的卷积神经网络模型的形状、深度各异,但它们还是有很多共同点,因此先从最早的 CNN 模型 LeNet-5 开始介绍。

（1）LeNet-5

LeNet-5 是 1998 年由 Y. LeCun 等人提出，用于手写字符识别的卷积神经网络模型。LeNet-5 的网络结构如图 7.10 所示。LeNet-5 网络一共包含 7 层，输入图像为 32×32 的灰度图像，该图像经过卷积层 C1 后输出 6 个 28×28 的特征映射，再经过一个下采样层 S2 后输出 6 个 14×14 的特征映射，通过卷积层 C3 和下采样层 S4 后输出 16 个 5×5 的特征映射，经过 C5 和 F6 两个全连接层后，特征映射维度变为 84 维，最后一层为包含 10 个神经元的输出层。对手写数字进行分类，总共有 10 类（即 0 到 9）。

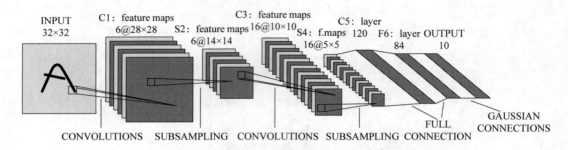

图 7.10　LeNet-5 网络结构图

（2）AlexNet

2012 年，A. Krizhevsky 等人提出的 AlexNet 开启了神经网络的新篇章，奠定了深度学习在计算机视觉领域的霸主地位，在同年的 ILSVRC 图像分类竞赛（1 000 个类别，128 万张图片）中一举刷新了纪录，精度远远超过当年的第二名 ISI。AlexNet 的网络结构如图 7.11 所示。AlexNet 是一个 8 层的卷积神经网络，包含 5 个卷积层和 3 个全连接层。每个卷积层都包含一个 ReLU 激活函数以及局部响应归一化（Local Response Normalization，LRN），卷积计算后通过最大值池化层达到降维效果。最后一个全连接层为包含 1 000 个神经元的输出层，可输出 1 000 类图像类别。

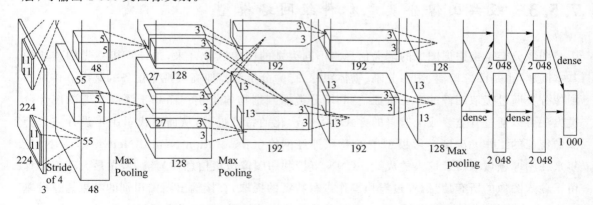

图 7.11　AlexNet 的网络结构

由于当时 GPU 的计算性能有限，所以 AlexNet 最初的设计是分为两路，由 2 块 GPU 并行训练，一块 GPU 负责顶部模型部分，另一块 GPU 负责底部模型部分，两块 GPU 在某些层间互相通信。但是随着 GPU 计算性能的提升，现在完全可以单卡训练。

AlexNet 网络的输入是 3 通道 RGB 彩色图像,图像大小为 224×224。该图像经过多次卷积和池化后输出 256 个 13×13 的特征映射,展平(Flatten)后经过多个全连接层将特征映射到类别空间,最后通过 Softmax 函数将分类结果转换为概率。

（3）VGGNet

VGGNet 由牛津大学计算机视觉组(Visual Geometry Group,VGG)于 2014 年提出,并取得了当年 ILSVRC 竞赛的第二名。VGGNet 一共有 4 种不同深度层次的卷积神经网络,分别是 11、13、16、19 层,网络结构如图 7.12 所示,一簇卷积层之后是 3 个全连接层,前 2 个包含 4 096 个神经单元,第 3 个包含 1 000 个神经单元,数目上与 ILSVRC 竞赛的 1 000 类别相对应。VGGNet 在结构上与 AlexNet 有很多相似之处。

ConvNet Configuration					
A	A-LRN	B	C	D	E
11 weight layers	11 weight layers	13 weight layers	16 weight layers	16 weight layers	19 weight layers
input(224×224 RGB image)					
conv3-64	conv3-64 **LRN**	conv3-64 **conv3-64**	conv3-64 conv3-64	conv3-64 conv3-64	conv3-64 conv3-64
maxpool					
conv3-128	conv3-128	conv3-128 **conv3-128**	conv3-128 conv3-128	conv3-128 conv3-128	conv3-128 conv3-128
maxpool					
conv3-256 conv3-256	conv3-256 conv3-256	conv3-256 conv3-256	conv3-256 conv3-256 **conv1-256**	conv3-256 conv3-256 **conv3-256**	conv3-256 conv3-256 conv3-256 **conv3-256**
maxpool					
conv3-512 conv3-512	conv3-512 conv3-512	conv3-512 conv3-512	conv3-512 conv3-512 **conv1-512**	conv3-512 conv3-512 **conv3-512**	conv3-512 conv3-512 conv3-512 **conv3-512**
maxpool					
conv3-512 conv3-512	conv3-512 conv3-512	conv3-512 conv3-512	conv3-512 conv3-512 **conv1-512**	conv3-512 conv3-512 **conv3-512**	conv3-512 conv3-512 conv3-512 **conv3-512**
maxpool					
FC-4096					
FC-4096					
FC-1000					
soft-max					

图 7.12　VGGNet 的网络结构

在 VGGNet 的多种网络结构中,最常用的就是 VGG-16(图 7.12 中的网络结构 D)和 VGG-19(图 7.12 中的网络结构 E)。从图 7.12 可以看出,这两种网络最大的区别就是网络深度不同。网络输入是一个固定尺寸为 224×224 的 RGB 图像,经过减去均值、除以方差等预处理后输入神经网络的卷积层。VGGNet 采用多个感受野较小的 3×3 的卷积核,而没有像 AlexNet 一样采用感受野较大的卷积核。因为 2 个 3×3 的卷积核堆叠获得的感受野大小相当于一个 5×5 的卷积核,3 个 3×3 的卷积核堆叠获得的感受野大小相当于一个 7×7 的卷积核,所以使用小的卷积核一方面可以减小参数,另一方面可以增加更多的非线性映射,并进一步提升网络的拟合能力。

（4）GoogleNet

GoogleNet 又称为 Inception-v1,由 DeepMind 公司于 2014 年提出,在同年的 ILSVRC 竞赛中获得了冠军。通过精巧的网络结构设计,开发者们在保证一定计算开销的前提下,增加了 GoogleNet 的深度和宽度。GoogleNet 一共有 22 层,且没有全连接层,与 AlexNet 相比,在精度上有显著提升,同时参数量为 AlexNet 的 1/12。

GoogleNet 的核心是 Inception 模块,分为简单的 Inception 模块和维度减小的 Inception 模块,如图 7.13 所示。和简单的 Inception 模块相比,维度减小的 Inception 模块在 3×3、5×5 的卷积(Convolution)前面和 3×3 的池化层后面分别添加了 1×1 的卷积进行降维,从而减少了计算量和修正了线性特性。

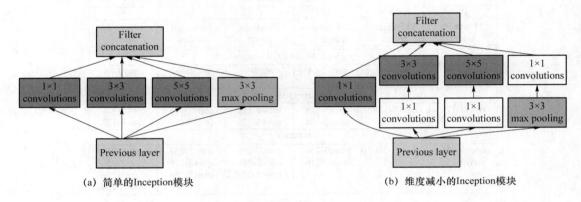

(a) 简单的Inception模块　　　　　　(b) 维度减小的Inception模块

图 7.13　Inception 模块

GoogleNet 还添加了 2 个辅助分类器,以提升低层网络的分类能力,同时防止梯度消失。GoogleNet 的网络设计充分考虑了计算效率和实用性,因此可以应用于更多的设备,其详细的网络结构如图 7.14 所示。其中 type 表示每一层的类型;patch size 表示 kernel 大小;stride 表示步长;♯$n \times n$ 表示对应 $n \times n$ 卷积核的数量;♯$n \times n$ reduce 表示用于 $n \times n$ 卷积层前 1×1 卷积核的数量;pool proj 表示维度减少的 Inception 模块中池化层后面 1×1 卷积核的数量;params 表示参数量;ops 表示操作量。随着相关技术和理论的发展,后续产生了 GoogleNet 的几个改进版本,如 2015 年提出的 Inception-v2、2016 年提出的 Inception-v3 和 2017 年提出的 Inception-v4。

（5）ResNet

ResNet 是 2015 年由微软亚洲研究院提出的深度残差网络,在 2015 年的 ILSVRC 和 MS COCO 等 5 个领域都获得了冠军。

下面介绍深度退化。

在经验上,网络的深度是影响模型性能的重要因素,当网络层数增加时,网络可以进行更加复杂的特征模式的提取,所以理论上更深的模型具有更好的表现。那么更深的网络是否更好?回答这个问题的一大障碍是梯度爆炸/消失。当更深的网络开始收敛时,"退化"(Degradation)现象便暴露出来了:网络深度增加时,网络准确度趋于饱和,甚至开始下降。如图 7.15 所示,56 层网络的训练误差和测试误差都比 20 层网络要高,即增加网络深度后,模型的效果反而变差了。这并非过拟合的问题,从训练误差上可以看出 56 层网络并没有达到过拟合的程度,而是随着网络深度增加出现了退化现象。

type	patch size/ stride	output size	depth	#1×1	#3×3 reduce	#3×3	#5×5 reduce	#5×5	pool proj	params	ops
convolution	7×7/2	112×112×64	1							2.7K	34M
max pool	3×3/2	56×56×64	0								
convolution	3×3/1	56×56×192	2		64	192				112K	360M
max pool	3×3/2	28×28×192	0								
inception (3a)		28×28×256	2	64	96	128	16	32	32	159K	128M
inception (3b)		28×28×480	2	128	128	192	32	96	64	380K	304M
max pool	3×3/2	14×14×480	0								
inception (4a)		14×14×512	2	192	96	208	16	48	64	364K	73M
inception (4b)		14×14×512	2	160	112	224	24	64	64	437K	88M
inception (4c)		14×14×512	2	128	128	256	24	64	64	463K	100M
inception (4d)		14×14×528	2	112	144	288	32	64	64	580K	119M
inception (4e)		14×14×832	2	256	160	320	32	128	128	840K	170M
max pool	3×3/2	7×7×832	0								
inception (5a)		7×7×832	2	256	160	320	32	128	128	1 072K	54M
inception (5b)		7×7×1 024	2	384	192	384	48	128	128	1 388K	71M
avg pool	7×7/1	1×1×1 024	0								
dropout (40%)		1×1×1 024	0								
linear		1×1×1 000	1							1 000K	1M
softmax		1×1×1 000	0								

图 7.14　GoogleNet 详细的网络结构

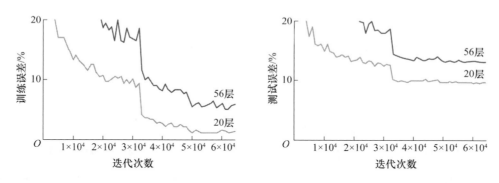

图 7.15　更深的模型同时具有更高的训练误差和测试误差

ResNet 最重要的一个贡献是解决了超深层 CNN 网络的训练问题。之前的 GoogleNet 只有 22 层,VGGNet 的多个版本中最多有 19 层,而 ResNet 能够多达 152 层,甚至 1 000 层。ResNet 通过引入"深度残差学习"的框架来解决退化问题。接下来我们详细介绍"深度残差学习"。

若将输入设为 x,网络层设为 H,那么 $H(x)$ 为输入通过此层的输出。传统的思路是拟合 $y=H(x)$,即通过训练学习函数 H 的表达,而残差学习是拟合残差 $F(x)=H(x)-x$,即致力于学习输入和输出之间的残差,原始映射就变成了 $H(x)=F(x)+x$。残差学习的模块如图 7.16 所示,残差学习模块由 $F(x)$ 和 x 两部分组成,图中的类似于电路"短路"的连接称为短路连接（Shortcut Connection），这是一种恒等映射（Identity Mapping），即 x 的部分；除去短路连接后剩余的部分称为残差映射（Residual Mapping），即 $F(x)$ 的部分。

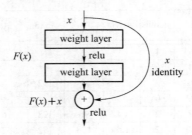

图 7.16　残差学习的模块

ResNet 和其他网络结构在 ImageNet 测试集上的错误率如图 7.17 所示，随着网络深度的增加，ResNet 网络的结果越来越好，152 层时取得最优结果。ResNet 的残差学习是如何解决退化问题的？有人认为残差映射比原始映射更容易优化。当网络达到最优时，残差映射会趋于 0，此时残差学习模块仅仅做了恒等映射，网络性能不会下降，然而实际上残差不会为 0，这会使得残差学习模块学习到新的特征，从而拥有更好的性能，即网络的性能随着深度的增加而提高。

method		top-1 err.	top-5 err.
VGG	(ILSVRC '14)	-	8.43†
GoogleNet	(ILSVRC '14)	-	7.89
VGG	(v5)	24.4	7.1
PReLU-net		21.59	5.71
BN-inception		21.99	5.81
ResNet-34 B		21.84	5.71
ResNet-34 C		21.53	5.60
ResNet-50		20.74	5.25
ResNet-101		19.87	4.60
ResNet-152		**19.38**	**4.49**

图 7.17　ResNet 和其他网络结构在 ImageNet 测试集上的错误率（数值越小越好）

与 VGGNet 类似，ResNet 中的卷积层也主要采用 3×3 的卷积核，并遵循如下两个设计原则：相同尺寸的特征图的输出层之间具有相同的卷积核数量；每一层具有相同的时间复杂度，即特征图尺寸减半，卷积核数量翻倍。相比 VGGNet，ResNet 的卷积核更少，复杂度更低，34 层的 ResNet 网络包含 360 万次乘加操作，仅为 VGG-19 操作量的 18%。VGG-19 与 34 层普通网络及 ResNet-34 的网络结构如图 7.18 所示，ResNet 中存在 2 种短路连接，即图中的实线曲线和虚线曲线。实线短路连接部分的输入和输出具有相同的尺寸和通道数，因此恒等映射和残差映射采用直接相加的计算方式：$y = F(x) + x$。虚线短路连接部分的输入和输出具有不同的尺寸和通道数，即恒等映射和残差映射具有不同的尺寸和通道数，无法直接相加，因此要通过步长为 2 的 1×1 卷积核改变恒等映射的尺寸和通道数，最终的计算方式为：$y = F(x) + Wx$，其中 W 是卷积操作，用来调整 x 的尺寸和通道数。

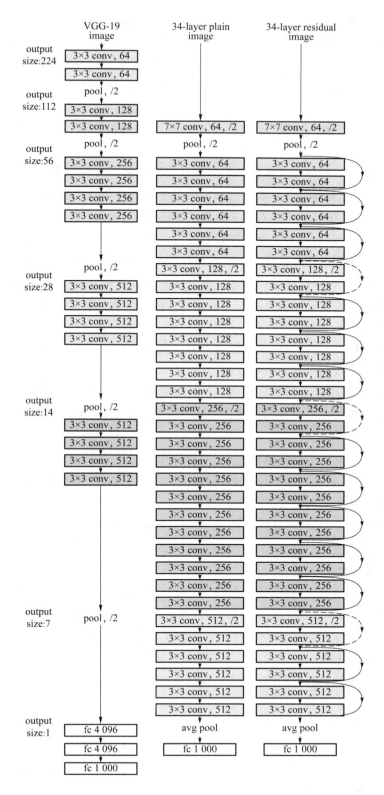

图 7.18　VGG-19 与 34 层普通网络及 ResNet-34 的网络结构

后续有许多优秀的研究人员不断提出新的卷积网络结构,如 ResneXt、DenseNet、DPN、EfficientNet 等,这些网络结构都具有优秀的表达能力,不断刷新各种竞赛的成绩。从 AlexNet 到 ResNet,再到 DPN,深度学习模型的性能在不断提升,各种卷积层、归一化层、优化方式等也在不断丰富,这里不再一一介绍。接下来将介绍一些简单实用的深度学习训练技巧。

7.5.4 防止过拟合策略

深度学习模型的过拟合是指模型在训练数据和测试数据上的表现差距很大,即模型在训练集上表现很好,但在测试集上却表现很差。深度学习网络通过大量的可训练参数使网络具有很强的表达能力,在很多领域都取得了突破性的进展,但是众多的参数也给深度学习网络带来了容易过拟合的问题,从而导致模型的泛化能力很差。

深度学习模型是否过拟合会极大影响模型性能的好坏,然而准确有效地检测模型是否过拟合是比较困难的,并且深度学习模型通常需要很长的训练时间,这让试错的成本很高,因此众多研究者总结和发现了一些防止过拟合的方法。接下来我们将简单介绍这些策略。

(1) 数据增强

很多时候,训练数据的规模和丰富程度决定了模型性能的好坏,因为更深、更宽的神经网络需要更多的训练参数和更多的训练数据,只有这样才能获得稳定的训练结果。因此,克服过拟合最简单、直接的方法就是增加训练数据。对于训练数据有限的情况,可以通过数据增强技术对现有的数据集进行扩充。常见的数据增强技术包括裁剪、平移、尺度变化、水平翻转、随机光照、色彩变换等。

常用的数据增强方式是图像裁剪和水平翻转的组合。例如,将 256×256 图像随机裁剪成尺寸为 224×224 的图像块,再随机对这些图像块进行水平翻转,最后利用这些图像块训练网络。图像裁剪和水平翻转的组合使得训练数据扩大了 2 048 倍。在测试阶段,在输入图片的四角和中心共裁减出 5 个 224×224 的图像块,将这些图像块及它们的水平翻转都送入网络进行预测,最后对 10 个输出结果进行平均,并将得到的平均值作为最终的预测结果。

(2) ReLU 激活函数

在上面介绍激活函数时,我们已经提及了 ReLU 激活函数。无论是 tanh 还是 Sigmoid 函数,都会在 x 取值很大或者很小时进入饱和区,此时神经元梯度接近 0,容易造成梯度消失,而非饱和的 ReLU 激活函数能够在一定程度上克服这个问题,如图 7.8 所示。ReLU 及其变种激活函数在实际问题中被广泛采用,因为其既具有非线性的特点(使其信息整合能力大大增强),又在一定范围内具有线性的特点(使其训练简单、快速)。

(3) Dropout 层

Dropout 层是深度学习网络中最常用的正则化层,即以一定的概率将一个神经元的输出设置为 0,通过忽略一定百分比的神经元数量(通常是一半的神经元),减轻网络的过拟合现象。以这种方式被关闭的神经元在前向、后向传播过程中都不起作用,这样训练得到的网络的鲁棒性会更强,模型的泛化性也会更强,不会过度依赖某些局部特征。Dropout 的工作示意图如图 7.19 所示,通过 Dropout 操作,网络中神经元和连接权重的数量会随机减少。

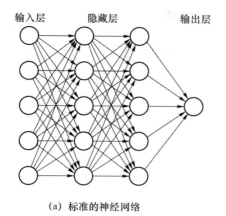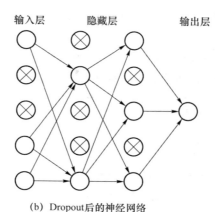

（a）标准的神经网络　　　　　　　　　（b）Dropout后的神经网络

图 7.19　Dropout 的工作示意图

7.6　图像分类常用评价指标

科学的评价指标是衡量网络性能的重要依据，也是对模型进行调整的重要依据。常用的图像分类评价指标如下：准确率、误分类率、精确率、召回率、PR 曲线、F-score、ROC 曲线、AUC 等。接下来将一一介绍这些评价指标。

在介绍这些评价指标前，首先介绍几个基本概念：TP（True Positive）、FP（False Positive）、TN（True Negative）、FN（False Negative）。

考虑一个二分类问题，将样本分为真（Positive）、假（Negative）两类，那么 TP、FP、TN、FN 的概念如下。

TP：True Positive，被预测为正样本，事实上也是正样本，属于正确预测。

FP：False Positive，被预测为正样本，但事实上是负样本，属于错误预测。

TN：True Negative，被预测为负样本，事实上也是负样本，属于正确预测。

FN：False Negative，被预测为负样本，但事实上是正样本，属于错误预测。

从上面概念可以看出：TN＋FN 为预测负样本总数；TP＋FP 为预测正样本总数；TP＋FN 为实际正样本总数；TN＋FP 为实际负样本总数；TN＋TP 为正确预测的样本总数；FN＋FP 为错误预测的总数。如下面的二分类混淆矩阵（见图 7.20）所示。

		预测类别	
		真	假
真实	真	True Positive	False Negative
类别	假	False Positive	True Negative

图 7.20　二分类混淆矩阵

结合上面介绍的这些基本概念,我们来介绍常用的评价指标。

(1) 准确率(Accuracy)

准确率是指总样本中正确预测样本的比例,计算方式如式(7.35)所示,分子是正确预测的样本数之和,分母是总样本数。准确率一般用来评估模型的全局准确程度,未包含太多信息,无法全面评价一个模型的性能。

$$Accuracy = \frac{TP+TN}{TP+TN+FP+FN} \tag{7.35}$$

(2) 误分类率

误分类率是指总样本中错误预测样本的比例,计算方式如式(7.36)所示。误分类率和准确率之和为1,分别衡量错误预测和正确预测的比例。

$$误分类率 = \frac{FP+FN}{TP+TN+FP+FN} = 1 - Accuracy \tag{7.36}$$

(3) 精确率(Precision)

精确率是指预测为正的样本中真正正样本的比例,计算方式如式(7.37)所示,分子为正确预测的正样本数量,分母为预测正样本的总数。精确率衡量的是预测结果,可以反映一个类别的预测正确率。

$$Precision = \frac{TP}{TP+FP} \tag{7.37}$$

(4) 召回率(Recall)

召回率是指真正的正样本中被正确预测的比例,计算方式如式(7.38)所示,分子为正确预测的正样本数量,分母为实际正样本的总数。召回率衡量的是样本中的正样本有多少被预测正确。

$$Recall = \frac{TP}{TP+FN} \tag{7.38}$$

精确率和召回率这两个评价指标很容易混淆,它们的唯一区别是算式中的分母,一个是预测正样本的总数,一个是实际正样本的总数。这也决定了这两个评价指标关注的是不同的信息:精确率关注的是预测正样本中实际为真的比例,如果预测的正样本全部为真的正样本,那么精确率的值为1;召回率关注的是真正的正样本中我们错过了多少,如果所有的正样本都预测出来了,召回率的值就为1。

从计算方式上可以看出,精确率和召回率的其中任何一个都不足以成为好的指标,用最笨的分类器就可以使上面的单个指标达到100%或者0%。比如说将所有样本都预测为真的系统可以得到100%的召回率,此时精确率等于样本中正样本的比例。那么如何利用精确率和召回率组合出一个合理的评价指标呢?下面将进行讲解。

精确率和召回率是互相影响的,因为如果想要提高精确率就要把预测的置信率阈值调高,此时召回率就会降低。一般情况下,精确率高、召回率就低,召回率低、精确率就高,如果两者都低,就是网络模型出问题了。

(5) PR 曲线(Precision-Recall Curve)

PR 曲线即精确率(Precision)与召回率(Recall)曲线,该曲线以召回率为 x 轴,精确率为 y 轴,如图 7.21 所示,曲线与 $y=x$ 的交点即为以 0.5 为预测的置信率阈值时的召回率和准确率。PR 曲线直观地显示了分类系统在样本总体上的召回率和精确率。在进行比较时,若一个分类系统的 PR 曲线完全被另一个分类系统的曲线"包住",则可以断言后者的性能优于前者。如果一个分类系统的性能比较好,那么它应该有如下表现:在 Recall 值增大的同时,Precision 的值保持在一个很高的水平。而性能比较差的分类器可能需要损失很多 Precision 值才能换来 Recall 值的提高。

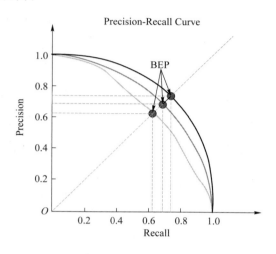

图 7.21　PR 曲线

（6） F-score

F-score 是精确率和召回率的加权调和平均值,是信息检索领域中常用的一个用于评价分类模型好坏的评价标准。该指标的计算方式如式（7.39）所示,其中 P 表示精确率（Precision）,R 表示召回率（Recall）,β 表示平衡因子,用于平衡精确率和召回率。当 β 为 1 时,精确率和召回率具有相同的权重,此时 F-score 特殊化为 F_1-score,如式（7.40）所示。可以看到,当 Recall 或者 Precision 的值很小的时候,F_1 的值也将很小,且不管其中一个值有多大,只要另一个值很小,F_1 的值就会很小,只有当 Recall 和 Precision 都取得一个较大值时,F_1 才会比较大,因此 F_1 能对精确率和召回率进行很好的平衡。在 F-score 的计算中没有用到 TN,在不均衡样本预测中,TN 很可能就是不被关注的信息,这也是准确率不可靠的原因之一。

$$F_{\beta} = \frac{(\beta^2 + 1) * P * R}{\beta^2 * P + R} \tag{7.39}$$

$$F_1 = \frac{2 * P * R}{P + R} \tag{7.40}$$

（7） ROC（Receiver Operating Characteristic）曲线

对于样本数据,分类系统会给出每个样本为真的概率,并设定一个置信度阈值,当某个样本被判断为真的概率大于这个阈值时,就认为该样本为正样本,反之则为负样本,然后通过计算可以得到一个（TPR,FPR）对,即曲线图上的一个点,通过不断调整这个置信度阈值,就可得到若干个点,从而画出一条曲线。ROC 曲线的横坐标为假正样本率（False Positive Rate,FPR）,纵坐标为真正样本率（True Positive Rate,TPR）,如图 7.22 所示。TPR 和 FPR 的计算方式如下:

$$FPR = \frac{FP}{FP + TN}, \quad TPR = \frac{TP}{TP + FN} \tag{7.41}$$

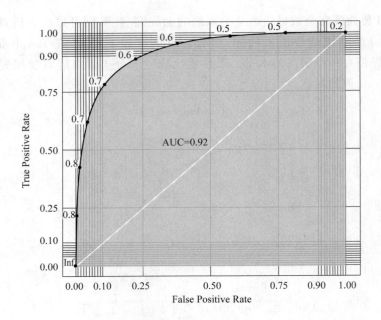

图 7.22 ROC 曲线和 AUC 示例图

(8) AUC(Area Under Curve)

AUC 是指 ROC 曲线下的面积,显然这个面积小于 1,又因为 ROC 曲线一般都处于 $y=x$ 这条直线的上方,所以 AUC 的值一般在 0.5 到 1 之间,见图 7.22。使用 AUC 值作为评价标准是因为很多时候 ROC 曲线并不能清晰地说明哪个分类器的效果更好,而作为一个数值,AUC 更大时,对应的分类器的效果更好。

图 7.22 中的 ROC 曲线有 4 个关键点。

① 点(0,0),此处 FPR=TPR=0,即 FP=TP=0,该分类系统预测所有的样本都为负样本。

② 点(0,1),此处 FPR=0,TPR=1,这意味着 FN=0,FP=0。这是一个完美的分类系统,它能将所有的样本都正确分类。

③ 点(1,0),此处 FPR=1,TPR=0,这意味着 TN=0,TP=0。这是一个最糟糕的分类系统,因为它成功避开了所有的正确答案。

④ 点(1,1),此处 FPR=TPR=1,即 FN=TN=0,该分类系统实际上预测所有的样本都为正样本。

综合上面的分析可知,ROC 曲线越接近左上角,该分类系统的性能越好。

从 AUC 判断分类系统好坏的标准如下。

① AUC=1,是完美分类系统,采用这个预测模型时,至少存在一个阈值,使得分类器能够得出完美预测结果。但是,在绝大多数预测的场合,不存在完美分类器。

② 0.5<AUC<1,优于随机猜测。如果这个分类系统能妥善设定阈值的话,那么就有预测价值。

③ AUC=0.5,跟随机猜测一样(例如掷骰子),模型没有预测价值。

④ AUC<0.5,比随机猜测还差。但只要总是反其道而行,将类别 0 变为类别 1,就优于随机猜测。

这里以二分类为例介绍了常用的一些分类评价指标,这些评价指标都可以推广到多分类任务中。根据使用场景和评价目的,可以选择合适的评价指标。

7.7　常用图像分类数据库

1. MNIST 数据集

MNIST 数据集(Mixed National Institute of Standards and Technology Database)是美国国家标准与技术研究院收集整理的大型手写数字数据库。MNIST 数据集是由手写数字(0~9)图片和数字(0~9)标签所组成的,总共有 60 000 个训练样本和 10 000 个测试样本,每个样本都是一张 28×28 像素的灰度手写数字图片,如图 7.23 所示。

图 7.23　MNIST 数据示例

2. CIFAR-10 和 CIFAR-100

CIFAR-10 和 CIFAR-100 是具有 8 000 万个微小图像数据集的带标签的子集。它们由 Alex Krizhevsky、Vinod Nair 和 Geoffrey Hinton 收集。

CIFAR-10 数据集由 10 个类组成,每个类有 6 000 个图像,一共有 60 000 个图像,其中 50 000 个图像为训练集,10 000 个图像为测试集。CIFAR-10 中的 10 个类别以及来自每个类的 10 个随机图像如图 7.24 所示。

CIFAR-100 数据集有 100 个类,每个类包含 600 个图像。每类各有 500 个训练图像和 100 个测试图像。CIFAR-100 中的 100 个类被分成 20 个超类。每个图像都带有一个"精细"标签(它所属的类)和一个"粗糙"标签(它所属的超类)。CIFAR-100 中的类别列表如图 7.25 所示。

飞机
汽车
鸟
猫
鹿
狗
青蛙
马
船
卡车

图 7.24　CIFAR-10 数据库示例

超类	类别
水生哺乳动物	海狸,海豚,水獭,海豹,鲸鱼
鱼	水族馆的鱼,比目鱼,鲨鱼,鳟鱼
花卉	兰花,罂粟花,玫瑰,向日葵,郁金香
食品容器	瓶子,碗,罐子,杯子,盘子
水果和蔬菜	苹果,蘑菇,橘子,梨,甜椒
家用电器	时钟,电脑键盘,台灯,电话机,电视机
家用家具	床,椅子,沙发,桌子,衣柜
昆虫	蜜蜂,甲虫,蝴蝶,毛虫,蟑螂
大型食肉动物	熊,豹,狮子,老虎,狼
大型人造户外用品	桥,城堡,房子,路,摩天大楼
大自然的户外场景	云,森林,山,平原,海
大杂食动物和食草动物	骆驼,牛,黑猩猩,大象,袋鼠
中型哺乳动物	狐狸,豪猪,负鼠,浣熊,臭鼬
非昆虫无脊椎动物	螃蟹,龙虾,蜗牛,蜘蛛,蠕虫
人	男孩,女孩,男人,女人
爬行动物	鳄鱼,恐龙,蜥蜴,蛇,乌龟
小型哺乳动物	仓鼠,老鼠,兔子,母老虎,松鼠
树木	枫树,橡树,棕榈,松树,柳树
车辆 1	自行车,公共汽车,摩托车,皮卡车,火车
车辆 2	割草机,有轨电车,坦克,拖拉机

图 7.25　CIFAR-100 类别示意图

3. Caltech101 和 Caltech256

Caltech101 和 Caltech256 是加利福尼亚理工学院收集整理的数据集,选自 Google Image 数据集,并手工删除了不符合其类别的图片。

Caltech101 数据集包含 101 类的图像,每类大约有 40~800 个图像,大部分类别有 50 个左右的图像,每个图像的大小约是 300×200,一共含有 9 145 张图片。

Caltech256 数据集是在 Caltech101 数据集的基础上进行改进得来的,该数据集收集了 256 个类的 30 607 张图片,其改进之处为:

① 类别数量增加一倍以上;

② 类别中图像的最小数量从 31 增加到 80;

③ 避免因图像旋转造成的伪影。

图 7.26 为 Caltech101 和 Caltech256 数据集的部分图像。

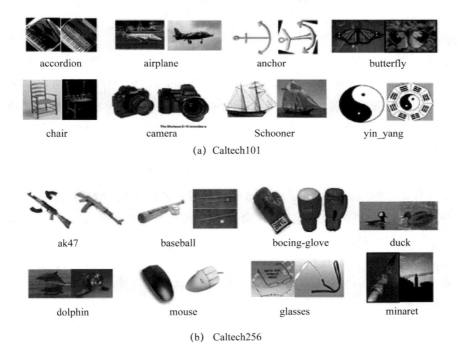

图 7.26　Caltech101 和 Caltech256 数据库示例

4. ImageNet

ImageNet 数据集由斯坦福大学的李飞飞教授带领创建,该数据集包含 1 400 多万张图片,涵盖 2 万多个类别。ImageNet 数据集一直是评估图像分类算法性能的基准。

ImageNet 数据集是为了促进计算机图像识别技术的发展而设立的一个大型图像数据集。ImageNet 数据集中的图片已经超过千万张。ImageNet 数据集中的图片涵盖了生活中看到的大部分图片类别。如图 7.27 所示,它包含各种各样的图像。

在 ILSVRC 竞赛中诞生了许多成功的图像识别方法,其中很多是深度学习方法,比如前面介绍的 AlexNet、VGGNet、GoogleNet、ResNet 等,它们在赛后又得到了进一步发展与应用。可以说,ImageNet 数据集和 ILSVRC 竞赛大大促进了计算机视觉技术乃至深度学习的发展,在深度学习的浪潮中占有举足轻重的地位。

图 7.27　ImageNet 数据集示例

5. Quick Draw

Quick Draw 数据集是由 Google 的 Magenta 团队发布的一个包含 5 000 万张人工手绘草图的数据集,包含 345 个类别,这些手绘草图都出自"Quick,Draw!"游戏的玩家之手。这些手绘草图都是加了时间戳的矢量图,并带有一些元数据标注,包括玩家被要求绘画的内容和玩家所在的国家。如图 7.28 所示,手绘草图和图像有很多不同点:比如手绘草图是人工手绘,由白色背景和黑色线条组成,而图像由彩色像素点构成;手绘草图因人而异,不同的人具有不同的认知和绘画习惯,最后绘画呈现的效果区别很大,这也是手绘草图需要记录笔画顺序等时间戳信息和绘画者地区的原因,另外,手绘草图也可以用来分析人的行为和心理;手绘草图具有一定的形变和抽象性。对于手绘草图识别(即草图分类任务),一种做法是将手绘草图作为图像,将矢量图转为图片,利用卷积神经网络对其进行分类。

图 7.28　Quick Draw 数据库示例

习 题 7

1. 图像识别方法有哪些？请各举一例。

2. 统计图像识别的步骤有哪些？

3. 试比较线性分类器和贝叶斯分类器。

4. 什么是线性分类器的学习？

5. 试述统计图像识别与结构图像识别的区别与联系。

6. 卷积运输的好处有哪些？

7. 残差学习模块由哪两部分组成？

8. 应该用哪个评价指标实现"宁缺毋滥"的目的？哪个评价指标适合实现"一个都不能少"的目的？为什么？

第 8 章

目 标 检 测

目标检测在生活的多个领域中有着广泛的应用,它是一种将图像或者视频中的目标与不感兴趣的部分区分开,判断是否存在目标,若存在目标则确定目标位置并识别目标类别的计算机视觉任务。目标检测是计算机视觉领域中一个非常重要的研究方向,随着互联网、人工智能技术、智能硬件的迅猛发展,人类生活中存在着大量的图像和视频数据,这使得计算机视觉技术在人类生活中起到的作用越来越大,对计算机视觉的研究也越来越火热。目标检测作为计算机视觉领域的基石,越来越受重视,在实际生活中的应用也越来越广泛,如目标跟踪、视频监控、自动驾驶、图像检索、医学图像分析、网络数据挖掘、无人机导航、遥感图像分析等。

图像分类是图像理解的基础,目标定位和目标检测是图像理解的重要方向,这三者之间既有联系也有区别。图像分类是确定图片中是什么,如图 8.1(a)所示,分类任务关心整体,给出的是整张图片的内容描述,常用的评价指标是准确率和错误率等;目标定位是确定图片中是什么、在哪里,如图 8.1(b)所示,位置一般用边框(Bounding Box)表示;目标检测是确定图片中分别是什么、在哪里,如图 8.1(c)所示。目标定位和目标检测的区别是单目标和多目标,本质上是一样的,因此往往检测结果是多个目标描述的组合,每个目标描述包含这个目标的类别和位置,常用的评价指标是平均精度均值(mean Average Precision,mAP),即各个类别的精度均值(Average Precision,AP)的平均值。

(a) 图像分类   (b) 目标定位   (c) 目标检测

图 8.1　图像分类、目标定位和目标检测示例

目标检测的发展主要分为 2 个阶段:传统目标检测算法时期(1998—2014 年)和基于深度学习的目标检测算法时期(2014 年至今)。而基于深度学习的目标检测算法又发展成了两条技术路线:二阶段(Two-stages)的目标检测方法和一阶段(One-stage)的目标检测方法。二阶

段的目标检测方法是先生成候选区域(Proposal Regions),再对候选区域进行分类和回归等处理,而一阶段的目标检测方法则不产生候选区域,通过直接回归或者关键点预测等方式来定位目标区域。相对来说,二阶段的目标检测方法在精度上占有一定的优势,但是一阶段的目标检测方法在速度上具有一定的优势。图 8.2 为目标检测代表性方法。

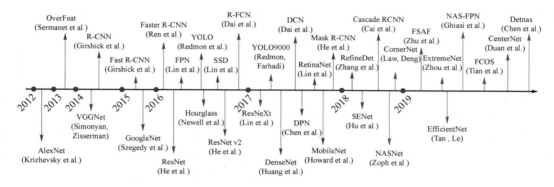

图 8.2　目标检测代表性方法

传统的目标检测一般使用基于手工特征和滑动窗口的框架,主要包括 3 个步骤:

① 利用不同尺寸的滑动窗口在图片中选择候选区域;

② 提取候选区域相关的视觉特征,比如行人检测中常用的 HOG 特征、人脸检测中常用的 Harr 特征等;

③ 利用分类器进行识别,比如 SVM 分类器等。

在传统的目标检测中,多尺度可变形部件模型(Deformable Part Model,DPM)留下了浓墨重彩的一笔。DPM 算法由 Felzenszwalb 于 2008 年提出,是一种基于部件的检测方法,对目标的形变具有很强的鲁棒性,Felzenszwalb 本人也因此被 VOC 授予"终身成就奖"。DPM 算法采用了改进后的 HOG 特征、SVM 分类器和滑动窗口(Sliding Windows)检测思想,针对目标的多视角问题采用了多组件(Component)的策略,针对目标本身的形变问题采用了基于图结构(Pictorial Structure)的部件模型策略。此外,DPM 算法将样本所属的模型类别、部件模型的位置等作为潜变量(Latent Variable),采用多示例学习(Multiple-instance Learning)来自动确定。在人脸检测、行人检测等任务中,DPM 都取得了不错的效果。但是随着深度学习的出现,基于深度学习的目标检测方法也取得了远优于 DPM 的效果,目标检测的研究方向都转向了深度学习。

自 2012 年 AlexNet 取得了举世瞩目的效果后,目标检测的研究者也开始转向深度学习方向,很多优秀的研究者从很多方向进行了尝试,比如 2013 年的 OverFeat 和 R-CNN、2016 年的 YOLO-v1、2018 年的 CornerNet、2020 年的 DETR 等。R-CNN 是第一个真正可以工业级应用的解决方案,自 R-CNN 之后,基于深度学习的目标检测算法获得迅猛发展,在速度和精度上不断突破。这些创新工作很多时候会把一些传统视觉领域的方法和深度学习结合起来,比如图像金字塔、特征金字塔和选择性搜索等。

8.1　目标检测相关知识

本节主要介绍和目标检测相关的基础知识,方便后续介绍基于深度学习的目标检测方法。

8.1.1　选择性搜索

对于很多目标检测方法,第一步要做的就是区域提名(Region Proposal),也就是找出可能的感兴趣区域(Region of Interest,RoI)。区域提名也是一种很火的研究方法,和目标检测方法相辅相成。

区域提名常用的方法如下。

① 滑动窗口。滑动窗口本质上就是穷举法,即利用不同的尺度和长宽比把所有可能的块都穷举出来。对穷举出来的每个块进行物体识别,留下大概率的区域块组成候选区域。很明显,该方法的复杂度太高,产生了很多的冗余候选区域,不具备现实可行性。

② 规则块。在穷举法的基础上利用一些规则筛选出符合条件的块,比如选用固定的大小和长宽比,这样能大大减小计算量。这在一些特定的应用场景中是很有效的,比如人脸和人体这种长宽比基本固定的物体。但是对于普通的目标检测来说,规则块依然需要访问很多的位置,复杂度高。

③ 选择性搜索。前面的方法具有良好的召回率,但是精度较差,因此问题的核心在于如何有效地去除冗余候选区域。选择性搜索针对候选区域存在大量重叠区域的问题,自底向上合并相邻重叠区域,从而减少冗余候选区域。

区域提名并不只有以上所说的 3 种方法,实际上这部分工作是非常灵活的,因此还有很多其他方法。

选择性搜索算法需要先使用 P. F. FELZENSZWALB 于 2004 年提出的分割算法产生初始的分割区域。由于大部分物体在原始分割图里都被分为多个区域且原始分割图无法体现物体之间是否遮挡和包含,因此需要使用相似度计算方法合并一些小的区域。相似度主要是通过对颜色、纹理、大小和形状交叠这 4 个方面的相似度取不同的权重并相加获得。

将选择性搜索算法产生初始的分割区域作为输入,通过下面的步骤进行合并:

① 将所有分割区域的外框加到候选区域列表中;

② 基于相似度合并一些区域;

③ 将合并后的分割区域作为一个整体,跳到步骤①。

通过不停地迭代,候选区域列表中的区域越来越大。选择性搜索算法的效果如图 8.3 所示,该方法通过自底向上地逐层合并候选区域,大大减少了候选区域的冗余。

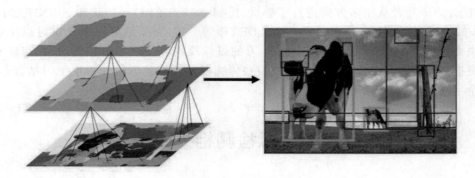

图 8.3　选择性搜索算法

8.1.2　非极大值抑制

从前面介绍的选择性搜索算法中能够很容易地推测出来，目标检测算法对同一个对象做出多次检测，所以算法不止一次检测出某个对象，而是检测出多次，即有多个检出结果（候选区域）。如图 8.4 所示，通过目标检测算法获得了很多候选区域，这些候选区域都很好地包含了目标区域，且有着比较高的识别概率，都是很好的候选区域。非极大值抑制（Non-Max Suppression，NMS）就是常用来合并这些优秀的候选区域的算法。在介绍 NMS 之前，先介绍目标检测中一个很重要的概念——并交比（Intersection over Union，IoU）。

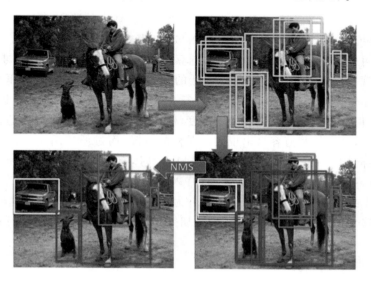

图 8.4　目标检测步骤示意图

IoU 计算的是"预测的边框"和"真实的边框"的交集和并集的比值，计算方式如式（8.1）所示，其中 A 和 B 分别表示预测区域和真实区域，$A \bigcap B$ 和 $A \bigcup B$ 分别表示预测区域和真实区域的交集和并集，如图 8.5 所示。IoU 的值域为 $[0,1]$，当预测区域和真实区域一样时，$A \bigcap B$ 最大，$A \bigcup B$ 最小，IoU 取最大值 1，这是完美的预测结果。预测区域太大，包含除目标外的太多其他区域，IoU 值会较小，预测区域太小，只包含部分目标区域，IoU 值也不会很大，所以 IoU 值能很好地评价预测区域的准确性。在目标检测中，一般认为 IoU 值大于 0.5 的预测区域是正确的预测结果，IoU 值大于 0.75 的预测区域是很好的预测结果，0.5 和 0.75 也是目标检测评价指标中很重要的两个 IoU 阈值。

$$\text{IoU}(A,B) = \frac{A \bigcap B}{A \bigcup B} \tag{8.1}$$

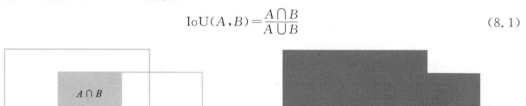

(a) A和B的交集　　　　　　　　　　　　　　　(b) A和B的并集

图 8.5　A 和 B 的交集和并集

顾名思义,NMS 就是抑制不是极大值的元素,可以理解为局部最大搜索。在目标检测中,NMS 主要用于提取分数最高的候选框,移除一些 IoU 值大于某个阈值的框。非极大值抑制的流程如下:

① 将所有的框按类别划分,并剔除背景类;

② 对每个物体类中的边界框,按照分类置信度降序排列;

③ 在某一类中,选择置信度最高的边界框,将边界框从输入列表中去除,并加入输出列表;

④ 逐个计算置信度最高的边界框与其余边界框的交并比,并从输入列表中删除 IoU 值大于阈值的边界框;

⑤ 重复步骤③~④,直到输入列表为空,完成一个物体类的遍历;

⑥ 重复步骤②~⑤,直到所有物体类的 NMS 处理完成。

NMS 方法简单有效,能够很好地合并候选区域,但在更高的目标检测要求下,也存在一些缺点:当物体出现得较为密集时,将得分较低的边框强制性地去掉,会降低模型的召回率;NMS 的实现存在较多的循环步骤,GPU 的并行化实现不易,尤其是当预测框较多时,耗时较多;NMS 简单地将得分作为一个边框的置信度,但在一些情况下,得分高的边框不一定位置更准;阈值难以确定,过高的阈值容易出现大量误检的情况,而过低的阈值则容易降低模型的召回率。针对这些问题,一系列改进的方法被提出,具体有 Soft NMS、Softer NMS、Adaptive NMS、IoUNet、Fast NMS、Cluster NMS 等,有兴趣的读者可以自行研究。从 2020 年 DERT 被提出开始,学术界开始研究以 Transformers 为框架的物体检测算法,而这些算法已经不再需要 NMS。对这个方向有兴趣的读者可以去研究相关的论文,本书不再展开讨论。

8.1.3 常用数据库

目标的定义是很宽泛的,因此目标检测的数据库也是极其丰富的。目前目标检测常用的数据集是包含工作生活中日常目标类别的数据集,有 PASCAL VOC、ImageNet 和 MS COCO 数据集等。

1. PASCAL VOC

PASCAL VOC 由 M. EVERINGHAM 等人创立,有超过 1.7 万张图片,分为 20 类。PASCAL VOC 竞赛是计算机视觉竞赛的鼻祖,从 2005—2012 年一共举办了 8 届,包含物体分类(Classification)、目标检测(Detection)、图像分割(Segmentation)、人物布局等任务。PASCAL VOC 挑战赛是视觉对象的分类识别和检测的一个基准测试。PASCAL VOC 图片集包括 20 个类别:人类;动物(鸟、猫、牛、狗、马、羊);交通工具(飞机、自行车、船、公共汽车、小轿车、摩托车、火车)和室内物体(瓶子、椅子、餐桌、盆栽植物、沙发、电视)。PASCAL VOC 挑战赛在 2012 年后便不再举办,但 PASCAL VOC 数据集的图像质量好,标注完备,非常适合用来测试算法性能,可根据不同的年份将其分为 PASCAL VOC 2007、PASCAL VOC 2010、PASCAL VOC 2012,或简称为 VOC2007、VOC2010、VOC2012。

2. ImageNet

ImageNet 由斯坦福大学教授李飞飞创立,有 1 400 万张样例图片,分为 27 大类和 2 万多个小类。与 ImageNet 图像集相对应的是著名的 ILSVRC 竞赛,在竞赛中,各种新机器学习算法脱颖而出,如 AlexNet、VGGNet、GoogleNet、ResNet 等,图像识别率得以显著提高。

ImageNet 中用于目标检测的数据包含 200 个类别、45 万张训练图片、2 万张验证图片和 5 万张测试图片。

3. MS COCO

MS COCO 的全称是 Microsoft Common Objects in Context,起源于微软于 2014 年出资标注的 Microsoft COCO 数据集。基于 MS COCO 的竞赛与 ILSVRC 竞赛一样,被视为计算机视觉领域最受关注和最权威的比赛之一。MS COCO 数据集是一个大型的、丰富的支持物体检测和分割等任务的数据集。这个数据集以场景理解为目标,主要从复杂的日常场景中截取图像,图像中的目标通过精确的分割进行位置的标定。图像包括 91 类目标、328 000 幅图像和 2 500 000 个标签。MS COCO 中的目标检测数据集包括 80 个类别和 20 万张带标注的图片。

8.1.4　目标检测常用评价指标

目标检测需要定位到目标的位置和识别出目标的类别,所以目标检测的评价指标需要同时衡量定位和分类的准确性。衡量定位的准确性主要就是利用前面提到的并交比(IoU),衡量分类准确性的指标和图像分类中使用的指标是一样的,因此很多图像分类中的评价指标也可以作为目标检测的评价指标。目标检测常用的衡量指标为平均精度均值(mean Average Precision,mAP),即各个类别的精度均值(Average Precision,AP)的平均值。

在介绍 mAP 之前,需要先了解一些其他概念:精确率(Precision)、召回率(Recall)、PR 曲线。这些概念在图像分类的评价指标中已经介绍过了,在目标检测中,精确率和召回率的计算方式和之前是一样的,也是先计算 TP、FP、FN 这 3 个值,然后通过相应的公式计算得出。但是在目标检测中,这 3 个值的计算和分类任务有一定的不同,主要是因为目标检测涉及了定位。

以计算单张图类别 A 的精确率和召回率为例,计算步骤如下。

① 读取类别 A 的所有标注的目标框,这些标注的目标框称为 GroundTruth 框,记为 GT 框。

② 读取通过检测器检测出的类别 A 的检测框。注意,只读取预测为类别 A 的检测结果,因为分类错误的检测结果是错误的检测结果。

③ 过滤掉置信度分数低于置信度阈值的框,将剩下的检测框按置信度分数从高到低的顺序排列。不同的方法对置信度分数的定义可能不一样,一般指分类置信度的居多,也就是预测框中物体属于某一个类别的概率。

④ 按照③中的排序遍历检测框,计算检测框与 GT 框的 IoU,并判断其是否大于 IoU 阈值。若大于阈值且 GT 框未被标记,则判断为 TP,同时将此 GT 框标记为已检测;若 IoU 小于阈值或者 GT 框已被标记,则判断为 FP。后续的同一个 GT 的多余检测框都被视为 FP,这就是先按照置信度分数从高到低排序,置信度分数最高的检测框最先与 IoU 阈值比较的原因。

⑤ GT 框的数目减去 TP 就是 FN。

按照上述步骤遍历所有的图片,就可计算出总体的关于类别 A 的 TP、FP、FN,通过式(7.37)和式(7.38)便可计算出类别 A 的精确率和召回率,从而描绘出对应的 PR 曲线。

计算类别 A 的 AP 有 3 种方式。

① 在 VOC2010 以前,只需要选取 PR 曲线中当 Recall 为 0,0.1,0.2,…,0.9,1 共 11 个

点时的 Precision 最大值，AP 就是这 11 个 Precision 的平均值。

② 在 VOC2010 及以后，需要针对每一个不同的 Recall 值（包括 0 和 1），选取大于等于这些 Recall 值的 Precision 最大值，然后计算 PR 曲线面积作为 AP 值。

③ 在 MS COCO 数据集中设定多个 IoU 阈值（0.5～0.95，0.05 为步长），计算所有 IoU 阈值时的 AP 值，所有 AP 值的均值即为类别 A 的 AP 值。

最后，所有类别的 AP 取平均即为 mAP。

在目标检测中，不同尺寸的目标的检测难度是不一样的，因此，在衡量模型好坏的时候，通常分别对不同尺寸的目标进行衡量，通常分为大（large）、中（medium）、小（small）3 种。大目标是目标区域大于 96×96 的目标，中等目标是目标区域介于 32×32 和 96×96 之间的目标，小目标是目标区域小于 32×32 的目标。对应的评价指标分别为 AP_l，AP_m 和 AP_s。

目标检测技术的很多实际应用在准确度和速度上都有很高的要求，如果不考虑速度性能指标，只注重准确度，其代价是更高的计算复杂度和更多的内存需求。对于全面行业部署而言，目标检测的速度是很重要的指标。速度评价指标必须在同一硬件上进行，对于同一硬件，它的最大每秒浮点运算次数（Floating Point Operations Per Second，FLOPS）是相同的。一般来说，目标检测中的速度评价指标有：每秒帧数（Frames Per Second，FPS），即检测器每秒能处理的图片的张数；检测器处理每张图片所需要的时间。

8.2　二阶段的目标检测方法

二阶段的目标检测方法都是基于 Anchor-Based 的目标检测方法。本节会介绍一些优秀的二阶段的目标检测方法，包括奠定二阶段的目标检测方法基础的 R-CNN、深度学习结合空间金字塔的 SPP-net、R-CNN 的进阶版 Fast R-CNN 和 Faster R-CNN，以及利用特征空间金字塔的 FPN 等。

8.2.1　R-CNN

2014 年，加州大学伯克利分校的 R. Girshick 提出了 R-CNN 算法，该算法在效果上超越了同期的 Yann Lecun 提出的 OverFeat 算法，其算法结构也成了后续二阶段的 Anchor-Based 方法的经典结构。R-CNN 算法是较早的深度学习方法，包含很多传统目标检测方法的思想，比如利用选择性搜索产生候选区域，利用神经网络替代手工特征进行分类与回归。R-CNN 进行目标检测的主要步骤如下。

① 区域提名：通过选择性搜索从原始图片中提取 2 000 个左右可能包含物体的候选区域。

② 区域大小归一化：因为取出的区域大小不一，所以需要将所有候选框缩放成固定大小。

③ 特征提取：通过 CNN 网络提取特征。

④ 分类与回归：在特征层的基础上添加两个全连接层，用 SVM 分类器进行识别，用线性回归来微调边框的位置与大小，其中每个类别单独训练一个边框回归器。

R-CNN 结构如图 8.6 所示。注意，图中的第 2 步对应上述步骤中的第①步和第②步，即包括区域提名和区域大小归一化。

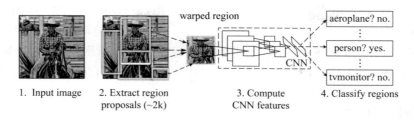

1. Input image　2. Extract region　　　　3. Compute　　4. Classify regions
　　　　　　　proposals (~2k)　　　　　CNN features

图 8.6　R-CNN 结构

R-CNN 的最后一步是分类和回归。其中,分类和之前章节介绍的图像分类一样,都是利用分类器对特征进行分类,判断该区域中物体的类别,而回归是指边框回归(Bounding Box Regression),即精确地预测目标的位置。步骤①获得了多个可能包含物体的候选区域,由于这些区域是大概区域,是粗粒度的,因此需要进行边框回归,以获得更精确的目标位置。对于目标框的位置信息,一般用 x、y、w、h 来表示,它们分别为框的中心横坐标、中心纵坐标、宽和高。边框回归的本质是对于给定的候选区域 P_x、P_y、P_w、P_h,寻找一种映射 f,使得 $f(P_x,P_y,P_w,P_h)$ 尽可能地靠近标注框。在 R-CNN 中,将 f 简化为平移和尺度缩放,如式(8.2)所示,其中 $\hat{G}_x$、$\hat{G}_y$、$\hat{G}_w$、$\hat{G}_h$ 表示标注框经过整除等操作后的框信息,此时边框回归的目的就是学习 $d_x(P)$、$d_y(P)$、$d_w(P)$、$d_h(P)$ 这 4 个变换。R-CNN 通过式(8.3)构建模型预测的目标 t_x、t_y、t_w、t_h,即模型输出尽可能靠近 t_x、t_y、t_w、t_h。可以看出式(8.3)是式(8.2)的逆变换。后续的很多目标检测算法都延续了这个边框回归的思路,但是由于方法的不同,在细节上会有一些区别。

$$
\begin{aligned}
\hat{G}_x &= P_w d_x(P) + P_x \\
\hat{G}_y &= P_h d_y(P) + P_y \\
\hat{G}_w &= P_w \exp(d_w(P)) \\
\hat{G}_h &= P_h \exp(d_h(P))
\end{aligned}
\tag{8.2}
$$

$$
\begin{aligned}
t_x &= (G_x - P_x)/P_w \\
t_y &= (G_y - P_y)/P_h \\
t_w &= \log(G_w/P_w) \\
t_h &= \log(G_h/P_h)
\end{aligned}
\tag{8.3}
$$

虽然 R-CNN 算法相较于传统目标检测算法在性能上提升了 50%,但其也有如下缺陷。

① 重复计算。R-CNN 虽然不再像传统方法那样穷举,但 R-CNN 流程的第一步对原始图片通过选择性搜索提取的候选框有 2 000 个左右,而对于这 2 000 个左右的候选框,我们需要对其中的每个框进行特征提取以及分类与回归,计算量很大,其中有不少其实是重复计算。

② 线性 SVM 表述能力较弱,在数据充足时,可以训练表述能力更强大的分类模型。

③ 训练测试分为多步。区域提名、特征提取、分类、回归都是断开的训练的过程,不是端到端(End-to-End)的训练,模型参数无法取得最优的效果。

④ 训练的空间和时间代价很高。在 R-CNN 算法中,不仅需要存储很多中间数据和特征,还需要花费大量的 IO 时间。

⑤ 速度慢。前面的缺点最终导致 R-CNN 出奇地慢，在 GPU 上处理一张图片需要13秒，在 CPU 上则需要 53 秒。

尽管 R-CNN 存在上述缺点，但是不可否认的是，它开创了基于深度学习目标检测算法的新局面，特别是为二阶段的目标检测方法的基本框架的形成奠定了基础。

8.2.2　SPP-net

针对卷积神经网络重复运算的问题，2015 年微软研究院的何恺明等人提出了 SPP-Net 算法，在卷积层和全连接层之间加入了空间金字塔池化（Spatial Pyramid Pooling，SPP）结构，抛弃了 R-CNN 算法在输入卷积神经网络前对各个候选区域进行剪裁、缩放操作使其图像子块尺寸一致的做法，如图 8.7 所示。由于全连接层要求固定的输入维度，因此输入图片的大小需要一致，而实际输入的图片往往大小不一，如果直接缩放到同一尺寸，有的物体很可能会充满整个图片，而有的物体可能只占到图片的一角。传统的解决方案是对不同位置进行裁剪，但是这样可能会导致一些问题，比如图 8.7 中的 crop 会导致物体不全，warp 会导致物体被拉伸后形变严重，而 SPP 就可以解决这种问题。SPP 对整图提取固定维度的特征，再把特征均分成 4份，对每份提取相同维度的特征，再把特征均分为 16 份，如图 8.8 所示。注意，这里提取固定维度的特征是指对每个网格内的特征做最大值池化。可以看出，无论图片大小如何，提取出来的特征维度数据都是一致的，这样就可以将特征统一送至全连接层了。利用空间金字塔池化结构，可以有效避免 R-CNN 算法对图像区域进行剪裁、缩放操作所导致的图像物体剪裁不全以及形状扭曲等问题，更重要的是，利用这种结构还可解决卷积神经网络对图像重复特征进行提取的问题，大大提高了产生候选框的速度，且节省了计算成本。SPP 使用了多级的空间尺度特征，能够在不同的维度抽取特征，具有良好的鲁棒性。SPP 思想在后来的目标检测算法中被广泛使用。

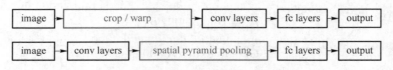

图 8.7　R-CNN crop/warp 结构和空间金字塔池化网络对比

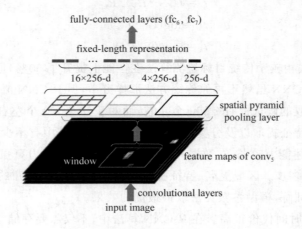

图 8.8　SPP-net 的网络结构

SPP-net 的网络结构如图 8.8 所示,实质上是在最后一层卷积层后加了一个 SPP 层,将维度不一的卷积特征转换为维度一致的全连接输入。

SPP-net 进行目标检测的主要步骤如下。

① 区域提名:用选择性搜索从原图中生成 2 000 个左右的候选窗口。

② 区域大小缩放:将图像缩放到 $\min(w,h)=s$,即统一长宽的最短边长度,其中 s 选自 $\{480,576,688,864,1\,200\}$ 中的一个,选择的标准是使得缩放后的候选框大小与 224×224 最接近。

③ 特征提取:利用 SPP-net 网络结构提取特征。

④ 分类与回归:类似于 R-CNN,利用 SVM 基于上面的特征训练分类器模型,用边框回归来微调候选框的位置。

SPP-net 解决了 R-CNN 区域提名时 crop/warp 带来的偏差问题,使得输入的候选框可大可小,但其他方面和 R-CNN 一样,因而依然存在不少问题,这就有了后面的 Fast R-CNN。

8.2.3　Fast R-CNN

针对 SPP-net 算法的问题,2015 年微软研究院的 R. Girshick 又提出一种改进的算法——Fast R-CNN,其主要思想如下。

- 借鉴 SPP-net 算法结构,设计一种 RoI(Region of Interest)池化层的结构,有效避免 R-CNN 算法必须将图像区域剪裁、缩放到相同尺寸大小的操作。SPP-net 对每个候选区域使用了不同大小的金字塔映射,而 RoI 池化层只需要下采样到一个 7×7 的特征图,如图 8.9 所示。换言之,RoI 池化层可以把不同大小的输入映射到一个固定尺度的特征向量,而众所周知,卷积层、池化层、Relu 层等操作都不需要固定尺寸的输入,因此,在原始图片上执行这些操作后,虽然输入图片尺寸不同导致得到的特征图尺寸也不同,不能直接通过一个全连接层进行分类,但是可以加入 RoI 池化层,对每个区域都提取一个固定维度的特征表示,再通过全连接层进行分类。

- Fast R-CNN 算法具有多任务损失函数思想,将分类损失和边框回归损失结合统一训练学习,并输出对应的分类和边框坐标,不再需要额外的硬盘空间来存储中间层的特征,梯度能够通过 RoI 池化层直接传播。R-CNN 训练过程分为 3 个阶段,而 Fast R-CNN 直接使用 Softmax 替代 SVM 分类,同时巧妙地把边框回归放入神经网络内部,与区域分类一起成为一个多任务模型,实际实验也证明,这两个任务能够共享卷积特征,并相互促进。

- 使用 SVD 分解全连接层的参数矩阵,把一个全连接层拆分为两个全连接层,第一个全连接层不含偏置,第二个全连接层含偏置。实验表明,SVD 分解全连接层能使 mAP 只下降 0.3% 的同时使速度提升 30%,同时该方法也不必再执行额外的微调操作。

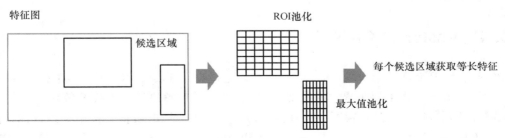

图 8.9　RoI 池化层示意图

Fast R-CNN 借鉴 SPP-net 的空间金字塔思想,同时通过一些变化来解决 R-CNN 中 2 000 个左右候选框的特征复用问题,让除去区域提名的部分后是一个端到端的训练过程。这些改变使 Fast R-CNN 在速度上取得了很大的提升。Fast R-CNN 和 R-CNN 以及 SPP-net 的运行时间如图 8.10 所示。在训练时间上,Fast R-CNN 比 R-CNN 快 18.3 倍(小模型 S)和 8.8 倍(大模型 L);在测试时间上,Fast R-CNN 比 R-CNN 快 169 倍(小模型 S)和 213 倍(大模型 L)。Fast R-CNN 在速度上的提升是很惊人的。

| | Fast R-CNN | | | R-CNN | | | SPP-net |
	S	M	L	S	M	L	†L
train time (h)	**1.2**	2.0	9.5	22	28	84	25
train speedup	**18.3×**	14.0×	8.8×	1×	1×	1×	3.4×
test rate (s/im)	0.10	0.15	0.32	9.8	12.1	47.0	2.3
▷with SVD	**0.06**	0.08	0.22	–	–	–	–
test speedup	98×	80×	146×	1×	1×	1×	20×
▷with SVD	169×	150×	**213×**	–	–	–	–
VOC07 mAP	57.1	59.2	**66.9**	58.5	60.2	66.0	63.1
▷with SVD	56.5	58.7	66.6	–	–	–	–

图 8.10 Fast R-CNN 和 R-CNN 以及 SPP-net 的运行时间

前面已经介绍了 Fast R-CNN 的改进之处,以及在速度上取得的巨大提升,接下来介绍 Fast R-CNN 的具体实现步骤。Fast R-CNN 的框架如图 8.11 所示,其主要步骤如下。

① 特征提取:利用 CNN 提取整张图片的特征层。

② 区域提名:通过选择性搜索的方法从原始图片提取区域候选框,并把这些候选框一一投影到最后的特征层。

③ 区域归一化:针对特征层上的每个区域候选框进行 RoI 池化操作,得到固定大小的特征表示。

④ 分类与回归:通过两个全连接层,分别用 Softmax 多分类做目标识别,用回归模型对边框位置与大小进行微调。

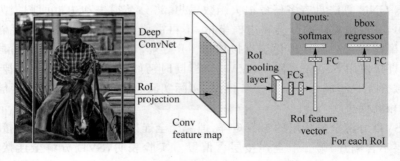

图 8.11 Fast R-CNN 的框架

8.2.4 Faster R-CNN

2016 年 S. Ren 等人在 Fast R-CNN 的基础上提出了 Faster R-CNN。相较于R-CNN, Fast R-CNN 在速度上取得了很大的成功,但是其仍然没有解决选择性搜索算法生成正负样本候选框的问题,这也是其在精度上没有提升的原因。候选框的质量直接影响到目标检测的精度,为了提高目标检测的性能,RPN(Region Proposal Network)网络被提了出来。RPN 的核心思想是使用卷积神经网络直接产生候选区域。于是 Faster R-CNN 不再由原始图片通过选择性搜索提取候选区域,而是先进行特征提取,再在特征层增加区域生成网络 RPN。Faster R-CNN 结合了候选区域生成、候选区域特征提取、候选框回归和分类的全部检测任务,在训练过程中,各个任务并不是单独训练的,而是互相配合的,且共享参数。

　　RPN 是 Faster R-CNN 中最重要的改进之处,其主要功能是生成候选区域。RPN 的网络结构如图 8.12 所示。

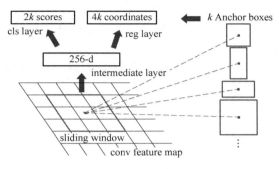

图 8.12　RPN 的网络结构

　　RPN 的主要步骤如下。

　　① 生成基础 Anchor。对于特征图上的每一个像素,生成一定数目的固定尺寸的 Anchor。在 Faster R-CNN 中会生成 3 种长宽比(1:1,1:2,2:1)和 3 种缩放尺度(8,16,32),一共 $3 \times 3 = 9$ 个尺寸的 Anchor,如图 8.12 中右边的 k Anchor boxes 所示。

　　② 分类和边框回归。利用滑动窗口(卷积核)对特征图进行卷积,对特征图中的每个像素点提取 256 维特征,为每一个 Anchor 框预测分类结果(前景和背景两类)和框坐标偏移。

　　③ 进行 Anchor 的筛选。首先将定位层输出的坐标偏移应用到所有生成的基础 Anchor,然后将所有 Anchor 按照前景概率/得分进行排序(从高到低),只取前 N 个 Anchor(训练阶段),最后 Anchor 通过非极大值抑制筛选得到 M 个 Anchor(训练阶段),即候选区域,也称作 RoI(Region of Interest)。

　　Faster R-CNN 的框架图如图 8.13 所示,其主要步骤如下。

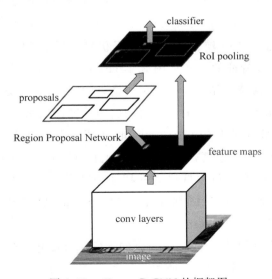

图 8.13　Faster R-CNN 的框架图

① 特征提取：同 Fast R-CNN 一样，以整张图片为输入，利用 CNN 得到图片的特征层，该特征图被共享并用于后续 RPN 层生成候选区域和 RoI 池化层中。

② 区域提名：在最终的卷积特征层上利用 k（一般取 9）个不同的矩形框（Anchor Box）进行提名，获得候选区域。

③ RoI 池化层：收集图像的特征图和 RPN 网络提取的候选区域位置，综合信息后获取固定尺寸的特征，送入后续全连接层判定目标类别和确定目标位置。

④ 目标分类与回归：利用 RoI 池化层输出特征向量预测候选区域的类别，并通过回归获得检测框最终的精确位置。

Faster R-CNN"抛弃"了选择性搜索，引入了 RPN 网络，使得区域提名、分类、回归一起共用卷积特征，从而进一步提高了速度和精度。

8.2.5　FPN

FPN（Feature Pyramid Networks）是由 T. Y. LIN 等人于 2017 年提出的一种自顶向下的特征融合的多尺度目标检测算法。在计算机视觉学科中，多尺度的目标检测一直以来都是通过将缩小或扩大后的不同尺度图片作为输入来生成反映不同尺度信息的特征组合。这种办法能有效地表达图片之上的各种尺度特征，但却对硬件计算能力及内存大小有较高的要求，因此只能在有限的领域内部使用。在 CNN 模型中，从底至上各个层对同一分辨率图片具有不同尺度的特征。利用 CNN 的这一特性，T. Y. LIN 等人提出了一种在单一图片视图下生成对齐的多尺度特征表达的方法。它可以有效地赋能常规 CNN 模型，从而生成表达能力更强的特征图，以供下一阶段的计算机视觉任务（如物体检测、语义分割等）来使用。本质上说它是一种加强主干网络特征表达的方法。

前面介绍 SIFT 特征时介绍了高斯金字塔，这是提取多尺度特征常用的方式之一，如图 8.14(a) 所示，这种方式在传统的机器学习中经常用到，但是会带来大量的计算。CNN 的特征提取方式很自然地就包含了多尺度特征，如图 8.14(b) 所示，从大尺度逐渐变小，利用最后一层的特征做预测，前面介绍的 SPP-net、Fast R-CNN、Faster R-CNN 都采用了这种方式，虽然中间加入了一些对特征的处理方式（RoI 层、SPP 层），但是仍然是利用最后一层的特征做预测。一种很自然地利用 CNN 多尺度特征的方式如图 8.14(c) 所示，不同的卷积层输出不同尺度的特征，对这些特征进行预测，最终的结果是这些预测结果的综合，这种方式不会增加额外的计算量。但是这种方式没有用到足够低层的特征而低层的特征语义信息比较少，目标位置准确率和分辨率高，对于检测小物体是很有帮助的。因此，为了使得不同尺度的特征都包含丰富的语义信息，同时又不使计算成本过高，可以利用自上而下（Top-down）和横向连接（Lateral Connection）的方式，让低层高分辨率低语义的特征和高层低分辨率高语义的特征融合在一起，使得最终得到的不同尺度的特征图都具有丰富的语义信息，如图 8.14(d) 所示，这种方式被称为特征金字塔网络（Feature Pyramid Network）。

特征金字塔的结构主要包括 3 个部分：自下而上（Bottom-up）、自上而下（Top-down）和横向连接（Lateral Connection），如图 8.15 所示。

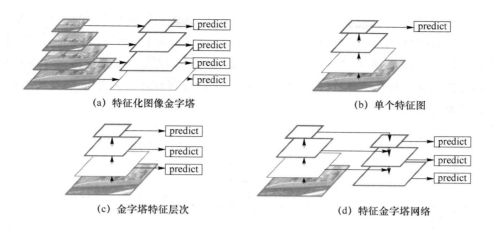

(a) 特征化图像金字塔　　　　　　　　　　(b) 单个特征图

(c) 金字塔特征层次　　　　　　　　　　(d) 特征金字塔网络

图 8.14　4 种不同的获得多尺度特征图的方法

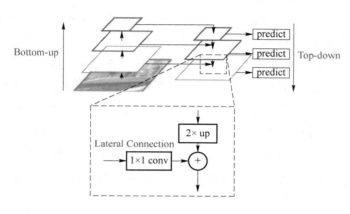

图 8.15　特征金字塔的结构示意图

Bottom-up 的过程就是将图片输入骨干卷积网络中提取特征的过程。和输入尺寸相比，有的网络层输出的特征图的尺寸是不变的，有的尺寸是原来的 $\frac{1}{2}$，即存在步长（stride）为 2 的层。对于那些输出的尺寸不变的层，把它们归为一个 stage，那么每个 stage 的最后一层输出的特征就被抽取出来了。以 ResNet50 为例，将卷积块 conv2、conv3、conv4、conv5 的输出定义为 C_2、C_3、C_4、C_5。这些都是每个 stage 中最后一个残差块的输出，这些输出的尺寸分别是原图的 $\frac{1}{4}$、$\frac{1}{8}$、$\frac{1}{16}$、$\frac{1}{32}$，所以这些特征图的尺寸之间就是 2 倍的关系。

Top-down 的过程就是对高层得到的特征图进行上采样然后往下传递，这样做是因为高层的特征包含丰富的语义信息，这些语义信息经过 Top-down 的传播就能到低层特征上，使得低层特征也包含丰富的语义信息。此处的采样方法是最近邻上采样，该方法可使特征图的尺寸扩大 2 倍。

Lateral Connection 如图 8.16 所示，主要包括 3 个步骤。

① 对于每个 stage 输出的特征图 C_n，先进行一个 1×1 的卷积来降低维度。

② 将①中得到的特征和在上一层特征图 P_{n+1} 上采样得到的特征图进行按位加。因为每个 stage 输出的特征图之间是 2 倍的关系，所以在上一层上采样得到的特征图的大小和本层的大小一样，可以直接将对应元素相加。

③ 对相加完之后的特征图进行一个 3×3 的卷积,如此才能得到本层的特征输出。使用这个 3×3 卷积的目的是消除上采样产生的混叠效应(Aliasing Effect)。混叠效应是指插值生成的图像灰度不连续,在灰度变化的地方可能出现明显的锯齿状。在本书中,因为金字塔所有层的输出特征都共享分类器和坐标回归,所以输出的维度都被统一为 256,即这些 3×3 的卷积的通道数都是 256。

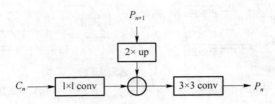

图 8.16 Lateral Connection 详细示意图

FPN 易于在很多 CNN 网络结构中和其他目标检测方法相结合。如图 8.17 所示,将 FPN 用于 PRN 来提取候选区域,以 ResNet50 模型为例。当将 FPN 和 RPN 结合起来时,RPN 的输入就会变成多尺度的特征图,因此需要在金字塔的每一层后边都接一个 RPN head(一个 3×3 卷积,两个 1×1 卷积),如图 8.17 所示,其中 P6 是通过 P5 下采样得到的。在生成 Anchor 的时候,因为输入是多尺度特征,不需要像原始的 Faster R-CNN 一样再对每层都使用 3 种不同尺度的 Anchor,所以只需为每层设定一种尺寸的 Anchor,图中的 32^2、64^2、128^2、256^2、512^2 等就代表每层 Anchor 的尺寸,但是每种尺寸还是会对应 3 种宽高比。因此,总共有 15 种 Anchors。此外,需要注意的是每层的 RPN head 都是参数共享的。

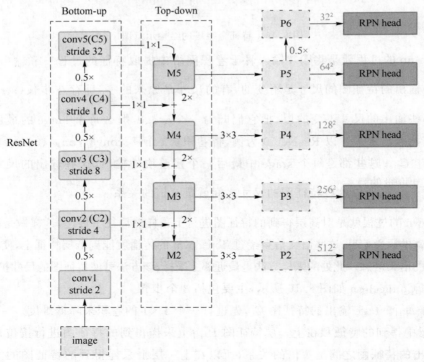

图 8.17 FPN 和 Faster R-CNN 相结合示意图(以 ResNet50 为骨干网络)

　　FPN 让低层高分辨率低语义的特征和高层低分辨率高语义的特征融合在一起,使得最终得到的不同尺度的特征图都有丰富的语义信息,尤其是小目标的特征。FPN 也能很方便地和 Fast R-CNN 相结合,分别将 FPN 和 Fast R-CNN 以及 Faster R-CNN 进行结合,并在 MS COCO 数据集上进行测试,测试结果如图 8.18 所示。其中,AP_l、AP_m 和 AP_s 分别衡量大、中、小三类目标。从图 8.18 中可以看出,结合 FPN 后,Fast R-CNN 和 Faster R-CNN 检测的精度整体上都有了很大的提升,且在小目标上的提升大于大目标。

Fast R-CNN	proposals	feature	head	lateral?	Top-down?	AP@0.5	AP	AP_s	AP_m	AP_l
(a) baseline on conv4	RPN,$\{P_k\}$	C_4	conv5			54.7	31.9	15.7	36.5	45.5
(b) baseline on conv5	RPN,$\{P_k\}$	C_5	2fc			52.9	28.8	11.9	32.4	43.4
(c) **FPN**	RPN,$\{P_k\}$	$\{P_k\}$	2fc	✓	✓	**56.9**	**33.9**	**17.8**	**37.7**	**45.8**

(a)　Fast R-CNN结合FPN的目标检测结果

Faster R-CNN	proposals	feature	head	lateral?	Top-down?	AP@0.5	AP	AP_s	AP_m	AP_l
(*) baseline from He et al.	RPN,C_4	C_4	conv5			47.3	26.3	-	-	-
(a) baseline on conv4	RPN,C_4	C_4	conv5			53.1	31.6	13.2	35.6	**47.1**
(b) baseline on conv5	RPN, C_5	C_5	2fc			51.7	28.0	9.6	31.9	43.1
(c) **FPN**	RPN,$\{P_k\}$	$\{P_k\}$	2fc	✓	✓	**56.9**	**33.9**	**17.8**	**37.7**	45.8

(b)　Faster R-CNN结合FPN的目标检测结果

图 8.18　FPN 和 Fast R-CNN 以及 Faster R-CNN 结合后的目标检测结果

　　本节介绍了一些二阶段的目标检测方法,这些方法提升了目标检测的精度,加快了目标检测的速度。分析这些二阶段的方法,可以发现这两个阶段的功能是有一部分重合在一起的,如果能够将这两个阶段相结合就能大大地节约计算量。接下来将介绍一些一阶段的目标检测方法。

8.3　一阶段的目标检测方法

　　本节介绍一些一阶段的目标检测方法,这些方法无需区域提名,是端到端(End-to-End)的目标检测方法,包括 YOLO 系列、SSD、CornerNet、CenterNet、FCOS。一阶段的目标检测方法中有一部分是有预设的 Anchors,有一部分是完全无任何预设的 Anchors。一阶段的目标检测方法和二阶段的目标检测方法相互影响、相互借鉴,一起促进了目标检测领域的发展和进步。

8.3.1　YOLO-v1

　　YOLO 由 J. Redmon 等人在 2016 年提出,其全称是"You Only Look Once",意思是只需要浏览一次就可以识别图中目标的位置和类别,因此识别的性能有很大提升,可达每秒 45 帧,在 Fast YOLO 中由于卷积层更少,可达每秒 155 帧。由于 YOLO 后续有很多改进版本,因此将这个称为 YOLO-v1。

　　YOLO-v1 的网络结构如图 8.19 所示,针对一张图,YOLO-v1 的处理流程如下:

① 将输入图片缩放到 448×448 大小;

② 运行卷积网络获得网络的预测的目标位置和分类结果;

③ 利用 NMS 处理模型的预测结果,得到最终的目标位置和类别结果。

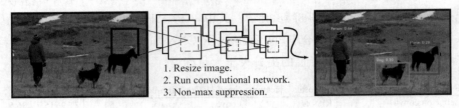

1. Resize image.
2. Run convolutional network.
3. Non-max suppression.

图 8.19　YOLO-v1 的网络结构

YOLO-v1 采用预定义候选区域的方法来完成目标检测,具体而言是将原始图像划分为 $S×S$ 个网格(grid),目标中心点所在的格子负责该目标的相关检测,每个网格预测出 B 个边框及其置信度,以及 C 种类别的概率,如图 8.20 所示。在 YOLO-v1 中,$S=7$,$B=2$,C 取决于数据库中的物体类别数目,如 VOC 中 $C=20$,MS COCO 中 $C=80$,因此总共预测 $49×2=98$ 个物体框。这 98 个物体框很粗略地覆盖了图片的整个区域,只要得到这 98 个区域的目标分类和回归结果,再进行 NMS 就可以得到最终的目标检测结果。

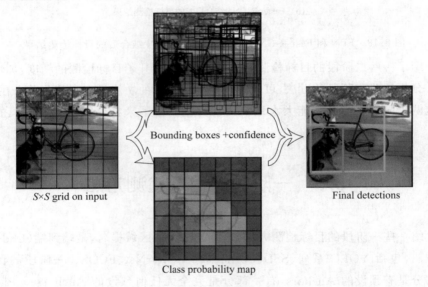

Bounding boxes +confidence

$S×S$ grid on input

Class probability map

Final detections

图 8.20　YOLO 网络模型

上面详细地介绍了 YOLO-v1 算法,这里看一下 YOLO-v1 算法在 PASCAL VOC 2007 数据集上的性能,如图 8.21 所示,这里将该算法与其他检测算法(包括 DPM、R-CNN、Fast R-CNN 以及 Faster R-CNN)进行了对比。与实时性检测方法 DPM 对比,可以看到 YOLO-v1 算法可以在较高的 mAP 上达到较快的检测速度,其中 Fast YOLO 算法比快速 DPM 还快,而且 mAP 是远高于 DPM 的。与 Faster R-CNN 相比,YOLO-v1 的 mAP 稍低,但是速度更快。所以,YOLO-v1 算法在速度与准确度上做了折中。

虽然 YOLO-v1 简化了整个目标检测流程,速度也得到了很大的提升,但是 YOLO-v1 还是有不少缺点。比如:YOLO-v1 对相互靠得很近的物体或两个小目标同时落入一个格子时的检测效果很不好,因为一个网格只能预测 2 个物体框,并且只属于一类;损失函数没有区分不同大小的物体框。

Real-Time Detectors	Train	mAP	FPS
100Hz DPM	2007	16.0	100
30Hz DPM	2007	26.1	30
Fast YOLO	2007+2012	52.7	**155**
YOLO	2007+2012	**63.4**	45
Less Than Real-Time			
Fastest DPM	2007	30.4	15
R-CNN Minus R	2007	53.5	6
Fast R-CNN	2007+2012	70.0	0.5
Faster R-CNN VGG-16	2007+2012	73.2	7
Faster R-CNN ZF	2007+2012	62.1	18
YOLO VGG-16	2007+2012	66.4	21

图 8.21　YOLO 和其他目标检测算法在 PASCAL VOC 2007 上的性能对比

8.3.2　SSD

SSD(Single Shot MultiBox Detector)由 W. Liu 等人于 2016 年提出，是在 YOLO-v1 基础上进行改进得到的。SSD 借鉴了多尺度特征的思想和 Faster R-CNN 中固定的 Anchor 机制，其核心思想如图 8.22 所示。图 8.22(a)表示带有 GT 框的图像，图 8.22(b)和图 8.22(c)分别表示8×8特征图和4×4 特征图，显然前者适合检测小的目标，比如图片中的猫，后者适合检测大的目标，比如图片中的狗。在每个格子上有一系列固定大小的 Box(类似于 Faster R-CNN 中的 Anchor Box)，这些 Box 在 SSD 中被称为"Default Box"，用来框定目标物体的位置，在训练的时候会将 GT 框赋予某个固定的 Box，比如图 8.22(b)中的实线框和图 8.22(c)中的实线框。

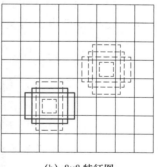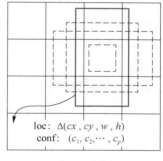

(a) 带有GT框的图像　　　　(b) 8×8 特征图　　　　(c) 4×4 特征图

图 8.22　SSD 核心思想示意图

前面提到 SSD 是 One-stage 的，是在 YOLO-v1 基础上进行改进得到的，SSD 和 YOLO-v1 的网络结构的对比见图 8.23，可以看到相比 YOLO-v1，SSD 主要有如下改进。

① SSD 采用全卷积的形式直接进行检测，而 YOLO-v1 是在全连接层之后做检测。相比全连接，卷积层在计算量和参数量上都远小于全连接层，这也是 SSD 比 YOLO-v1 速度快的原因之一。

② SSD 利用不同尺度的特征图来做检测，利用的方式和图 8.14(c)中所示的一样，是一种 Bottom-up 的方式，利用大尺度特征图检测小目标，利用小尺度特征图检测大目标。而 YOLO-v1 利用单尺度特征进行所有目标的检测。

③ SSD 采用不同尺度和长宽比的先验框,而 YOLO-v1 是一个网络预测 2 个目标框,没有其他先验信息。

④ SSD 输入图片的尺寸是 300×300,而 YOLO-v1 输入图片的尺寸是 448×448。对于全卷积网络来说,输入图片的尺寸是不固定的,这里是为了和 YOLO-v1 模型进行精度和速度的对比而选择了尺寸为 300×300 的输入图片。当 SSD 和 YOLO-v1 输入图片的尺寸都是 300×300 时,SSD 的检测准确率更高(mAP:74.3 VS 63.4),检测速度更快(FPS:59 VS 45)。

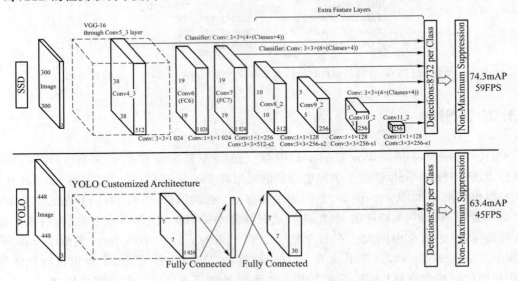

图 8.23　SSD 和 YOLO-v1 的网络结构、精度和速度对比(测试集为 VOC2007)

SSD 在保持 YOLO-v1 高速的同时也提高了检测精度,但是 SSD 也有缺点:获得多尺度特征的方式只有 Bottom-up,这会导致大尺度的特征中的语义信息较少;先验框形状及网格大小是固定的,对某些小目标不够友好。

8.3.3　YOLO-v2

YOLO-v2 由 J. Redmon 等人于 2016 年下半年提出,主要针对 YOLO-v1 进行了很多细节上的改变,因为提出者是相同的,且基本原理和框架都差不多,所以将其归为一个系列的不同版本。图 8.24 详细罗列了 YOLO-v2 所做的改动及这些改动在 VOC2007 的测试集上的效果,接下来将一一介绍这些改动。

	YOLO								YOLO-v2
batch norm?		✓	✓	✓	✓	✓	✓	✓	✓
hi-res classifier?			✓	✓	✓	✓	✓	✓	✓
convolutional?				✓	✓	✓	✓	✓	✓
anchor boxes?				✓					
new network?					✓	✓	✓	✓	✓
dimension priors?						✓	✓	✓	✓
location prediction?						✓	✓	✓	✓
passthrough?							✓	✓	✓
multi-scale?								✓	✓
hi-res detector?									✓
VOC2007 mAP	63.4	65.8	69.5	69.2	69.6	74.4	75.4	76.8	**78.6**

图 8.24　YOLO-v2 所做的改动及这些改动在 VOC2007 的测试集上的效果

（1）Batch Normalization

在 CNN 进行运算的时候，每次卷积层过后的数据分布一直在改变，这会使得训练的难度增大。BN 层的原理就是将卷积过后的数据重新规范化到均值为 0、方差为 1 的标准正态分布。它能加快网络的训练速度和模型的收敛，同时有助于模型的正则化，可以在舍弃 Dropout 的同时防止模型的过拟合。在 YOLO-v2 的网络结构中，每个卷积层后面都加了 Batch Normalization。

（2）High Resolution Classifier

由于历史的原因，ImageNet 的图片分辨率（224×224）太低了，因此可能会影响检测的精度。于是 J. Redmon 采用的训练方法是先在 224×224 的 ImageNet 上训练一次，然后把 ImageNet 的图片分辨率提升到 448×448 后再进行 Fine-tune 训练，最后再用自己的数据集进行 Fine-tune 训练，最终得到的特征图尺寸为 13×13。这让模型在 VOC2007 上的 mAP 提升了 3.7%。

（3）Convolutional With Anchor Boxes

YOLO-v1 的网络结构最后用的是全连接层对目标进行预测，其中边界框的宽与高与输入图片的大小相关，而输入图片中可能存在不同尺度和长宽比的物体，让 YOLO-v1 在训练过程中学习不同物体的形状是比较困难的。于是 YOLO-v2 借鉴了 Faster R-CNN 中 RPN 的 Anchor，移除了全连接层，采用了全卷积加设置不同比例和尺度的 Anchor box，再通过位移回归预测物体框，使得模型更容易学习不同尺度和比例的物体。

（4）Dimension Clusters

Dimension Clusters 是 YOLO-v2 生成 Anchor 的一个小技巧，Faster R-CNN 中的 Anchor 有 9 个。实际上，如果 Anchor 的尺度比较合适，模型学习起来将会更容易，从而做出更精确的预测。因此，YOLO-v2 的 Anchor 不是人为设定的，而是计算出来的，利用 K-means 对物体框与中心区域的 IoU 值进行聚类。最终的结论是用 5 个 Anchor 就行，不需要用 9 个。对于 MS COCO 数据集，每个 Anchor 的 width 和 height 分别为（0.572 73，0.677 385）、（1.874 46，2.062 53）、（3.338 43，5.474 34）、（7.882 82，3.527 78）、（9.770 52，9.168 28）。

（5）Passthrough & Fine-Grained Features

若 YOLO-v2 的输入图片的大小为 416×416，经过卷积运算之后可得到大小为 13×13 的特征图，这对检测大物体足够了，但若要检测小物体，还需要更精细的特征图。YOLO-v2 引入了类似于 ResNet 中 Shortcut 的 Passthrough 层，将卷积过程中更高维度的特征图（如 26×26）与后面低维度的特征图进行拼接。那么不同维度的特征图是怎么拼接的呢？这里 YOLO-v2 采用了一种叫作"Reorg"的算法，将高维度的特征图按位置抽样，且不丢失位置信息，如图 8.25 所示。4×4 的特征图可以变成 4 个 2×2 的特征图，叠起来后就能实现 4×4 的特征图和 2×2 的特征图的拼接，从而实现 Fine-Grained Features。

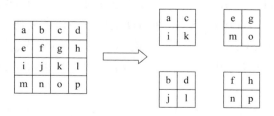

图 8.25　高维度的特征图抽样叠加为低维度的特征图

(6) Multi-Scale Training

YOLO-v2 是在输入层进行图像的多尺度输入,但并不是同一张图同时有多个尺度的输入。因为移除了全连接层,YOLO-v2 现在是一个全卷积网络的结构,于是网络的输入不再需要固定维度。为了增强模型的鲁棒性,YOLO-v2 网络训练的输入图片的尺寸为 320、352、…、608,都是 32 的倍数,这是为了保证卷积过后的特征图尺度为整数。输入图片的尺寸最小为 320×320,此时对应的特征图大小为 10×10,而输入图片的尺寸最大为 608×608,对应的特征图大小为 19×19。在训练过程中,每隔 10 个 epoch 改变一次输入图片的大小,之后只需要修改最后检测层的结构就可以继续训练。

(7) DarkNet-19

YOLO-v2 采用全新的 DarkNet-19 网络作为骨干网络,提高了网络的精确度。另外,YOLO-v2 还采用了很多有效的技巧,让 YOLO 的检测速度和精度得到了进一步提升。如图 8.26 所示,YOLO-v2 在速度和精度上都有了很大的提升,和二阶段 Anchor-Based 目标检测算法 Faster R-CNN 相比,具有相媲美的精度和更快的速度,和一阶段的 Anchor-Based 目标检测算法 SSD 相比,具有更高的精度和更快的速度。

Detection Frameworks	Train	mAP	FPS
Fast R-CNN	2007+2012	70.0	0.5
Faster R-CNN VGG-16	2007+2012	73.2	7
Faster R-CNN ResNet	2007+2012	76.4	5
YOLO	2007+2012	63.4	45
SSD300	2007+2012	74.3	46
SSD500	2007+2012	76.8	19
YOLO-v2 288×288	2007+2012	69.0	91
YOLO-v2 352×352	2007+2012	73.7	81
YOLO-v2 416×416	2007+2012	76.8	67
YOLO-v2 480×480	2007+2012	77.8	59
YOLO-v2 544×544	2007+2012	**78.6**	40

图 8.26　YOLO-v2 在 VOC2007 上和其他检测方法的对比

8.3.4　YOLO-v3

YOLO-v3 由 J. Redmon 等人于 2018 年提出,相比 YOLO-v2,YOLO-v3 有很多改进之处。

① 新的骨干网络。YOLO-v3 的骨干网络采用 DarkNet-53 网络结构代替原来的 DarkNet-19。DarkNet-53 采用类似于 ResNet 的残差结构,不仅使得网络结构大大加深,也大幅提高了模型的精度。同时 YOLO-v3 还提供了轻量级的 Tiny-DarkNet,这个网络在精度和速度上做了权衡,具有更快的检测速度,但在精度上做了一定的妥协。

② 利用特征金字塔网络结构实现多尺度检测。YOLO-v3 借鉴 FPN 的结构来实现模型的多尺度检测,其输出 3 个不同尺寸的特征图,分别是 13×13、26×26、52×52,用来预测大、中、小 3 种物体。

③ Anchor 数目从 5 个变为 9 个。YOLO-v3 为②中的每个尺寸的特征图聚类生成 3 种 Anchor,因此一共是 9 种 Anchor。

④ 改变分类器。之前都是用 Softmax 实现多分类,YOLO-v3 将 Softmax 改为逻辑回归

（Logistic Regression），目的是将一个物体框预测成多个类别，即解决多个物体在一个框内的问题。

在 MS COCO 测试集上，YOLO-v3 和其他目标检测方法在速度和精度上的对比如图 8.27 所示。由图可知，YOLO-v3 无论是在速度还是精度上都取得了很大的提升。

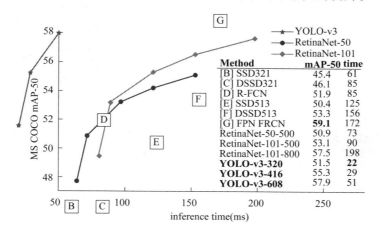

图 8.27　YOLO-v3 和其他目标检测方法在速度和精度上的对比

Anchor-Based 的目标检测算法总体上分为二阶段的 R-CNN 系列和一阶段的 YOLO、SSD 系列。关于这两种方法的新的改进方法还有很多，这里就不再一一介绍了，感兴趣的读者可以找相关论文进行阅读。

8.3.5　CornerNet

CornerNet 是 H. Law 等人于 2018 年提出，通过检测角点对的方式进行目标检测的网络，具有与当年的主流检测模型相媲美的性能。CornerNet 借鉴人体姿态估计的方法，建立了目标检测领域的一个新框架。

目标检测算法大多与 Anchor box 脱不开关系，而使用 Anchor box 有两个缺点：需要在特征图上平铺大量的 Anchor box 以避免漏检，但最后只使用很小一部分的 Anchor box，这样会造成正负样本不平衡且拖慢训练；带来额外的超参数和特别的网络设计，使得模型训练变得更加复杂。CornerNet 将目标检测定义为左上角点和右下角点的检测，网络结构如图 8.28 所示。使用 Hourglass Network 作为主干网络，通过独立的两个预测模块预测出左上角点和右下角点的 Heatmaps、Embeddings 和 Offsets，然后将左上角和右下角输出的结果组合输出预测框，不再依赖 Anchor box。实验表明 CornerNet 与当年的主流目标检测算法有相当的性能，开创了目标检测的新范式。

CornerNet 使用 Hourglass 网络作为主干网络，这是用于人体姿态估计任务中的网络，因为 CornerNet 的灵感来源就是人体姿态估计。Hourglass 模块如图 8.29 所示。先对特征下采样缩小维度，然后再上采样恢复特征维度，同时加入多个短路连接来保证恢复特征的细节。Hourglass 网络包含两个 Hourglass 模块，同时做了一些改进，比如：利用卷积层替换最大值池化层；一共下采样 5 次并逐步增加维度；上采样使用 2 个残差模块和最近邻上采样；短路连接包含 2 个残差模块；等等。

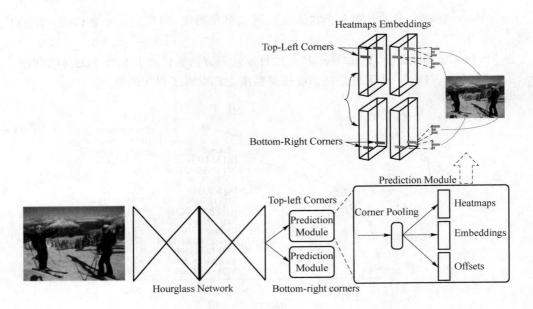

图 8.28 CornerNet 的网络结构

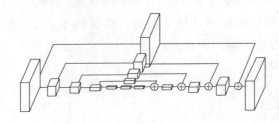

图 8.29 Hourglass 模块

在 CornerNet 中,只需要检测目标包围框的左上角坐标和右下角坐标就可以完成目标检测,即以前的区域提名等就变成了一对关键点的预测。在 CornerNet 中对左上角和右下角分别生成一组包含 Heatmaps、Embeddings、Offsets 的表述,如图 8.28 所示。Heatmaps 用于预测顶点的位置,Embeddings 是顶点的表述向量,相同目标的两个顶点(左上角和右下角)距离最短,Offsets 用来调整、生成更加紧密的边界框定位。

CornerNet 生成的 Heatmaps 包含 C 个通道(C 是目标的类别数,没有背景类别),每个通道的 Heatmap 都是二进制掩码,表示相应类别的顶点位置。对于每个顶点,只有一个 Ground truth,其他位置都是负样本,在训练过程中,为了减少负样本,可在每个 Ground truth 顶点设定半径 r 区域内都是正样本,这是因为落在半径 r 区域内的顶点依然可以生成有效的边界定位框,如图 8.30 所示,实线框是标注的 Ground truth 框,在其两个顶点半径为 r 的区域随机取点,组成虚线目标框,可以看出虚线目标框和标注框的 IoU 也是很高的。在图像处理成特征图的过程中,尺寸缩小为原来的 $\frac{1}{2}$、$\frac{1}{4}$ 或者 $\frac{1}{8}$ 等,此时特征图预测的顶点位置还原到原图尺寸会造成精度损失,尤其是对小目标,影响更为严重,因此需要利用 Offsets 对顶点位置进行更加精确的修正。

图 8.30　Heatmaps 中 Ground truth 顶点计算示意图

当图片中存在多个目标时,需要区分预测的左上角点和右下角点的对应关系,然后组成完整的预测框。CornerNet 参考了人体姿态估计的策略,每个角点预测一个一维的 Embedding 向量,根据向量间的距离进行对应关系的判断。在训练过程中,可以利用损失函数来拉近对应的顶点和推开非对应的顶点。

在图 8.30 中能发现一个现象,角点的位置一般都没有目标信息,为了判断像素是不是左上角点,需要向右水平查找目标的最高点以及向下垂直查找目标的最左点。基于这样的先验知识,有学者提出使用 Corner 池化层来定位角点。假设需要确定位置 (i,j) 是不是左上角点,首先定义 f_t 和 f_l 为左上(top-left)Corner 池化层的输入特征图,$f_{t_{ij}}$ 和 $f_{l_{ij}}$ 为输入特征图在位置 (i,j) 上的特征向量。特征图大小为 $H \times W$,Corner 池化层首先对 f_t 中从 (i,j) 到 (i,H) 的特征向量进行最大值池化并输出向量 t_{ij},同样对 f_l 中从 (i,j) 到 (W,j) 的特征向量也进行最大值池化并输出向量 l_{ij},最后将 t_{ij} 和 l_{ij} 相加。完整的计算方式如式(8.4)所示。对于右下角的 Corner 池化层,其计算方式和左上一样,只不过是对从 $(0,j)$ 到 (i,j) 和从 $(i,0)$ 到 (i,j) 的特征向量进行最大值池化操作。在实现时,式(8.4)可以如图 8.31 那样进行整张特征图的高效计算,对于左上角点的 Corner 池化层,对输入特征图分别进行从右往左和从下往上的预先计算,每个位置只需要跟上一个位置的输出按位进行最大值池化,最后直接将两个特征图相加。

$$t_{ij} = \begin{cases} \max(f_{t_{ij}}, t_{(i+1)j}), & i < H \\ f_{t_{Hj}}, & \text{其他} \end{cases}$$

$$l_{ij} = \begin{cases} \max(f_{l_{ij}}, l_{i(j+1)}), & j < W \\ f_{l_{iW}}, & \text{其他} \end{cases} \qquad (8.4)$$

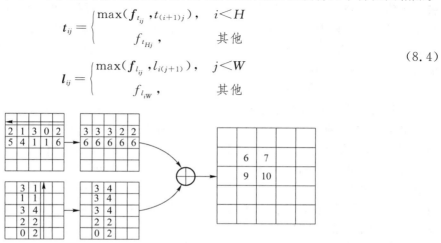

图 8.31　左上 Corner 池化层高效计算示意图

CornerNet 使用新的目标检测范式,其检测结果如图 8.32 所示。相比其他一阶段的目标检测算法,CornerNet 在 MS COCO 数据集上测试的精度有明显提升,性能接近二阶段检测算法。

Method	Backbone	AP	AP^{50}	AP^{75}	AP^s	AP^m	AP^l	AR^1	AR^{10}	AR^{100}	AR^s	AR^m	AR^l
Two-stage detectors													
DeNet (Tychsen-Smith and Petersson, 2017a)	ResNet-101	33.8	53.4	36.1	12.3	36.1	50.8	29.6	42.6	43.5	19.2	46.9	64.3
CoupleNet (Zhu et al., 2017)	ResNet-101	34.4	54.8	37.2	13.4	38.1	50.8	30.0	45.0	46.4	20.7	53.1	68.5
Faster R-CNN by G-RMI (Huang et al., 2017)	Inception-ResNet-v2 (Szegedy et al.,2017)	34.7	55.5	36.7	13.5	38.1	52.0	-	-	-	-	-	-
Faster R-CNN+++ (He et al., 2016)	ResNet-101	34.9	55.7	37.4	15.6	38.7	50.9	-	-	-	-	-	-
Faster R-CNN w/ FPN (Lin et al., 2016)	ResNet-101	36.2	59.1	39.0	18.2	39.0	48.2	-	-	-	-	-	-
Faster R-CNN w/ TDM (Shrivastava et al., 2016)	Inception-ResNet-v2	36.8	57.7	39.2	16.2	39.8	52.1	31.6	49.3	51.9	28.1	56.6	71.1
D-FCN (Dai et al., 2017)	Aligned-Inception-ResNet	37.5	58.0	-	19.4	40.1	52.5	-	-	-	-	-	-
Regionlets (Xu et al., 2017)	ResNet-101	39.3	59.8	-	21.7	43.7	50.9	-	-	-	-	-	-
Mask R-CNN (He et al., 2017)	ResNeXt-101	39.8	62.3	43.4	22.1	43.2	51.2	-	-	-	-	-	-
Soft-NMS (Bodla et al., 2017)	Aligned-Inception-ResNet	40.9	62.8	-	23.3	43.6	53.3	-	-	-	-	-	-
LH R-CNN (Li et al., 2017)	ResNet-101	41.5	-	-	25.2	45.3	53.1	-	-	-	-	-	-
Fitness-NMS (Tychsen-Smith and Petersson, 2017b)	ResNet-101	41.8	60.9	44.9	21.5	45.0	57.5	-	-	-	-	-	-
Cascade R-CNN (Cai and Vasconcelos, 2017)	ResNet-101	42.8	62.1	46.3	23.7	45.5	55.2	-	-	-	-	-	-
D-RFCN + SNIP (Singh and Davis, 2017)	DPN-98 (Chen et al., 2017)	45.7	67.3	51.1	29.3	48.8	57.1	-	-	-	-	-	-
One-stage detectors													
YOLO-v2 (Redmon and Farhadi, 2016)	DarkNet-19	21.6	44.0	19.2	5.0	22.4	35.5	20.7	31.6	33.3	9.8	36.5	54.4
DSOD300 (Shen et al., 2017a)	DS/64-192-48-1	29.3	47.3	30.6	9.4	31.5	47.0	27.3	40.7	43.0	16.7	47.1	65.0
GRP-DSOD320 (Shen et al., 2017b)	DS/64-192-48-1	30.0	47.9	31.8	10.9	33.6	46.3	28.0	42.1	44.5	18.8	49.1	65.0
SSD513 (Liu et al., 2016)	ResNet-101	31.2	50.4	33.3	10.2	34.5	49.8	28.3	42.1	44.4	17.6	49.2	65.8
DSSD513 (Fu et al., 2017)	ResNet-101	33.2	53.3	35.2	13.0	35.4	51.1	28.9	43.5	46.2	21.8	49.1	66.4
RefneDet512 (single scale) (Zhang et al., 2017)	ResNet-101	36.4	57.5	39.5	16.6	39.9	51.4	-	-	-	-	-	-
RetinaNet800 (Lin et al., 2017)	ResNet-101	39.1	59.1	42.3	21.8	42.7	50.2	-	-	-	-	-	-
RefineDet512 (multi scale) (Zhang et al., 2017)	ResNet-101	41.8	62.9	45.7	25.6	45.1	54.1	-	-	-	-	-	-
CornerNet511 (single scale)	Hourglass-104	40.6	56.4	43.2	19.1	42.8	54.3	35.3	54.7	59.4	37.4	62.4	77.2
CornerNet511 (multi scale)	Hourglass-104	42.2	57.8	45.2	20.7	44.8	56.6	36.6	55.9	60.3	39.5	63.2	77.3

图 8.32　CornerNet 和其他方法在 MS COCO 数据集上的精度对比

8.3.6　CenterNet

CenterNet 是 2019 年由 K. W. Duan 等人提出的。传统的基于关键点的目标检测方法(如 CornerNet)就是利用目标左上角的角点和右下角的角点来确定目标的,但 CornerNet 的最大瓶颈是角点检测不太准确,这是因为它提出的 Corner 池化层更加关注目标的边缘信息,因此在确定目标的过程中无法很好地利用目标内部的特征,从而导致了很多误检测。为了改正这一缺点,CenterNet 提出使用左上角、中心、右下角 3 个关键点来确定一个目标,使网络花费很小的代价就具有感知物体内部的能力,从而有效地抑制误检。

CenterNet 的网络结构如图 8.33 所示,网络通过 Center 池化层和 Cascade Corner 池化层分别得到角点热力图和中心点热力图,这两个热力图可用来预测关键点的位置。得到角点的位置和类别后,通过 Offsets 将角点的位置映射到输入图片的对应位置,然后通过 Embeddings 判断哪两个角点属于同一个物体,以便组成一个检测框。这个过程其实就是 CornerNet 的组合过程,CenterNet 的不同之处在于它还预测了一个中心点。上面已经提到了 CornerNet 的缺点,即全局信息获取能力弱,无法很好地对同一目标的两个角点进行分组。如图 8.34 的上面两张图所示,前 100 个预测框中存在大量长宽不协调的误检,这是因为 CornerNet 无法感知物体内部的信息,这一问题可以借助于互补信息来解决,如在 Anchor-Based 目标检测算法中设定一个长宽比,而 CornerNet 是无法解决的。因此,CenterNet 新预测了一个目标中心点作为互补信息,对于每个目标框定义一个中心区域,判断每个目标框的中心区域是否含有中心点,若有则保留,并且此时框的置信度分数为中心点、左上角点和右下角点的置信度分数的平均值;若无则去除,使得网络具备感知目标区域内部信息的能力,能够有效去除错误的目标框。如图 8.34 的下面两张图所示,预测框和标注框有高 IoU 并且标注框的中心在预测框的中心区域,那么这个预测框更有可能是正确的,所以可以通过判断一个候选框的区域中心是否包含一个同类物体的中心点来决定它是否正确。

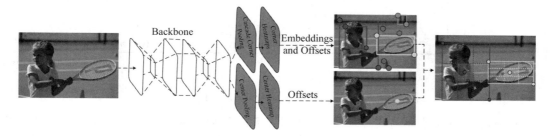

图 8.33　CenterNet 的网络结构

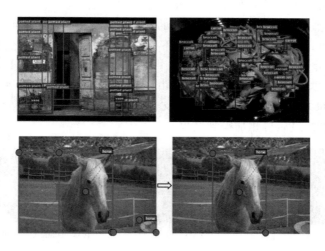

图 8.34　CornerNet 预测框可视化(第一行)和 CenterNet 预测框可视化(第二行)

如果 CenterNet 定义的中心区域太小,那么很多小尺度的错误目标框将无法被去除,而中心区域太大则会导致很多大尺度的错误目标框无法被去除。为了解决这一问题,有人提出了尺度可调节的中心区域定义法。具体如式(8.5)所示,其中 tl_x 和 tl_y 表示区域 i 的左上角 (Top-left corner)点的坐标,br_x 和 br_y 表示区域 i 的右下角(Bottom-right corner)点的坐标,ctl_x 和 ctl_y 表示中心区域 j 的左上角点的坐标,cbr_x 和 cbr_y 表示中心区域 j 的右下角点的坐标,n 是奇数,决定了中心区域 j 的规模。如图 8.35 所示,当边界框尺寸小于 150 时,将 n 设为 3,大于 150 时将 n 设为 5。

$$\begin{cases} \mathrm{ctl}_x = \dfrac{(n+1)\mathrm{tl}_x + (n-1)\mathrm{br}_x}{2n} \\[2mm] \mathrm{ctl}_y = \dfrac{(n+1)\mathrm{tl}_y + (n-1)\mathrm{br}_y}{2n} \\[2mm] \mathrm{cbr}_x = \dfrac{(n-1)\mathrm{tl}_x + (n+1)\mathrm{br}_x}{2n} \\[2mm] \mathrm{cbr}_y = \dfrac{(n-1)\mathrm{tl}_y + (n+1)\mathrm{br}_y}{2n} \end{cases} \tag{8.5}$$

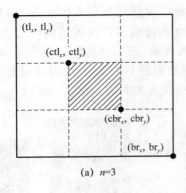
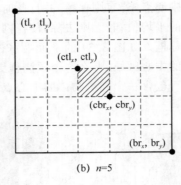

(a) $n=3$ (b) $n=5$

图 8.35　当 $n=3$ 和 $n=5$ 时中心区域的计算

　　一个目标的中心点不一定含有可以和其他类别有很大区分性的语义信息（例如人的头部含有很强的易区分于其他类别的语义信息，但是人这个物体的中心点基本位于身体的中部）。图 8.36(a) 表示 Center 池化层的原理。Center 池化层提取中心点水平方向和垂直方向的最大值并相加，向中心点提供除了所处位置以外的信息，这使得中心点有机会获得更易于区分于其他类别的语义信息。Center 池化层可通过不同方向上的 Corner 池化层（见图 8.36(b)）的组合实现，例如一个水平方向上的取最大值操作可由 Left 池化层和 Right 池化层通过串联实现。同理，一个垂直方向上的取最大值操作可由 Top 池化层和 Bottom 池化层通过串联实现，具体操作如图 8.37(a) 所示，特征图的两个分支先分别经过一个网络，然后做水平方向和垂直方向的 Corner 池化层，最后再相加得到结果。

(a) Center池化层   (b) Corner池化层   (c) Cascade Corner池化层

图 8.36　Center 池化层、Corner 池化层和 Cascade Corner 池化层

　　Cascade Corner 池化层用于预测目标的左上角点和右下角点，一般情况下角点位于物体外部，所处位置并不含有关联物体的语义信息，这为角点的检测带来了困难。图 8.36(b) 是 CornerNet 中的做法，即提取物体边界最大值进行相加，该方法只能提供关联物体边缘的语义信息，对于更加丰富的物体内部的语义信息则很难提取。CenterNet 使用 Cascade Corner 池化层，原理如图 8.36(c) 所示，它首先提取出目标边缘最大值，然后在边缘最大值处继续从物体内部提取最大值，并将其和边界最大值相加，以此向角点提供更丰富的关联目标语义信息。图 8.37(b) 展示了 Cascade Top Corner 池化层的具体实现过程，Cascade Corner 池化层只是为了通过内部信息丰富角点特征，也就是通过级联不同方向的 Corner 池化层实现内部信息的叠加，最终的目的还是要预测角点，所以最终左上角点通过 Cascade Top Corner 池化层和 Cascade Left Corner 池化层实现，右下角点通过 Cascade Right Corner 池化层和 Cascade Bottom Corner 池化层实现。

　　相比 CornerNet，CenterNet 的检测更加精确，在 MS COCO 测试集上，mAP 提升约 5 个百分点（从 42.1% 到 47.0%），尤其是在小目标上，mAP 提升约 8 个百分点（从 20.8% 到 28.9%），这一结果已经可以和当年二阶段的目标检测的最好结果相媲美。

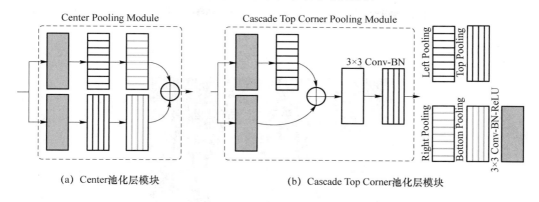

（a）Center池化层模块　　　　　　　（b）Cascade Top Corner池化层模块

图 8.37　Center 池化层模块和 Cascade Top Corner 池化层模块示意图

8.3.7　FCOS

FCOS(Fully Convolutional One-Stage)由 Z. Tian 于 2019 年提出。FCOS 是一种全卷积一阶段目标检测算法,以逐像素预测的方式解决目标检测问题,类似于语义分割,不再需要设置 Anchors。之前的 YOLO-v1 算法采用的就是无 Anchors 设置,通过回归网络进行目标检测,但是由于其召回率过低,且容易漏检小目标和有遮挡的目标,因此在后续的 YOLO 系列中借鉴了基于预设 Anchors 的思想,放弃了无 Anchors 机制。而 FCOS 仍然保留了无 Anchors机制,并且引入了逐像素回归预测、多尺度特征以及 center-ness 3 种策略,最终在无 Anchors的情况下实现了效果能够比肩各类主流目标检测算法。FCOS 主要框架如图 8.38 所示。

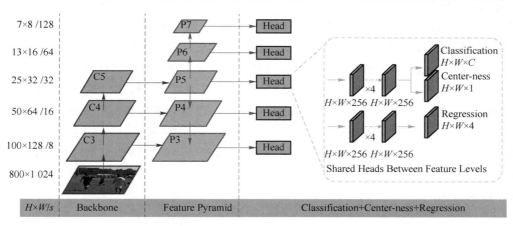

图 8.38　FCOS 主要框架

YOLO-v1 在预测边界框的过程中,将图片区域分为多个网格,目标中心点所在的网格负责预测目标框,且最多预测 2 个框,很显然,预测的框少,召回率自然也就低了。FCOS 算法为了提高召回率,对目标物体框中的所有点都进行边界框预测,即逐像素回归预测。对于像素(x,y),如果其在任何物体内,则为正样本,如图 8.39 左图所示,其边框回归目标为(l^*,t^*,r^*,b^*),计算方式如式(8.6)所示。当像素(x,y)落在多个物体交叠的区域时,取最小的区域作为回归目标,这个问题会在多层预测中得到解决。逐像素回归预测能够利用尽可能多的前景样本来训练回归器,而 Anchor-based 检测器只考虑将和标注框一样具有足够高的 IoU 的 Anchor box 作为正样本。这可能是 FCOS 优于同类的 Anchor-based 检测器的原因之一。

$$l^* = x = x_0^{(i)}, t^* = y - y_0^{(i)}$$
$$r^* = x_1^{(i)} - x, b^* = y_1^{(i)} - y \tag{8.6}$$

图 8.39　FCOS 逐像素回归示意图

FCOS 使用基于 FPN 的多尺度策略,如图 8.38 所示,FCOS 算法使用了 P3、P4、P5、P6、P7 这 5 个尺度的特征进行逐像素回归的目标检测。其中 P5 由主干网络的特征层 C5 经过一个 1×1 的卷积得到;P4 由主干网络的特征层 C4 经过一个 1×1 的卷积得到的特征图和 P5 经过 2 倍上采样得到的特征图相加得到;P3 由主干网络的特征层 C3 经过一个 1×1 的卷积得到的特征图和 P4 经过 2 倍上采样得到的特征图相加得到;P6 则由 P5 进行了步长为 2 的卷积降采样操作得到;P7 则由 P6 进行了步长为 2 的卷积降采样操作得到。为了更好地利用多尺度特征,在前面介绍的检测方法中都是不同尺度的特征预测不同尺寸的目标,在 FCOS 中,每一个尺度的特征层都限定了边界框回归的范围。更具体地说就是,首先计算所有特征层上每个位置的回归目标(l^*, t^*, r^*, b^*),然后判断回归目标是否满足 $m_i - 1 < \max(l^*, t^*, r^*, b^*) < m_i$,其中 m_i 是当前尺度特征层的最大回归距离,若满足,则该回归目标是正样本,由当前尺度特征层负责检测。除了大尺度特征层预测小目标、小尺度特征层预测大目标外,还有大部分重叠发生在尺寸相差较大的物体之间,因此多尺度预测可以提高目标框重叠情况下的预测性能。

由于 FCOS 算法使用了逐像素回归策略,在提高召回率的同时,会产生许多低质量的中心点偏移较多的预测边界框,因此,有人提出一个简单而有效的策略——Center-ness 来抑制这些低质量的边界框,且该策略不引入任何超参数。如图 8.38 所示,Center-ness 策略在每一个层级预测中都添加了一个分支,该分支与分类并行,相当于给网络添加了一个损失,而该损失保证了预测的边界框尽可能地靠近中心。该损失如式(8.7)所示,其中(l^*, t^*, r^*, b^*)表示边框回归的目标。

$$\text{centerness}^* = \sqrt{\frac{\min(l^*, r^*)}{\max(l^*, r^*)} \cdot \frac{\min(t^*, b^*)}{\max(t^*, b^*)}} \tag{8.7}$$

FCOS 利用开方来减缓中心的衰减。centerness^* 的值域是 0 到 1,Center-ness 的损失越小,centerness^* 就越接近 1,也就是说,回归框的中心越接近真实框。在测试时,通过将预测的 centerness^* 与相应的分类得分相乘来计算最终得分。因此,Center-ness 可以使远离物体中心的边界框的得分减小,从而被非最大值抑制过程滤除,提高检测性能。

基于深度学习的目标检测算法是计算机视觉中的重要组成部分,也是目前很火热的研究方向,从 2014 年到现在,此类算法的检测精度和速度都有了长足的进步和发展。图 8.41 对比

了一些目标检测方法在 MS COCO 测试集上的精度,可以看出小目标的检测仍然是现在目标
检测中最困难的部分。期待未来基于深度学习的目标检测取得进一步突破。

Method	Backbone	AP	AP$_{50}$	AP$_{75}$	AP$_S$	AP$_M$	AP$_L$
Two-Stage Detectors:							
Fast R-CNN	VGG-16	19.7	35.9	–	–	–	–
Faster R-CNN	VGG-16	21.9	42.7	–	–	–	–
OHEM	VGG-16	22.6	42.5	22.2	5.0	23.7	37.9
ION	VGG-16	23.6	43.2	23.6	6.4	24.1	38.3
OHEM++	VGG-16	25.5	45.9	26.1	7.4	27.7	40.3
R-FCN	ResNet-101	29.9	51.9	–	10.8	32.8	45.0
Faster R-CNN+++	ResNet-101	34.9	55.7	37.4	15.6	38.7	50.9
Faster R-CNN w FPN	ResNet-101	36.2	59.1	39.0	18.2	39.0	48.2
DeNet-101(wide)	ResNet-101	33.8	53.4	36.1	12.3	36.1	50.8
CoupleNet	ResNet-101	34.4	54.8	37.2	13.4	38.1	50.8
Faster R-CNN by G-RMI	Inception-ResNet-v2	34.7	55.5	36.7	13.5	38.1	52.0
Deformable R-FCN	Aligned-Inception-ResNet	37.5	58.0	40.8	19.4	40.1	52.5
Mask-RCNN	ResNeXt-101	39.8	62.3	43.4	22.1	43.2	51.2
umd_det	ResNet-101	40.8	62.4	44.9	23.0	43.4	53.2
Fitness-NMS	ResNet-101	41.8	60.9	44.9	21.5	45.0	57.5
DCN w Relation Net	ResNet-101	39.0	58.6	42.9	–	–	–
DeepRegionlets	ResNet-101	39.3	59.8	–	21.7	43.7	50.9
C-Mask RCNN	ResNet-101	42.0	62.9	46.4	23.4	44.7	53.8
Group Norm	ResNet-101	42.3	62.8	46.2	–	–	–
DCN+R-CNN	ResNet-101+ResNet-152	42.6	65.3	46.5	26.4	46.1	56.4
Cascade R-CNN	ResNet-101	42.8	62.1	46.3	23.7	45.5	55.2
SNIP++	DPN-98	45.7	67.3	51.1	29.3	48.8	57.1
SNIPER++	ResNet-101	46.1	67.0	51.6	29.6	48.9	58.1
PANet++	ResNeXt-101	47.4	67.2	51.8	30.1	51.7	60.0
Grid R-CNN	ResNeXt-101	43.2	63.0	46.6	25.1	46.5	55.2
DCN-v2	ResNet-101	44.8	66.3	48.8	24.4	48.1	59.6
DCN-v2++	ResNet-101	46.0	67.9	50.8	27.8	49.1	59.5
TridentNet	ResNet-101	42.7	63.6	46.5	23.9	46.6	56.6
TridentNet	ResNet-101-Deformable	**48.4**	**69.7**	**53.5**	31.8	51.3	60.3
Single-Stage Detectors:							
SSD512	VGG-16	28.8	48.5	30.3	10.9	31.8	43.5
RON384++	VGG-16	27.4	49.5	27.1	–	–	–
YOLO-v2	DarkNet-19	21.6	44.0	19.2	5.0	22.4	35.5
SSD513	ResNet-101	31.2	50.4	33.3	10.2	34.5	49.8
DSSD513	ResNet-101	33.2	53.3	35.2	13.0	35.4	51.1
RetinaNet800++	ResNet-101	39.1	59.1	42.3	21.8	42.7	50.2
STDN513	DenseNet-169	31.8	51.0	33.6	14.4	36.1	43.4
FPN-Reconfig	ResNet-101	34.6	54.3	37.3	–	–	–
RefineDet512	ResNet-101	36.4	57.5	39.5	16.6	39.9	51.4
RefineDet512++	ResNet-101	41.8	62.9	45.7	25.6	45.1	54.1
GHM SSD	ResNeXt-101	41.6	62.8	44.2	22.3	45.1	55.3
CornerNet511	Hourglass-104	40.5	56.5	43.1	19.4	42.7	53.9
CornerNet511++	Hourglass-104	42.1	57.8	45.3	20.8	44.8	56.7
M2Det800	VGG-16	41.0	59.7	45.0	22.1	46.5	53.8
M2Det800++	VGG-16	44.2	64.6	49.3	29.2	47.9	55.1
ExtremeNet	Hourglass-104	40.2	55.5	43.2	20.4	43.2	53.1
CenterNet-HG	Hourglass-104	42.1	61.1	45.9	24.1	45.5	52.8
FCOS	ResNeXt-101	42.1	62.1	45.2	25.6	44.9	52.0
FSAF	ResNeXt-101	42.9	63.8	46.3	26.6	46.2	52.7
CenterNet511	Hourglass-104	44.9	62.4	48.1	25.6	47.4	57.4
CenterNet511++	Hourglass-104	**47.0**	**64.5**	**50.7**	28.9	49.9	58.9

图 8.40 基于深度学习的目标检测算法在 MS COCO 测试集上的精度对比

习　题　8

1. 利用代码实现 NMS。
2. 改进 NMS 的阈值判断方法,实现 SoftNMS。
3. 构建自己的目标检测数据集,并利用自己的目标检测数据集对某一种目标检测方法进

行微调(Fine-tuning)。

    4. 试在自己的目标检测数据集上对多种目标检测方法进行测试,并对比目标检测效果,分析原因。

    5. 阅读感兴趣的目标检测算法方面的论文和源码。

第 9 章
语义分割与实例分割

图片分类、目标检测和图像分割是计算机视觉的三大任务,前面的章节分别介绍了图片分类和目标检测,本章将介绍图像分割。图像分割又可以分为语义分割和实例分割,虽然两者都是像素级别的分类,但还是有很大区别的。语义分割中属于同一类的像素都要被归为一类,因此语义分割是从像素级别来理解图像的,如图 9.1(c)所示,属于羊的像素被分为一类,属于人的像素被分为一类,属于狗的像素被分为一类,属于背景的像素也被分为一类。实例分割中属于同一实例的像素要被归为一类,如图 9.1(d)所示,不同的实例个体的像素属于不同的类别,即不同羊的像素是不同的类别,这与语义分割是有很大区别的。从结果形式上来看,实例分割更像是语义分割和目标检测的结合。接下来,本章将先介绍语义分割,再介绍实例分割。

(a) 图片分类

(b) 目标检测

(c) 语义分割

(d) 实例分割

图 9.1　图片分类、目标检测、语义分割和实例分割示例

9.1　图像分割数据库

之前在介绍图像分类数据库和目标检测数据库时都提到了几大竞赛,这些竞赛中也有图

像分割这一项,常用的图像分割数据集有 PASCAL VOC、PASCAL Context、MS COCO、Cityscapes 和 SceneParse150。

1. PASCAL VOC

PASCAL VOC 是计算机视觉中最常用的数据集之一,包括可用于分类、分割、检测、动作识别和人物布局 5 个任务的图像和标注。对于分割任务,PASCAL VOC 有 20 类对象标签(飞机、自行车、船、公共汽车、汽车、摩托车、火车、瓶子、椅子、餐桌、盆栽、沙发、电视/显示器、鸟、猫、牛、狗、马、羊和人)以及一个背景类别标签(如果像素不属于这 20 个类则被标记为背景)。该数据集包含 1 464 张训练图片、1 449 张验证图片以及一个未公开的测试集。

2. PASCAL Context

PASCAL Context 是 PASCAL VOC 2010 检测挑战赛的扩展,它对挑战赛中所有训练集的图片都进行了逐像素的标注。PASCAL Context 包含 400 多个类(包括原来 PASCAL VOC 图像分割数据集的 20 个类)。但是由于这个数据集的许多类别的物体较少,故常用其中 59 个类别的数据子集。

3. MS COCO

MS COCO 起源于 2014 年由微软出资标注的 Microsoft COCO 数据集。MS COCO 竞赛与 ImageNet 竞赛一样,被视为计算机视觉领域最受关注和最权威的比赛之一。MS COCO 数据集是一个大型的丰富的物体检测、分割和字幕数据集。这个数据集以场景理解为目标,图像主要从复杂的日常场景中截取,保留了常见物体的自然环境。该数据集包括 91 类物体、32.8 万个图像和 250 个标注实例。MS COCO 是目前为止最大的语义分割数据集,包括 80 个类别的 33 万张图片,其中 20 万张图片带有标注信息,整个数据集中的实例超过 150 万个。

4. Cityscapes

Cityscapes 数据集是由包含戴姆勒在内的三家德国单位联合提供的专门针对城市街道场景的数据集,整个数据集由 50 个不同城市的街景组成。Cityscapes 数据集有精细的和粗略的两套标注方案,前者提供了 5 000 张精准标注的图片,后者提供了 20 000 张粗略标注的图片。

5. SceneParse150

MIT Scene Parsing(SceneParse150)是 MIT 为场景解析算法提供的标准的训练和评估平台。该基准测试的数据来自 ADE20K 数据集,其中包含超过 2 万个以场景为中心的图像,并对物体和物体部件进行了详细的注释。数据集包含 150 个语义类别,将图片分为 3 部分,2 万张图片用于训练集,2 千张图片用于验证集,其余的图片用于测试集。

9.2　图像分割常用评价指标

语义分割任务常用的评价指标有像素准确率(Pixel Accuracy,PA)、平均像素准确率(Mean Pixel Accuracy,MPA)、平均交并比(Mean Intersection over Union,MIoU)和频率加

权交并比(Frequency Weighted Intersection over Union,FWIoU)。这些指标的名称大家都不陌生,在分类任务和检测任务中都有涉及。假设一共有 $k+1$ 类(k 个目标类别和 1 个背景类),用 p_{ij} 来表示像素 p 的标注类别为 i,预测类别为 j,即对于类别 i 来说,p_{ii} 表示 TP(True Positives),p_{ij} 表示 FP(False Positives),p_{ji} 表示 FN(False Negatives)。TP、FP 和 FN 的定义见 7.6 节。

(1) PA

PA 是最简单的指标,衡量分类正确的像素比例。这个评价指标是很直接、合理的。PA 的计算方式如式(9.1)所示,分子是所有分类正确的像素点数目,分母是像素点总数。

$$PA = \frac{\sum\limits_{i=0}^{k} p_{ii}}{\sum\limits_{i=0}^{k}\sum\limits_{j=0}^{k} p_{ij}} \tag{9.1}$$

(2) MPA

MPA 是每一类分类正确的像素点数和该类的所有像素点数的比值的平均值。PA 衡量的是整体的准确率,而 MPA 衡量的是类别的准确率,当各个类别的像素分布不均衡时,MPA 比 PA 更能衡量模型的能力。MPA 的计算公式如式(9.2)所示,即先求各个类别的 PA,再取平均。

$$MPA = \frac{1}{k+1}\sum\limits_{i=0}^{k} \frac{p_{ii}}{\sum\limits_{j=0}^{k} p_{ij}} \tag{9.2}$$

(3) MIoU

MIoU 是每一类的 IoU 的平均值。在目标检测中,已对 IoU 进行了介绍,但是由于这里没有目标框,因此这里的交集和并集不再是区域面积,而是像素点数目。对于类别 i,真实属于类别 i 的像素点数为 $\sum\limits_{j=0}^{k} p_{ij}$,预测为类别 i 的像素点数为 $\sum\limits_{j=0}^{k} p_{ji}$,其正确预测的像点数为 p_{ii},则类别 i 的 IoU 如式(9.3)所示,将各个类别的 IoU 取平均即为 MIoU,如式(9.4)所示。

$$IoU_i = \frac{p_{ii}}{\sum\limits_{j=0}^{k} p_{ij} + \sum\limits_{j=0}^{k} p_{ji} - p_{ii}} \tag{9.3}$$

$$MIoU = \frac{1}{k+1}\sum\limits_{i=0}^{k} IoU_i \tag{9.4}$$

(4) FWIoU

根据每一类出现的频率对各个类的 IoU 进行加权求平均,即可得到 FWIoU。每一类出现的频率为该类的像素点数,即 $\sum\limits_{j=0}^{k} p_{ij}$,所以 FWIoU 的计算公式如式(9.5)所示,和 MIoU 相比,FWIoU 在计算每类的 IoU 时引入了权重 $\sum\limits_{j=0}^{k} p_{ij}$,因此在求平均时需要除去这些权重之和。

$$FWIoU = \frac{1}{\sum\limits_{i=0}^{k}\sum\limits_{j=0}^{k}p_{ij}} \sum_{i=0}^{k} \frac{p_{ii}\sum\limits_{j=0}^{k}p_{ij}}{\sum\limits_{j=0}^{k}p_{ij}+\sum\limits_{j=0}^{k}p_{ji}-p_{ii}} \tag{9.5}$$

AP（Average Precision）和 mAP（mean Average Precision）这两个指标主要用于实例分割中，其计算方式和 8.1.4 节中介绍的目标检测的 AP 和 mAP 的计算方式一样，只是实例分割中 IoU 的计算方式如式（9.3）所示，因此这里不再赘述。

9.3 语义分割

近年来，随着深度学习不断取得重大突破，图像分割的效果也有了非常大的提升。最早将深度学习应用于图像分割任务的方法是块分类（Patch Classification）。块分类方法是将图像切成块输入深度学习模型，然后对像素进行分类，使用图像块主要是因为全连接层需要固定大小的图像。2014 年全卷积网络（Fully Convolutional Networks，FCN）的提出，使任意图像大小的输入都变成可能，而且速度比块分类方法快很多。接下来将按照发表顺序依次介绍一些具有代表性的方法，从 FCN 开始，依次介绍 DeconvNet、U-Net、DeepLab 系列、DilatedConvNet、PSPNet、ICNet、HRNet 和 FastFCN 等。

9.3.1 FCN

语义分割面临着语义和位置的内在矛盾：全局信息解答"是什么"，局部信息解答"在哪里"。卷积神经网络的深层特征能够很好地回答"是什么"，但是由于降采样和不变性，其深层特征很难解答"在哪里"，还有一个更致命的问题是当时的卷积神经网络只能输入尺寸固定的图片。

FCN 是 2015 年由 J. Long 等人提出的。FCN 利用卷积层替换了全连接层，让图片的输入不再是固定尺寸；通过反卷积将特征还原到图片大小的尺寸，从而进行像素级别的预测；定义了一个"skip"结构来合并深层的、粗粒度的语义信息和浅层的、细粒度的位置信息。FCN 建立了深度学习语义分割的基本框架。

经典的卷积神经网络分类模型的最后面几层都是全连接层，如图 9.2 所示，以 AlexNet 为例，卷积层最后输出特征图的尺寸为 $13\times13\times256$，最后 3 个全连接层分别含有 4 096、4 096、1 000 个神经元。当分别用 4 096 个 13×13 的卷积核的卷积层、4 096 个 1×1 的卷积核的卷积层和 1 000 个 1×1 的卷积核的卷积层替换上述 3 个全连接层时，经典的卷积神经网络就变成了全卷积神经网络。将全连接层替换为卷积层后，模型的参数量和计算量将大幅度减小，且可以输入任意尺寸的图片。

语义分割是像素层次的分类，CNN 的降采样会让这变得很困难，因此需要利用上采样将特征图放大，FCN 利用反卷积（Deconvolution）对特征图进行放大。反卷积是卷积的反过程，

上采样 f 倍可以被看作卷积操作的步长是 $1/f$。反卷积的前向、后向传播方式与卷积的后向、前向传播方式一致，一组反卷积和激活函数可以构造非线性的上采样，而直接将特征图上采样到图片大小的结果是很粗糙的。CNN 的深层特征具备丰富的语义信息，浅层特征具备纹理、颜色等信息。浅层特征的这些信息对位置的确定或者图像细节是很有帮助的。因此 FCN 使用了跳跃（Skip）结构，将浅层特征和深层特征相结合，让分割结果更加准确且具有一定的鲁棒性，如图 9.3 所示。具体来说，FCN 采用了 3 种倍数的上采样，分别是 8 倍、16 倍和 32 倍的上采样。32 倍的上采样是直接在 pool5 的特征后进行的，16 倍的上采样是在将 pool5 的特征 2 倍上采样后和 pool4 的特征相加得到的新特征后进行的，8 倍的上采样是在将 16 倍上采样中获得的新特征 2 倍上采样后和 pool3 的特征相加得到的新特征后进行的。

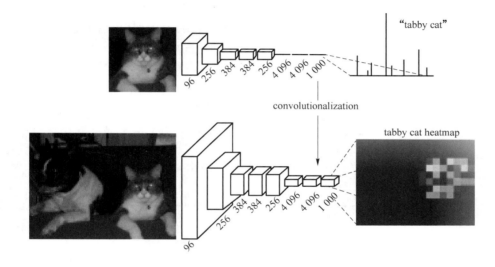

图 9.2　全卷积神经网络和普通神经网络对比

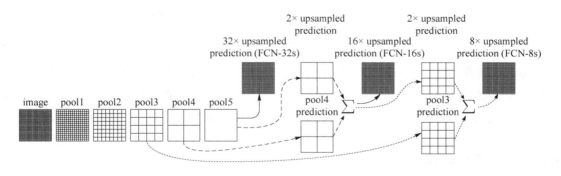

图 9.3　FCN 中的跳跃（Skip）结构

　　FCN 借用了分类模型（AlexNet、VGGNet、GoogleNet）在 ILSVRC 数据库上训练的参数，将全连接层替换为卷积层，在网络后面添加用于上采样的反卷积层和像素级损失函数，通过微调的方式来训练新增网络结构的参数。FCN 的每个解码器都学习上采样的参数，特征图经过上采样后，与对应的编码器特征图合并作为输入传给下一个解码器。编码器的参数数量巨大，但是解码器的参数数量非常少。由于参数量较大，端到端的训练难以直接完成，所以采用了分步训练方式。每个解码层逐个加入已经训练好的网络中,直到性能不再提升时,就不再加入新的解码层。

FCN 和其他语义分割方法分别在 PASCAL VOC 2011、2012 和 PASCAL Context 测试集上的性能对比如图 9.4 所示。从图中可以看出,和以前的方法相比,FCN 无论是从分割精度还是推理时间上都有很大程度的提升,同时结合深层和浅层特征的 8 倍上采样可以进一步提升分割精度。

	mean IU VOC2011 test	mean IU VOC2012 test	inference time
R-CNN	47.9		
SDS	52.6	51.6	~50 s
FCN-8s	**62.7**	**62.2**	**~175 ms**

(a) FCN和其他语义分割方法在PASCAL VOC 2011和2012测试集上的性能对比

59 class	pixel acc.	mean acc.	mean IU	f.w. IU
O₂P	-	-	18.1	-
CFM	-	-	31.5	-
FCN-32s	63.8	42.7	31.8	48.3
FCN-16s	65.7	46.2	34.8	50.7
FCN-8s	**65.9**	**46.5**	**35.1**	**51.0**
33 class				
O₂P	-	-	29.2	-
CFM	-	-	46.1	-
FCN-32s	69.8	65.1	50.4	54.9
FCN-16s	**71.8**	**68.0**	53.4	57.5
FCN-8s	**71.8**	67.6	**53.5**	**57.7**

(b) FCN和其他语义分割方法在PASCAL Context测试集上的性能对比

图 9.4　FCN 和其他语义分割方法的性能对比

尽管现在看来这个网络的结构还不够优美,因网络结构太大而无法完成端到端的训练,同时因网络固定了感受野的大小而无法准确预测太大物体的边缘或者容易丢失较小的物体,但是 FCN 建立了使用深度卷积神经网络完成语义分割任务的基本框架。

9.3.2　DeconvNet

DeconvNet 是由 H. Noh 等人于 2015 年提出的一种新的基于反卷积网络的语义分割算法,该算法针对 FCN 的部分缺点做了优化,使用反卷积和 Unpooling 来弥补 FCN 规定了维度的缺点。DeconvNet 的网络结构如图 9.5 所示。DeconvNet 是一个对称结构,由编码器和解码器组成。编码器是一个降采样过程,通过最大值池化(Max pooling)实现降采样。解码器是一个上采样过程,通过上池化实现上采样。

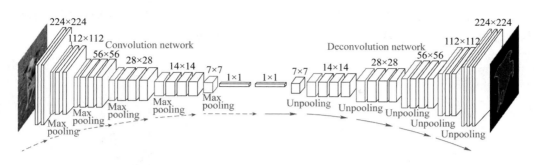

图 9.5　DeconvNet 的网络结构

最大值池化可以实现在输入图像上进行小的空间位移时保持平移不变性。连续的下采样导致了在输出的特征图上,每一个像素都重叠着大量的输入图像中的空间信息。对于图像分类任务,多层最大池化和下采样可以获得较好的鲁棒性,但导致了特征图大小和空间信息的损失。在图像分割任务中,边界划分至关重要,大量有损边界细节的图像表示方法是不利于图像分割的。因此,进行下采样之前,在编码器特征映射中获取和存储边界信息的 Unpooling 操作是十分重要的。Unpooling 与池化层相对应,池化层记录好每个结果对应的来源,也就是图 9.6 中的 switch variables,并传递给 Unpooling 层,Unpooling 层将 2×2 的特征放大到 4×4 特征中对应的位置,其余地方用 0 填充。和 Deconvolution 相比,Unpooling 层可获得不同层次的形状和细节,提高边界的描述能力,弥补 FCN 在特大或特小物体语义分割上的缺陷,同时减少参数量。

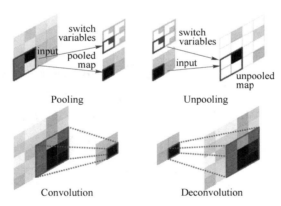

图 9.6　Pooling 和 Unpooling 以及 Convolution 和 Deconvolution 的对比

DeconvNet 为了解决网络结构复杂、训练样本少的问题,增加了 Batch Normalization 和采用了分段训练的方式。在训练时,将图片进行裁剪,使目标物体位于图中央;在推断时,采用区域提名的技术,将多个区域的结果合并作为最终结果来呈现。

9.3.3　U-Net

U-Net 是由 O. Ronneberger 等人于 2015 年提出的。在图像分割任务特别是医学图像分割中,U-Net 无疑是最成功的方法之一。U-Net 的网络结构如图 9.7 所示,因形状像个"U"形而得名。U-Net 是个由编码器和解码器组成的对称模型,其核心思想是将编码器中的特征直接用于对应尺度的解码器中,具体做法是将编码器特征和解码器特征连接起来,实现不同层特征相结合的上采样方式。这个思想很容易扩展应用到其他卷积神经网络模型中。

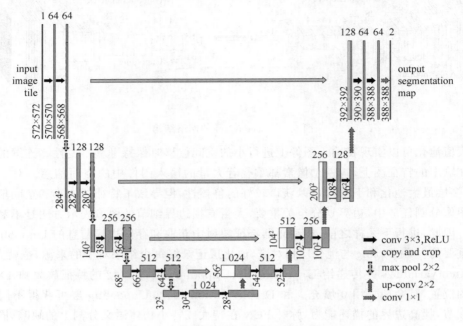

图 9.7 U-Net 的网络结构

9.3.4 DeepLab-v1

DeepLab-v1 由 L. C. Chen 等人于 2015 年提出,采用了空洞卷积来消除卷积神经网络中降采样和不变性带来的影响,同时采用了全连接条件随机场(Dense Conditional Random Field,Dense CRF),既保留了细节,又获得了长距离的依赖关系,如图 9.8 所示。

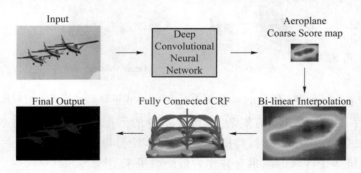

图 9.8 DeepLab-v1 的框架图

虽然 DeepLab-v1 在 DilatedConvNet 之前采用了空洞卷积,即在标准卷积中注入空洞,以此来增加感受野,但是它保留了池化层,且应用起来相对简单,因此,在下一个网络 DilatedConvNet 中再对空洞卷积进行更详细的介绍。

传统的条件随机场使用能量函数对相邻节点进行建模,这样有利于对空间邻近像素进行相同标签的分配。传统的条件随机场已被用于平滑噪声分割图。而语义分割的目标是还原细节,不是进一步平滑,因此 DeepLab-v1 采用了长距离的 CRF,其能量函数 $E(x)$ 如式(9.6)所示。其中 x 是像素点的分类;$\theta_i(x_i)$ 为一元势函数;$P(x_i)$ 是 CNN 预测的在像素点 i 的分类概率;θ_{ij} 是二元势函数,当 i,j 两点的分类相同时,其值为 0;p 表示位置;I 表示颜色;σ_α、σ_β、σ_γ 是控制高斯核方差的超参数。

$$E(x) = \sum_i \theta_i(x_i) + \sum_{ij} \theta_{ij}(x_i, x_j) \qquad (9.6)$$

$$\theta_i(x_i) = -\log P(x_i)$$

$$\theta_{ij}(x_i, x_j) = \omega_1 \exp\left(-\frac{\|p_i - p_j\|^2}{2\sigma_\alpha^2} - \frac{\|I_i - I_j\|^2}{2\sigma_\beta^2}\right) + \omega_2 \exp\left(-\frac{\|p_i - p_j\|^2}{2\sigma_\gamma^2}\right)$$

DeepLab-v1 采用 CRF 后的效果如图 9.9 所示,可以看出 CRF 在描绘细节方面的能力是很突出的。

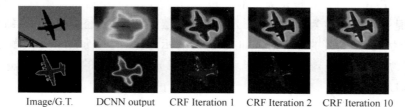

| Image/G.T. | DCNN output | CRF Iteration 1 | CRF Iteration 2 | CRF Iteration 10 |

图 9.9　DeepLab-v1 采用 CRF 后的效果

另外,DeepLab-v1 还采用了一种多尺度预测的方法来提高边界定位精度,将前 4 个最大值池化层中的每一个输入图像和输出附加到一个两层感知机(第一层是 128 个 3×3 的卷积层,第二层是 128 个 1×1 的卷积层),其特征图连接到主网络的最后一层特征图。因此,可通过 $5\times128=640$ 个通道增强馈送到 Softmax 层的聚合特征图。训练时,保持主网络的旧参数不变,只更新新增的参数。DeepLab-v1 和其他语义分割模型在 VOC2012 测试集上的性能对比如图 9.10 所示,由图可知,多尺度和大感受野都有助于性能提升,DeepLab-v1 在性能上明显优于其他算法。

Method	mean IOU/%
MSRA-CFM	61.8
FCN-8s	62.2
TTI-Zoomout-16	64.4
DeepLab-CRF	66.4
DeepLab-MSc-CRF	67.1
DeepLab-CRF-7×7	70.3
DeepLab-CRF-LargeFOV	70.3
DeepLab-MSc-CRF-LargeFOV	71.6

图 9.10　DeepLab-v1 和其他语义分割模型在 VOC2012 测试集上的性能对比

9.3.5　DilatedConvNet

DilatedConvNet 是由 F. Yu 等人于 2016 年提出。与前面所述的 3 种网络结构不同(前 3 种网络都采用编码器和解码器的结构,将原来求解分类问题的网络变成求解稠密问题的网络),DilatedConvNet 使用空洞卷积(Dilated Convolution),在不降低分辨率、不借助于多尺度输入图片的基础上聚合图像中不同尺寸的上下文信息,同时空洞卷积扩大了感受野的范围。空洞卷积是卷积的一个变种,不需要借助于降采样或池化层就可以扩大感受野。

感受器受刺激兴奋时,通过感受器官中的向心神经元将神经冲动(各种感觉信息)传到上位中枢,一个神经元所反映(支配)的刺激区域就叫作神经元的感受野(Receptive Field)。在计算机视觉领域的深度神经网络中,感受野用来表示网络内部不同位置的神经元对原图像的感受范围的大小。神经元之所以无法对原始图像的所有信息进行感知,是因为在这些网络结构中普遍使用卷积层和池化层,在层与层之间均为局部相连。神经元感受野的值越大表示其能接触到的原始图像范围越大,也就意味着其可能蕴含更为全局、语义层次更高的特征,而值越小则表示其所包含的特征越趋于局部细节,因此感受野的值可以用来大致判断每一层的抽象层次。

输入图像的每个单元的感受野被定义为1,因为每个像素只能看到自己,如图9.11所示。Conv1是一个卷积核为3×3、步长为2的卷积层,经过Conv1层后特征图每个单元的感受野为3。Conv2是一个卷积核为2×2、步长为1的卷积层,可以看到经过Conv2层后特征图每个单元的感受野为5。感受野的计算公式如式(9.7)所示,其中r_n表示第n个卷积层的感受野,原图片可以视为第0层,即$r_0=1$,k_n和s_n分别表示第n个卷积层的卷积核大小(Kernel Size)和步长(Stride)。

$$r_n = r_{n-1} + (k_n - 1)\prod_{i=1}^{n-1} s_i \tag{9.7}$$

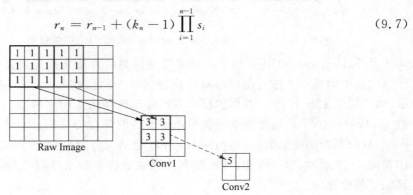

图9.11 不同卷积层的感受野示意图

空洞卷积和普通卷积相比,多了一个扩张因子(Dilation Factor)的超参数,扩张因子指的是卷积核中各点之间的间隔数量。这样空洞卷积在和原来卷积层有相同参数和计算量的情况下拥有了更大的感受野。如图9.12所示,灰色区域表示原输入中的感受野,小圆点表示卷积核对应的输入点,卷积核的大小为3×3。图9.12(a)表示的是普通卷积操作,卷积核与输入中连续的3×3的区域进行卷积操作。图9.12(b)表示的是扩张因子为2的空洞卷积,这个卷积核要跟原输入对应的感受野中的每隔1个单元的位置进行卷积操作,在卷积核大小仍然是3×3的情况下,感受野扩大到7×7,相当于增加一个池化层。图9.12(c)表示的是扩张因子为4的空洞卷积,此时感受野已经扩大到了15×15,相当于增加了两个池化层。

为了聚合多尺度上下文信息,DilatedConvNet使用了一个上下文模块(Context Module)。该模型以C通道的特征图为输入,C通道的特征图为输出,输入输出分辨率相同。因为输入和输出的通道数一样,所以上下文模块能被嵌入到任意已经存在的稠密预测的结构中。上下文模块的基本结构如图9.13所示,该模块包含7层网络,使用了不同扩张因子的3×3的卷积,每层卷积后都接着一个像素级的截断处理$\max(*,0)$,即截断小于0的值,最后一层为$1\times1\times C$的卷积。

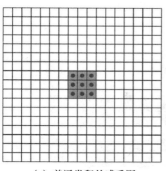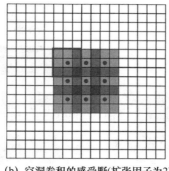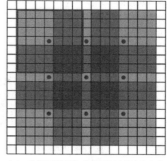

(a) 普通卷积的感受野　　(b) 空洞卷积的感受野(扩张因子为2)　(c) 空洞卷积的感受野(扩张因子为4)

图 9.12　感受野呈指数级增长的空洞卷积

Layer	1	2	3	4	5	6	7	8
Convolution	3×3	3×3	3×3	3×3	3×3	3×3	3×3	1×1
Dilation	1	1	2	4	8	16	1	1
Truncation	Yes	Yes	Yes	Yes	Yes	Yes	Yes	No
Receptive field	3×3	5×5	9×9	17×17	33×33	65×65	67×67	67×67
Output channels								
Basic	C	C	C	C	C	C	C	C
Large	$2C$	$2C$	$4C$	$8C$	$16C$	$32C$	$32C$	C

图 9.13　上下文模块的基本结构

DilatedConvNet 通过采用多尺度的空洞卷积增大了卷积层的感受野,融合了多尺寸的上下文信息,让特征具有局部细节的同时也具有全局的语义信息。DilatedConvNet 的实现以 VGGNet 为基础,但是去掉了所有的池化层和步长,以空洞卷积层来扩大感受野。DilatedConvNet 和其他语义分割模型在 PASCAL VOC 2012 测试集上的性能对比如图 9.14 所示,由图可知,DilatedConvNet 模型在各个类别上的性能都有了明显的提升。

	aero	bike	bird	boat	bottle	bus	car	cat	chair	cow	table	dog	horse	mbike	person	plant	sheep	sofa	train	tv	mean IoU
FCN-8s	76.8	34.2	68.9	49.4	60.3	75.3	74.7	77.6	21.4	62.5	46.8	71.8	63.9	76.5	73.9	45.2	72.4	37.4	70.9	55.1	62.2
DeepLab	72	31	71.2	53.7	60.5	77	71.9	73.1	25.2	62.6	49.1	68.7	63.3	73.9	73.6	50.8	72.3	42.1	67.9	52.6	62.1
DeepLab-Msc	74.9	34.1	72.6	52.9	61.0	77.9	73.0	73.7	26.4	62.2	49.3	68.4	64.1	74.0	75.0	51.7	72.7	42.5	67.2	55.7	62.9
DilatedConvNet	**82.2**	**37.4**	**72.7**	**57.1**	**62.7**	**82.8**	**77.8**	**78.9**	**28**	**70**	**51.6**	**73.1**	**72.8**	**81.5**	**79.1**	**56.6**	**77.1**	**49.9**	**75.3**	**60.9**	**67.6**

图 9.14　DilatedConvNet 和其他语义分割模型在 PASCAL VOC 2012 测试集上的性能对比

9.3.6　DeepLab-v2

DeepLab-v2 是由 L. C. Chen 等人于 2017 年提出,在 Deeplab-v1 的基础上进行改进得到的。DeepLab-v2 用空洞卷积代替 DeepLab-v1 中的上采样的方法,在不增加参数数量的情况下,有效地扩大了感受野,得到了像素更高的得分图(Score Map)。DeepLab-v2 使用了空间空洞金字塔池化(Atrous Spatial Pyramid Pooling,ASPP),如图 9.15 所示。ASPP 采用不同的扩张因子,提取不同感受野大小的特征,从多个尺度捕获图像上下文信息。DeepLab-v2 利用全连接的条件随机场(Conditional Random Field,CRF)结合低层的细节信息对分类的局部特征进行优化。

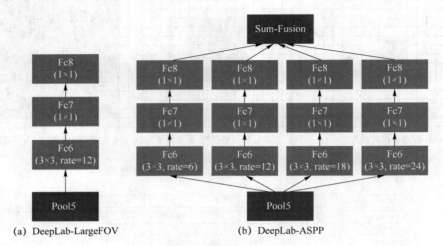

图 9.15　DeepLab-v1 中 LargeFOV 和 DeepLab-v2 中 ASPP 的网络结构图

DeepLab-v2 和其他语义分割模型在 VOC2012 测试集上的性能对比如图 9.16 所示。DeepLab-v2 采用多尺度的策略,相比 DeepLab-v1(第一行),DeepLab-v2(最后一行)最终在 VOC2012 测试集上取得了 7% 的提升。这再一次证明了多尺度策略是优秀的。

Method	mIOU
DeepLab-CRF-LargeFOV-COCO	72.7
MERL_DEEP_GCRF	73.2
CRF-RNN	74.7
POSTECH_DeconvNet_CRF_VOC	74.8
BoxSup	75.2
Context + CRF-RNN	75.3
QO_4^{mres}	75.5
DeepLab-CRF-Attention	75.7
CentraleSuperBoundaries++	76.0
DeepLab-CRF-Attention-DT	76.3
H-ReNet+DenseCRF	76.8
LRR_4x_COCO	76.8
DPN	77.5
Adelaide_Context	77.8
Oxford_TVG_HO_CRF	77.9
Context CRF+Guidance CRF	78.1
Adelaide_VeryDeep_FCN_VOC	79.1
DeepLab-CRF(ResNet-101)	79.7

图 9.16　DeepLab-v2 和其他语义分割模型在 VOC2012 测试集上的性能对比

9.3.7　PSPNet

PSPNet(Pyramid Scene Parsing Network)由 H. Zhao 等人于 2017 年提出,主要是通过金字塔池化提取多尺度信息,其网络结构如图 9.17 所示。PSPNet 使用的金字塔池化模块(Pyramid Pooling Module)能够聚合不同区域的上下文信息,提高模型获取全局信息的能力。

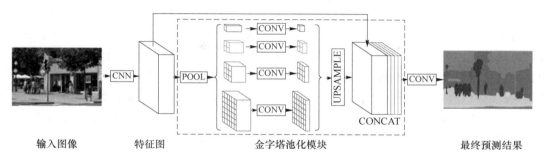

图 9.17　PSPNet 的网络结构

场景解析(Scene Parsing)与语义分割有着紧密的联系,现在两者在实现方法上具有很强的相通性,从广义上来说,可以将现在的场景解析的方法归到语义分割中。场景解析的难度与场景的标签密切相关。之前先进的场景解析框架大多数基于 FCN,如图 9.18 所示,但 FCN 存在以下几个问题。

① 不匹配的关系(Mismatched Relationship):上下文关系匹配对理解复杂场景很重要,例如图 9.18 中的第一行,在水面上很大的物体可能是“船”而不是“车”,虽然“船”和“车”很像。而 FCN 缺乏依据上下文进行推断的能力。

② 易混淆类别(Confusion Categories):许多类别之间都存在关联,可以通过类别之间的这种关联使预测变得更加准确。如图 9.18 中的第二行,把摩天大厦的一部分识别为建筑物,这应该只是其中一部分,而不是多个建筑物。这可以通过类别之间的关系来弥补。

③ 不显眼的类别(Inconspicuous Classes):模型可能会忽略小的东西,而大的东西可能会超过 FCN 的接收范围,从而导致不连续的预测。如图 9.18 的第三行,枕头与被子的材质一致,被识别为一个物体。为了提高不显眼东西的分割效果,应该注重小面积物体。

出现上述这些问题的原因是 FCN 不能有效地处理场景之间的关系以及全局信息。PSPNet 使用了能够获取全局场景的金字塔池化模块,将局部和全局信息融合到一起,并使用了一个深度监督损失的优化策略。

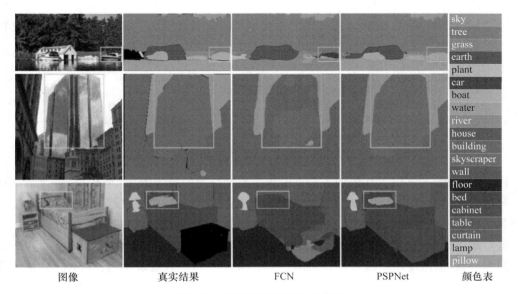

图 9.18　场景解析的结果示意图

PSPNet 的主要改进是金字塔池化模块,如图 9.17 所示,该模块融合了 4 种不同金字塔尺度的特征,第一行是最粗糙的特征,即全局池化生成的一个单元的输出,后面的三行是不同尺度的池化特征。为了保证全局特征的通道数一致,如果金字塔一共有 N 个级别池化层,则每个级别池化层后使用 1×1 的卷积层将对应的语义特征的通道数降为原始的 $1/N$,再通过上采样(双线性插值)将特征图恢复至未池化前的尺寸,并拼接到一起获得多尺度池化的特征,这个特征和原特征具有相同的大小和通道数。金字塔层次的数目和尺寸都是可以更改的,PSPNet 中使用了 4 个等级,核大小分别为 1×1、2×2、3×3 和 6×6。

9.3.8　ICNet

ICNet 由 H. Zhao 等人于 2018 年提出,是一个基于 PSPNet 的实时语义分割网络,目的是减少 PSPNet 的推断耗时。

语义分割需要全局的语义信息和局部的位置信息,现有的许多语义分割模型在分割精度上取得了很大的进步,但是许多高质量的分割模型的推理速度远远达不到实时要求,如图 9.19(a)所示,现有的很多方法都无法达到实时推理,而达到实时推理的方法在精度上比较低。ICNet 的目的是在不牺牲过多分割质量的前提下提高模型推理速度,达到实时要求。ICNet 在 PSPNet 的基础上,找到一个精度和速度上的平衡点。ICNet 综合低分辨率图像的处理速度和高分辨率图像的推断质量,提出图像级联框架逐步细化分割预测。相比 PSPNet,ICNet 的速度提高了 5 倍,内存消耗减少为其 $\frac{1}{5}$,ICNet 可以在 $1\,024 \times 2\,048$ 的分辨率下保持 30FPS 运行。

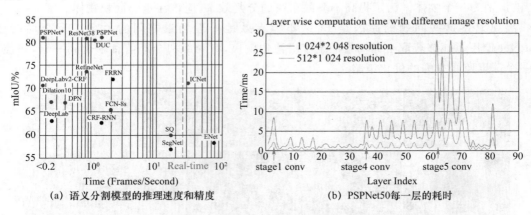

(a) 语义分割模型的推理速度和精度　　　(b) PSPNet50 每一层的耗时

图 9.19　语义分割模型的推理速度和精度以及 PSPNet50 每一层的耗时

PSPNet 在面对不同尺寸的输入图片时各个网络层的耗时如图 9.19(b)所示,上面的线条是分辨率为 $1\,024 \times 2\,048$ 的图片的各个网络层的耗时,下面的线条是分辨率为 512×512 的图片的各个网络层的耗时。从图 9.19 可以得出如下结论:在不同分辨率下,速度相差很大,呈平方趋势增加;网络的宽度越大速度越慢;核数量越多速度越慢。例如,虽然 Stage4 和 Stage5 的分辨率一致,但速度相差很大,因为 Stage5 比 Stage4 的核数量多 1 倍。ICNet 从输入降采样、特征降采样和模型压缩这 3 个角度进行分析,通过这 3 种方式能在很大程度上加快模型推理的速度,但是也会相应地带来一些问题。降低输入分辨率能大幅度地加快推理速度,但同时会让预测结果非常模糊;降低下采样可以加速但同时会降低准确率;压缩训练好的模型,通过减轻模型可以达到加速效果,但实验效果不佳。

通过总结上述几个问题,H.Zhao 等人提出了一种综合性的方法:使用低分辨率加速捕捉语义,使用高分辨率获取细节,使用级联网络结合低分辨率和高分辨率特征,在有限的时间内获得有效的结果。其网络结构如图 9.20 所示。将图片分为 1、1/2、1/4 这 3 个尺度分 3 路送到模型中,不同分支的卷积层数不一样,分支之间通过 CFF(Cascade Feature Fusion)进行信息融合。以原图的 1/4 分辨率为输入的分支称为低分辨率分支,输入图片经过多层卷积层后缩放到 1/32,然后再使用几个空洞卷积扩展感受野但是不改变特征尺寸,最终以原图的 1/32 大小输出特征图。低分辨率分支虽然层数较多,但是分辨率低,因此速度较快。以原图的 1/2 分辨率为输入的分支称为中分辨率分支,利用多层卷积得到原图的 1/16 大小的特征图,再将低分辨率分支的输出的特征图通过 CFF 单元相融合得到最终输出,其中低分辨率分支和中分辨率分支的卷积参数是共享的。以原图输入的分支称为高分辨率分支,利用多层卷积层得到原图的 1/8 大小的特征图,再将中分辨率分支处理后的输出通过 CFF 单元融合,将获得的特征经过上采样放大到原图大小进行分割预测。在训练的时候,ICNet 会以 GT 的 1/16、1/8、1/4 分割图来指导各个分支的训练,这样的辅助训练方法使得梯度优化更为平滑,便于收敛。随着每个分支学习能力的增强,分割预测不会被任何一个分支主导,可以产生合理的预测结果。利用这样的渐变的特征融合和级联引导结构可以产生合理的预测结果。

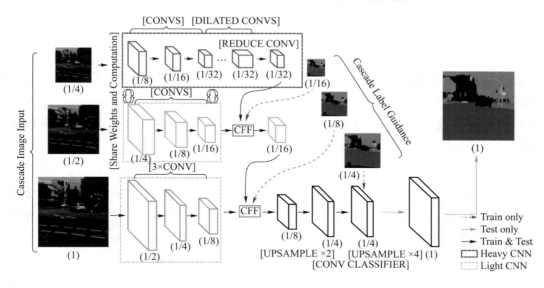

图 9.20 ICNet 的网络结构

在 ICNet 中,分支之间的融合是通过 CFF 模块完成的,其结构如图 9.21 所示,CFF 的输入包含 3 部分,分别为真实标签、特征图 F1 和特征图 F2,F2 的空间尺寸是 F1 的两倍。对 F1 进行 2 倍上采样,使 F1 和 F2 的尺寸相同,分别利用 3×3 的空洞卷积和 1×1 的卷积对 F1 上采样后的特征和 F2 特征进行卷积和 BN 操作,使输出的特征的尺寸和通道数相同,将输出的特征按位相加后再经过 ReLu 激活函数处理,可得到融合后的特征 F2′。为了强化 F1 的学习,

CFF 利用一个辅助损失对 F1 的上采样特征进行约束。

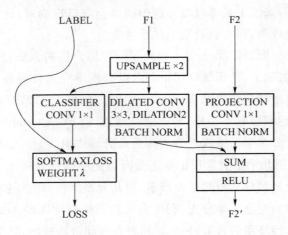

图 9.21　CFF 单元结构

ICNet 采用一个简单而有效的办法进行模型压缩,也就是渐进式压缩。以压缩率 1/2 为例,可以先将模型压缩到 3/4,对压缩后的模型进行微调后,再将其压缩到 1/2,接着再微调,保证压缩稳定进行。

ICNet 使用低分辨率完成语义分割,使用高分辨率细化结果。在结构上,ICNet 产生的特征大大减少,同时仍然保留了必要的细节。

9.3.9　HRNet

以分类为目标的神经网络结构几乎都遵从了 LeNet-5 的设计灵感:随着网络的深入,逐渐降低特征图的空间分辨率。但是对于位置敏感的任务(如物体检测)来说,高分辨率的空间特征是非常重要的,这启发了一系列新的网络架构(如 U-Net 等)。研究者们使用神经网络逐渐提高特征图的空间分辨率,有效地改善了相关任务下神经网络的表现。

由 K. Sun 等人于 2019 年提出的高分辨网络(High-Resolution Network,HRNet)在运算全程中都可以保持高分辨表征。HRNet 始于一组高分辨率卷积,然后是低分辨率的卷积分支,这些卷积分支以并行的方式连接起来。HRNet 的主体结构如图 9.22 所示。最终的网络由若干个阶段组成,其中第 n 段包含 n 个卷积分支并且具备 n 个不同的分辨率。在整个过程中,并行的运算组合间通过多分辨率融合不断地交换信息。以这种方式获得的高分辨表征不仅习得了健壮的语义特征,在空间维度上也具有良好的准确性。这主要是因为:第一,不同分辨率分支并行连接而非串行,因此整个网络都保留了高分辨表征;第二,传统方式将高分辨率低阶特征与放大的低分辨率高阶特征相融合,而 HRNet 则始终保留了高分辨率与低分辨率特征,并且不断地让两者相互融合、相互促进。

HRNet 网络的起始部分为两层步长为 2、卷积核大小为 3×3 的卷积,之后是网络主体,如图 9.22 所示,最终的输出具备同等分辨率。网络主体由多个部分组成:并行的多分辨率卷积分支、多次重复的多分辨率融合分支和表征分支。

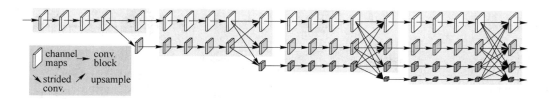

图 9.22　HRNet 的主体结构

（1）并行的多分辨率卷积分支

HRNet 网络主体始于一个高分辨率卷积分支,随着分辨率的下降,在该分支后面逐个添加新的卷积分支,并将它们并行地连接起来。这样网络的后段将会额外增加一个低分辨率分支。第 s 个阶段的 r 个卷积的分辨率是输入分辨率的 $1/(2r-1)$。

（2）多次重复的多分辨率融合分支

多次重复的多分辨率融合的目的是在多分辨率表征之间交换信息。由于分辨率不同,低分辨率表征在接收高分辨率信息时需要通过卷积来降低分辨率。同样地,高分辨率表征在接收低分辨率信息时需要通过双线性上采样与 1×1 卷积来提升分辨率与通道数。如图 9.23 所示,将 3 个不同分辨率的特征变换到同一分辨率后相加,低分辨率的特征通过双线性上采样和 1×1 卷积操作变换到同一分辨率,同分辨率的特征直接复制;高分辨率的特征通过卷积核大小为 3×3、步长为 2 的卷积变换到同一分辨率。

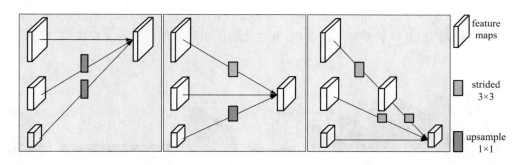

图 9.23　多分辨率融合过程

（3）表征分支

按照表征分支的不同,网络可分为 3 类。图 9.24(a)输出仅采纳了高分辨率分支,而忽略了其他分支;图 9.24(b)展示的是 HRNetV2 的特征选择,将所有分辨率的特征图(小的特征图进行上采样)进行拼接,主要用于语义分割和面部关键点检测;图 9.24(c)展示的是 HRNetV2p 的特征选择,在 HRNetV2 的基础上,使用了一个特征金字塔,主要用于目标检测网络。

HRNet 网络在 CV 领域备受关注,很多以 HRNet 为骨架网络的方案在语义分割、目标检测、分类、人体姿态估计等领域均取得了瞩目的成绩。HRNet 在当年的 MS COCO 数据集的关键点检测、姿态估计、多人姿态估计这 3 项任务里都取得了最优的结果。

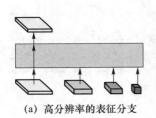 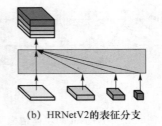 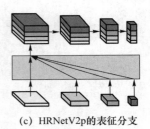

(a) 高分辨率的表征分支　　　　(b) HRNetV2的表征分支　　　　(c) HRNetV2p的表征分支

图 9.24　3 种不同的表征分支

9.3.10　FastFCN

FastFCN 是由 H. Wu 等人在对现有语义分割方法进行回顾和总结的基础上于 2019 年提出的。现今的语义分割模型一般采用两种框架:一种是 Encoder-Decoder 模型;另一种是采用空洞卷积方法的模型。对 Encoder-Decoder 模型来说,在 Encoder 下采样的过程中,随着层数的加深,深层次的特征会丢失精细的图像结构信息,虽然人们在 Decoder 中通过不同的上采样方法来减少损失,但是特征依旧会有丢失。对于采用空洞卷积方法的模型来说,引入空洞卷积方法使得模型感受野增大的同时也保留了图像中精细的图像结构信息,但是这会使得计算复杂度和内存占用大大增加,从而限制了其在很多实时任务中的应用。为了解决上述问题,H. Wu 等人提出了一个联合金字塔上采样模块(Joint Pyramid Upsampling,JPU)来实现输出缩放 8 倍的操作。用此模块替换空洞卷积,并在其后面添加其他已有的工作模块,可实现较好的效果,如图 9.25 所示。

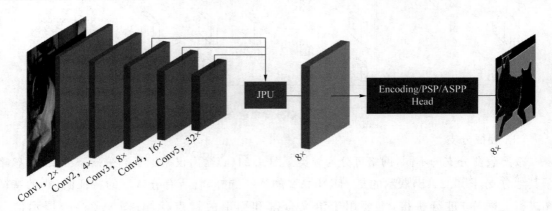

图 9.25　FastFCN 的网络结构图

JPU 模块的网络结构如图 9.26 所示。JPU 可以分为(a)、(b)、(c)3 个阶段:在阶段(a),来自卷积块 Conv3、Conv4、Conv5 的输出特征图分别通过进一步卷积处理后送入 JPU 中;在阶段(b),将特征图分别上采样到原图的 $\frac{1}{8}$ 后拼接在一起,然后通过一个深度分离的扩张金字塔,将金字塔输出的多个特征拼接在一起;在阶段(c),进一步卷积处理后,输出对应于原图 $\frac{1}{8}$

尺寸的特征。至此,JPU 解决了两个紧密层之间的联合上采样问题,也就是解决了基于 Conv3 对 Conv4 进行上采样,根据采样之后的 Conv4 对 Conv5 进行上采样的问题,这里,JPU 使用了多尺度特征信息,但是不同于 ASPP(只利用最后一个特征图的信息),JPU 使用来自多级特征图的信息来进行多尺度信息的提取。

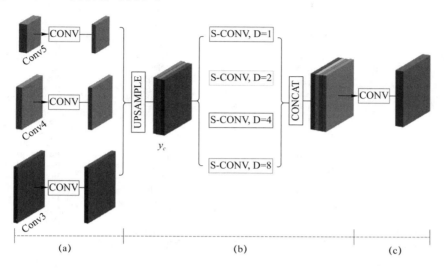

图 9.26　JPU 模块的网络结构

FastFCN 在 Pascal Context 数据库上的精度和速度如图 9.27 所示。可以看出相比很多其他的上采样方法,JPU 无论是在速度还是精度上都取得了不错的提升。

Backbone	Head	Upsampling	FPS
ResNet-50	Encoding	None	18.77
		Bilinear	45.67
		FPN	37.87
		JPU(ours)	37.56
	ASPP	None	15.99
		JPU(ours)	20.67
	PSP	None	18.08
		JPU(ours)	28.48
ResNet-101	Encoding	None	10.51
		Bilinear	35.20
		FPN	32.40
		JPU(ours)	32.02
	ASPP	None	10.46
		JPU(ours)	18.08
	PSP	None	11.36
		JPU(ours)	23.87

Head	OS	Upsampling	pixAcc/%	mIoU/%
Encoding	8	None	78.39	49.91
	32	Bilinear	76.10	46.47
		FPN	78.16	49.59
		JPU(ours)	**78.98**	**51.05**
ASPP	8	None	78.27	49.19
	32	JPU(ours)	78.79	50.07
PSP	8	None	78.60	50.58
	32	JPU(ours)	78.91	50.89

图 9.27　FastFCN 在 Pascal Context 数据库上的精度和速度

9.3 节介绍了一些优秀的语义分割方法。这些方法通过不同的方式来解决语义分割中的各种问题并取得了相应的成绩:增加解码器特征细节;扩大感受野;增加特征多尺度信息;提升网络推理速度;等等。这些创新都很好地推动了语义分割的发展和进步,有兴趣的读者可以沿着这些方向进行进一步的研究。不同语义分割方法在 Cityescapes 和 PASCAL VOC 数据集上的精度对比如图 9.28 所示。

Method	Backbone	mIoU
FCN-8s	-	65.3
DPN	-	66.8
Dilation10	-	67.1
DeeplabV2	ResNet-101	70.4
RefineNet	ResNet-101	73.6
FoveaNet	ResNet-101	74.1
Ladder DenseNet	Ladder DenseNet-169	73.7
GCN	ResNet-101	76.9
DUC-HDC	ResNet-101	77.6
Wide ResNet	WideResNet-38	78.4
PSPNet	ResNet-101	85.4
BiSeNet	ResNet-101	78.9
DFN	ResNet-101	79.3
PSANet	ResNet-101	80.1
DenseASPP	DenseNet-161	80.6
SPGNet	2× ResNet-50	81.1
DANet	ResNet-101	81.5
CCNet	ResNet-101	81.4
DeeplabV3	ResNet-101	81.3
AC-Net	ResNet-101	82.3
OCR	ResNet-101	82.4
GS-CNN	WideResNet	82.8
HRNetV2+OCR (w/ ASPP)	HRNetV2-W48	83.7
Hierarchical MSA	HRNet-OCR	85.1

(a) Cityescapes

Method	Backbone	mIoU
FCN	VGG-16	62.2
CRF-RNN	-	72.0
CRF-RNN*	-	74.7
BoxSup*	-	75.1
Piecewise*	-	78.0
DPN*	-	77.5
DeepLab-CRF	ResNet-101	79.7
GCN*	ResNet-152	82.2
RefineNet	ResNet-152	84.2
Wide ResNet	WideResNet-38	84.9
PSPNet	ResNet-101	85.4
DeeplabV3	ResNet-101	85.7
PSANet	ResNet-101	85.7
EncNet	ResNet-101	85.9
DFN*	ResNet-101	86.2
Exfuse	ResNet-101	86.2
SDN*	DenseNet-161	86.6
DIS	ResNet-101	86.8
DM-Net*	ResNet-101	87.06
APC-Net*	ResNet-101	87.1
EMANet	ResNet-101	87.7
DeeplabV3+	Xception-71	87.8
Extuse	ResNeXt-131	87.9
MSCI	ResNet-152	88.0
EMANet	ResNet-152	88.2
DeeplabV3+*	Xception-71	89.0
EfficientNet+NAS-FPN	-	90.5

(b) PASCAL VOC

图 9.28 不同语义分割方法在 Cityescapes 和 PASCAL VOC 数据集上的精度对比

9.4 实 例 分 割

实例分割(Instance Segmentation)既具备语义分割的特点,即需要做到像素层面上的分类,又具备目标检测的一部分特点,即需要定位出不同的实例,即使它们是同一种类。因此,实例分割的研究长期以来都有着两条线,分别是自下而上的基于语义分割的方法和自上而下的基于检测的方法。

自上而下的实例分割方法的思路是:首先通过目标检测的方法找出实例所在的区域(检测框),然后在检测框内进行语义分割,每个分割结果都作为一个不同的实例输出。这类方法和目标检测的方法有很强的相关性。

自下而上的实例分割方法的思路是:首先进行像素级别的语义分割,然后通过聚类、度量学习等手段区分不同的实例。

从目前的发展来说,自上而下的实例分割方法优于自下而上的实例分割方法。接下来将介绍一些常用的实例分割方法。

9.4.1 Mask R-CNN

Mask R-CNN 由 K. He 等人于 2017 年提出,是在 Faster R-CNN 基础上扩展而来的一种全新的实例分割模型,其网络结构如图 9.29 所示。Mask R-CNN 属于两阶段方法,第 1 阶段使用 RPN(Region Proposal Network) 来产生 RoI(Region of Interest) 候选区域,第 2 阶段对每个 RoI 的类别、边界框偏移和二值化掩码进行预测。掩码由新增加的第 3 个分支进行预测。此外,Mask R-CNN 在下采样时对像素进行对准,使得分割的实例位置更加准确。

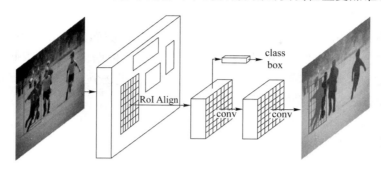

图 9.29　Mask R-CNN 的网络结构

Mask R-CNN 的网络结构与 Faster R-CNN 非常类似,但有以下 3 个不同之处。

① 选用 ResNet-FPN 作为骨干网络,多尺度特征图有利于多尺度物体及小物体的检测。原始的 FPN 会输出 P2、P3、P4 与 P5 一共 4 个阶段的特征图,但在 Mask R-CNN 中又增加了一个 P6。将 P5 进行最大值池化即可得到 P6,这样做的目的是获得更大感受野的特征,该阶段仅用在 RPN 网络中。

② 使用 RoI Align 方法来替代 RoI Pooling,原因是 RoI Pooling 的取整做法损失了一些精度,而这对于分割任务来说较为致命。例如,原图上的物体框大小为 665×665,经骨干网络后特征尺寸为原图的 1/32,因此物体框也应该相应缩小为 $665/32 = 20.78$,但是这并不是一个真实的点所在的位置,因此这一步会取整为 20,舍弃小数部分的 0.78。而这 0.78 的差距反馈到原图就是 $0.78 \times 32 = 25$ 个像素的差距。这个差距对于图像分割来说是无法接受的。RoI Align 取消了取整操作,如果计算得到小数,也就是没有落到真实的点上,那么就利用最近的点对这一虚拟点进行双线性插值,从而得到这个点的值,如图 9.30 所示,再对 bin 内的多个采样点进行最大值池化,即可得到该 bin 最终的值。

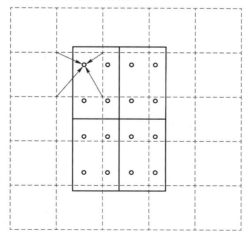

图 9.30　RoI Align 示意图

③ 得到感兴趣区域的特征后,在原来分类与回归的基础上,增加了一个 Mask 分支来预测每一个像素的类别。具体实现时,就是采用 FCN(Fully Convolutional Network)的网络结构,利用卷积与反卷积构建端到端的网络,对每一个像素进行分类,从而实现较好的分割效果。

Mask R-CNN 利用 R-CNN 得到的物体框来区分各个实例,然后针对各个物体框对其中的实例进行分割。显而易见的问题是,如果框不准,分割结果也会不准。因此,对于一些边缘精度要求高的任务而言,这不是一个较好的方案。同时由于这个方案依赖框的准确性,所以也容易导致一些非方正物体的分割效果比较差。

9.4.2　YOLACT

YOLACT 将掩码分支添加到现有的一阶段目标检测模型,其网络结构如图 9.31 所示。YOLACT 将实例分割这一复杂任务分解为两个更简单的并行任务,将这些任务进行组合可以预测出最终的掩码。第一个任务是原型掩码预测,使用 FCN 生成一组图像大小的"原型掩码"(Prototype Masks)。第二个任务是掩码系数预测,通过向目标检测模型中添加额外的预测头(Prediction Head)预测编码原型空间中每个目标的"掩码系数"(Mask Coefficients)。最后,YOLACT 通过对这两个任务的结果进行线性组合获得最终的分割结果。

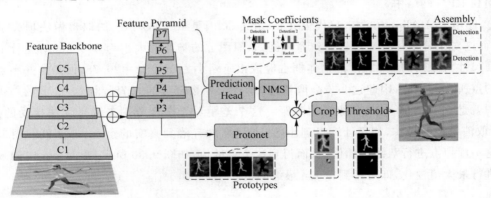

图 9.31　YOLACT 的网络结构

原型生成分支(Protonet)生成一组 k 个图像大小的原型掩码,如图 9.32(a)所示。原型生成分支是一组全卷积网络,其最后一层有 k 个通道(每个原型一个),如图 9.31 中的 Protonet 所示。

在目标检测分支中,相比目标检测算法为每个目标预测 $4+C$ 个值(4 个值表示目标矩形框,C 个值表示目标类别),YOLACT 为每个 Anchor 预测 $4+C+k$ 个值,如图 9.32(b)所示,额外多出来的 k 个值即为掩码(Mask)系数。为了能够通过线性组合得到 Mask,从最终的 Mask 中减去原型 Mask 是很重要的。换言之,Mask 系数必须有正有负。因此,在预测 Mask 系数时使用 tanh 函数进行非线性激活,因为 tanh 函数的值域是(−1,1)。

为了生成实例掩码,可以通过基本的矩阵乘法和 Sigmoid 函数来处理两分支的输出,从而合成 Mask,合成公式如式(9.8)所示。其中,P 是 $h \times w \times k$ 的原型 Mask 的集合,C 是 $n \times k$ 的系数集合,代表有 n 个通过 NMS 和阈值过滤的实例,每个实例对应 k 个 Mask 系数。

$$M = \sigma(PC^{\mathrm{T}})$$

(9.8)

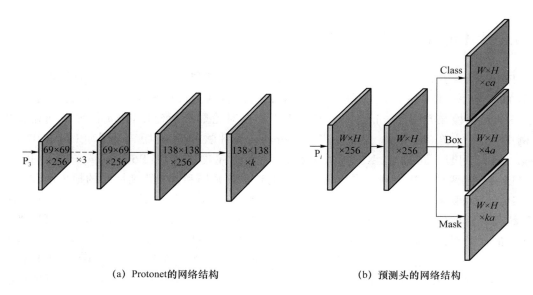

(a) Protonet的网络结构　　　　　　(b) 预测头的网络结构

图 9.32　YOLACT 两个分支的网络结构

Fast NMS 在尽可能少损失精度的情况下,加快了 NMS 的速度,其处理流程如下。

① 对每一类的得分前 N 名的框互相计算 IoU,得到 $C \times N \times N$ 的矩阵 $\boldsymbol{X}$(对角矩阵),对每个类别的框进行降序排列。

② 对矩阵 $\boldsymbol{X}$ 进行上三角化,即将 $\boldsymbol{X}$ 的下三角和对角区域设置为 0。因为对角元素是对本身进行计算,IoU 为 1,所以下三角元素与对应的上三角元素相同。

③ 去除重叠的候选框。检查对角矩阵 $\boldsymbol{X}$ 每一列的最大值是否超过阈值,若有则将其删除。

YOLACT 和其他实例分割方法在 MS COCO 测试集上的速度和精度对比如图 9.33 所示,从图中可以发现,YOLACT 的精度虽然比一些二阶段的实例分割方法低一些,但是速度快了很多。但是当场景中一个点上出现多个目标时,YOLACT 可能无法定位到每个对象,此时将会输出一些和前景 Mask 相似的物体,而不是在这个集合中实例分割出一些目标。

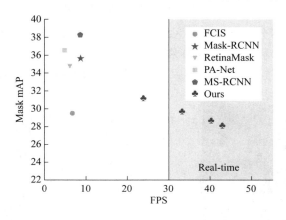

图 9.33　YOLACT 和其他实例分割方法在 MS COCO 测试集上的速度和精度对比

9.4.3 PolarMask

PolarMask 是由 E. Xie 等人于 2019 年提出的,它基于 FCOS 方法把实例分割统一到了 FCN 的框架下。FCOS 本质上是一种 FCN 的稠密预测的检测框架,在性能上不输 Anchor Based 的目标检测方法。PolarMask 基于极坐标系对轮廓进行建模,把实例分割问题转化为实例中心点分类(Instance Center Classification)问题和密集距离回归(Dense Distance Regression)问题。同时,E. Xie 等人还提出了两种有效的方法:Polar CenterNess 和 Polar IoU Losss,这两种方法分别用来优化高质量的正样本采样和密集距离回归的损失函数。

PolarMask 是一个无需 Anchor 和 Bbox 的实例分割框架,同时也是一个全卷积网络,和 FCOS 具有相似的结构,FCOS 可以被看作 PolarMask 的特殊形式,而 PolarMask 可以被看作 FCOS 的通用形式,因为 Bbox 本质上是最简单的 Mask,只有 $0°$、$90°$、$180°$ 和 $270°$ 四个角度回归长度。PolarMask 整个网络和 FCOS 一样简单,其网络结构如图 9.34 所示,首先是标准的 Backbone+FPN 模型,其次是 Head 部分,PolarMask 把 FCOS 的 Bbox 分支替换为 Mask 回归分支,仅仅是把通道数从 4 替换为 $n(n=36)$。同时 E. Xie 等人提出了一种新的 Polar Centerness 来替换 FCOS 的 Bbox Centerness。在网络复杂度上,PolarMask 和 FCOS 并无明显差别。

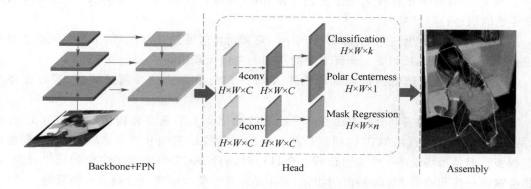

图 9.34 PolarMask 的网络结构

极坐标分割和逐像素分割是有很大区别的,极坐标分割建模如图 9.35 所示。首先输入一张原图,其次通过网络得到中心点的坐标和 n 条射线的长度,根据射线的角度和长度计算轮廓上的点的坐标,从 $0°$ 开始连接这些点,最后把联通区域内的区域当作实例分割的结果。

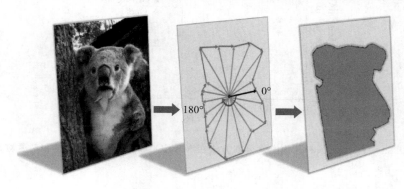

图 9.35 极坐标分割建模示意图

PolarMask 的训练方式和 FCOS 一致,均采用 Focal Loss。在样本的选择中,PolarMask 以重心为基准,以在重心周围采样的样本为正样本,在其他地方采样的样本为负样本。同时,PolarMask 采用 Polar Centerness 来选择高质量的正样本,并降低低质量的正样本的权重。Polar Centerness 的计算公式如式(9.9)所示,其中 $d_1,\cdots,d_n$ 是 n 条射线的长度,$d_{\min}$ 和 $d_{\max}$ 越近,分配的权重就越高。从图 9.36 可以看到,中间图以物体框的中心为中心,这会使得长度回归差别很大,由中间图的点计算出的 Polar Centerness 分数较低,而右边图的中心点到轮廓上所有点的距离较为接近,36 条射线的长度会比较均衡,故由此点计算出的 Polar Centerness 分数较高。

$$\text{Polar Centerness} = \sqrt{\frac{\min(\{d_1,d_2,\cdots,d_n\})}{\max(\{d_1,d_2,\cdots,d_n\})}} \qquad (9.9)$$

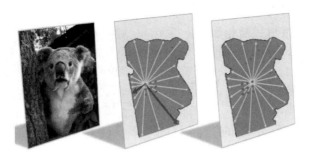

图 9.36　极坐标中心计算示意图

极坐标分割方法将实例分割的任务转换为一组回归问题。在目标检测和分割领域中的大多数情况下,Smooth-L1 Loss 和 IoU Loss 是监督回归问题的两种有效的方法。Smooth-L1 Loss 忽略了相同对象的样本之间的相关性,因此导致定位精度降低。IoU Loss 从整体上考虑了优化,并直接优化了关注指标 IoU。然而,计算预测的 Mask 和真实 Mask 之间的 IoU 是棘手的一件事,并且很难实现并行计算。在 PolarMask 中,需要回归 $n(n=36)$ 条射线的距离,相比目标检测更为复杂,其中如何监督回归分支是一个难点。PolarMask 通过 Polar IoU Loss 来更好地优化 Mask 的回归,相比 Smooth-L1 Loss 和其他 Loss 存在不均衡的问题,需要精心调整权重,而 Polar IoU Loss 不需要调整权重就可以使 Mask 分支快速且稳定地收敛。

Polar IoU 是预测的 Mask 与真实标注的 Mask 之间的交并比,在极坐标系中,Polar IoU 的计算方法如图 9.37 所示,可以看到两个 Mask 的 IoU 可以简化为无数个在 dθ 下的两个三角形面积的 IoU 的积分,最终的公式如式(9.10)所示,其中 d 和 d^* 分别是标注的和预测的射线长度,θ 是角度。

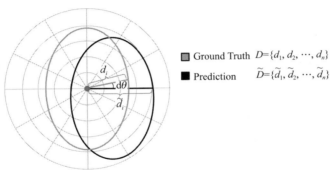

图 9.37　Polar IoU 的计算方法

$$\text{IoU} = \frac{\int_0^{2\pi} \frac{1}{2}\min(d,d^*)^2 \mathrm{d}\theta}{\int_0^{2\pi} \frac{1}{2}\max(d,d^*)^2 \mathrm{d}\theta} \tag{9.10}$$

Polar IoU 的离散形式如下:

$$\text{IoU} = \lim_{N \to \infty} \frac{\sum_{i=1}^{N} \frac{1}{2}d_{\min}^2 \Delta\theta_i}{\sum_{i=1}^{N} \frac{1}{2}d_{\max}^2 \Delta\theta_i} \tag{9.11}$$

其中 $d_{\min} = \min(d,d^*), d_{\max} = \max(d,d^*)$。

当 N 趋于无穷时,离散形式等价于连续形式。假定射线是均匀发出的,即 $\Delta\theta = \dfrac{2\pi}{N}$,根据经验,将 Polar IoU 的离散形式简化如下:

$$\text{Polar IoU} = \frac{\sum_{i=1}^{n} d_{\min}}{\sum_{i=1}^{n} d_{\max}} \tag{9.12}$$

此时 Polar IoU Loss 的计算公式如下:

$$\text{Polar IoU Loss} = \log \frac{\sum_{i=1}^{n} d_{\max}}{\sum_{i=1}^{n} d_{\min}} \tag{9.13}$$

PolarMask 把实例分割的任务变得更加简单和高效,使其在网络结构和计算复杂度上可以和物体检测任务一致。如图 9.38 所示,在不使多尺度训练和延长训练时间等技巧的情况下,PolarMask 把 ResNeXt-101 作为骨干网络,在 MS COCO 的测试集上取得了 mAP 为 32.9 的好成绩;PolarMask 取得的最好精度可以和二阶段 Mask R-CNN 的精度相媲美(mAP:36.2 VS 37.1)。PolarMask 证明了:更复杂的实例分割问题可以在网络结构、计算复杂度、精度上和物体检测问题一样简单。

method	backbone	epochs	aug	AP	AP_{50}	AP_{75}	AP_S	AP_M	AP_L
two-stage									
MNC	ResNet-101-C4	12	○	24.6	44.3	24.8	4.7	25.9	43.6
FCIS	ResNet-101-C5-dilated	12	○	29.2	49.5	-	7.1	31.3	50.0
Mask R-CNN	ResNeXt-101-FPN	12	○	37.1	60.0	39.4	16.9	39.9	53.5
one-stage									
ExtremeNet	Hourglass-104	100	√	18.9	44.5	13.7	10.4	20.4	28.3
TensorMask	ResNet-101-FPN	72	√	37.1	59.3	39.4	17.1	39.1	51.6
YOLACT	ResNet-101-FPN	48	√	31.2	50.6	32.8	12.1	33.3	47.1
PolarMask	ResNet-101-FPN	12	○	30.4	51.9	31.0	13.4	32.4	42.8
PolarMask	ResNet-101-FPN	24	√	32.1	53.7	33.1	14.7	33.8	45.3
PolarMask	ResNeXt-101-FPN	12	○	32.9	55.4	33.8	15.5	35.1	46.3
PolarMask	ResNeXt-101-FPN-DCN	24	√	36.2	59.4	37.7	17.8	37.7	51.5

图 9.38 PolarMask 和其他实例分割方法在 MS COCO 测试集上的精度对比

9.4.4　SOLO

SOLO 由 X. Wang 等人于 2020 年提出,是一种单阶段的实例分割方法。目前主流的实例分割模型可以分为检测后分割的方法(如 Mask R-CNN)和基于像素嵌入(Embedding)学习的方法。这两种方法共同的缺点是非常依赖于检测框或 Embedding 学习的准确性。SOLO 以全新的视角看待实例分割的任务,通过引入“实例类别”的概念,根据实例的位置和大小为实例中的每个像素分配类别,将实例分割问题转换为分类问题。SOLO 框架的中心思想是将实例分割重新表述为两个同时进行类别感知预测的分支,这两个分支分别预测语义类别(Semantic Category)和实例掩码(Instance Mask)。

SOLO 将图像分为 $S \times S$ 个区域,每个区域必须属于一个单独的实例。因此,语义类别预测分支为每个区域预测一个 C 维的类别概率向量,其中 C 是类别数目,且输出尺寸为 $S \times S \times C$;实例掩码预测分支为每个区域预测一个 $H * W$ 的实例掩码矩阵,其中 H 和 W 分别为特征图的高和宽,且输出尺寸为 $H * W * S^2$。SOLO 的网络结构如图 9.39 所示。

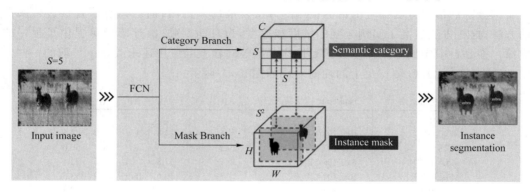

图 9.39　SOLO 的网络结构

实例掩码预测分支中的每个区域都预测一个实例掩码,这些实例掩码中存在很多冗余,因为在大多数情况下,图像中只有很少的部分含有物体。因此,SOLO 采用了一种高效的变体——解耦(Decoupled)SOLO,Decoupled SOLO 的网络结构如图 9.40 所示。Decoupled SOLO 将掩码图分解为 X 方向的掩码图和 Y 方向的掩码图,最终的实例掩码由 Y 方向与 X 方向的掩码图对应位置相乘后获得。Decoupled SOLO 既节省了计算资源,也未降低精度。

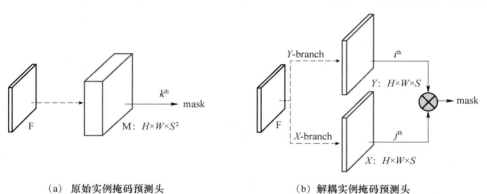

(a)　原始实例掩码预测头　　　　　　　(b)　解耦实例掩码预测头

图 9.40　Decoupled SOLO 的网络结构

实例分割预测分支采用全卷积网络。然而,在某种程度上,常规的卷积运算在空间上是不变的。空间不变性对于某些任务来说(如图像分类)是理想的,因为它会引入鲁棒性。但相反的是,这里需要一个空间变化的模型,或者更精确地说,SOLO 是位置敏感的模型,因为 SOLO 的实例掩码以网格为条件,并且必须由不同的特征通道分开。SOLO 首先直接对像素坐标进行归一化,创建一个与输入具有相同空间大小的张量,该张量包含被归一化为 −1 到 1 的像素坐标,然后将这个张量和输入特征连接在一起传到下面的网络层中。

SOLO 使用 FPN 生成具有不同大小的特征图的金字塔,这些特征图用作每个预测分支的输入。实例掩码预测分支和语义类别预测分支的权重在不同层上共享,但是网格数在不同的金字塔上可能有所不同,因此最后一个卷积核为 1×1 的卷积层不再共享。在后处理阶段,SOLO 首先收集所有网格实例分割结果,然后使用非极大抑制(NMS)获得最终实例分割结果。

SOLO 是一种单阶段的实例分割方法,与 Mask R-CNN 相比,在准确率上具有一定的优势。SOLO 通过引入"实例类别"这一新概念,将实例分割任务简化为分类任务,从而使实例分割任务变得更加简单。

实例分割的很多方法都是由目标检测的方法发展而来的,目前已经有了直接进行实例预测的方法,这些方法提高了实例分割的精度和速度,为自动驾驶、医疗影像等提供了很好的技术支撑。但是目前实例分割在小目标和目标遮挡等问题上的应用还未成熟。目前的一些实例分割方法在 MS COCO 测试集上的性能对比如图 9.41 所示。

	backbone	AP	AP_{50}	AP_{75}	AP_S	AP_M	AP_L
two-stage:							
MNC	Res-101-C4	24.6	44.3	24.8	4.7	25.9	43.6
FCIS	Res-101-C5	29.2	49.5	-	7.1	31.3	50.0
Mask R-CNN	Res-101-FPN	35.7	58.0	37.8	15.5	38.1	52.4
MaskLab+	Res-101-C4	37.3	59.8	39.6	16.9	39.9	53.5
Mask R-CNN*	Res-101-FPN	37.8	59.8	40.7	20.5	40.4	49.3
one-stage:							
TensorMask	Res-50-FPN	35.4	57.2	37.3	16.3	36.8	49.3
TensorMask	Res-101-FPN	37.1	59.3	39.4	17.4	39.1	51.6
YOLACT	Res-101-FPN	31.2	50.6	32.8	12.1	33.3	47.1
PolarMask	Res-101-FPN	30.4	51.9	31.0	13.4	32.4	42.8
SOLO	Res-50-FPN	36.8	58.6	39.0	15.9	39.5	52.1
SOLO	Res-101-FPN	37.8	59.5	40.4	16.4	40.6	54.2
D-SOLO	Res-101-FPN	38.4	59.6	41.1	16.8	41.5	54.6
D-SOLO	Res-DCN-101-FPN	40.5	62.4	43.7	17.7	43.6	59.3

图 9.41 目前的一些实例分割方法在 MS COCO 测试集上的性能对比

习　题　9

1. 用代码实现实例分割评价指标中的 AP 和 mAP。
2. 以 ResNet50 为例,计算最终的特征图的感受野。

3. 构建自己的语义分割数据集，并利用 Labelme 进行标注。

4. 利用自己的语义分割数据集，对某一种目标检测方法进行微调（Fine-tuning）。

5. 试应用多种语义分割方法在自己的语义分割数据集上进行测试，对比分析语义分割效果，并分析原因。

6. 选取你感兴趣的语义分割方法或实例分割方法，并找到源码进行训练。

第 10 章

图 像 生 成

随着机器学习尤其是深度学习技术的进步,AI 在计算机视觉任务中的表现脱颖而出,甚至达到超过人类的表现,如深度学习技术在图像分类、目标检测和目标分割等场景中所展示的一样。上述列举的技术可以统称为判别模型,然而,基于描述生成逼真图像却要困难得多。在机器学习中,生成任务比判别任务困难很多,这是因为生成模型必须基于输入产出更丰富的信息。

生成模型的定义与判别模型相对应:生成模型是所有变量的全概率模型,而判别模型是在给定观测变量值的前提下目标变量的条件概率模型。因此,生成模型能够用于模拟模型中任意变量的分布情况,而判别模型只能根据观测变量得到目标变量的采样。判别模型不对观测变量的分布建模,因此它不能表达观测变量与目标变量之间更复杂的关系。在概率统计理论中,生成模型是指能够随机生成观测数据的模型,尤其是在给定某些隐含参数的条件下。它给观测值和标注数据序列指定一个联合概率分布。在机器学习中,生成模型可以直接对数据建模(例如根据某个变量的概率密度函数进行数据采样),也可以用来建立变量间的条件概率分布。

生成模型的目的是生成尽可能真实的数据,生成这些数据的作用如下。

① 从高维的可行域中生成属于某类的数据,表明模型具备了表示和处理高维度概率分布的能力。

② 生成模型可以与强化学习领域相结合,形成很多有趣的领域。比如可以为强化学习生成对应的环境,满足训练要求。

③ 提供生产数据,优化和促进半监督学习任务。

目前常用的深度学习图像生成方法主要有 2 种:变分自编码器(Variational Auto-Encoder,VAE)和生成对抗网络(Generative Adversarial Network,GAN)。接下来将先介绍图像生成中的一些重要概念,然后再介绍现在常用的这两种图像生成方法。

10.1 图像生成的相关概念

首先介绍 KL(Kullback-Leibler)散度和 JS(Jensen-Shannon)散度,它们是数学中常用的

衡量分布相似度的函数;其次介绍最大似然估计,它是图像生成的理论基础;再次介绍纳什均衡,它是生成对抗网络中对抗思想的由来;最后介绍 IS、FID、AM Score 等常用的评价指标。

10.1.1　KL 散度

KL 散度又称相对熵,是衡量两个概率分布之间相似度的一种方式,用于度量使用一个分布来近似另一个分布时所损失的信息量。两个概率分布 $p(x)$ 和 $q(x)$ 之间的 KL 散度的计算方式如式(10.1)所示,其离散形式如式(10.2)所示。

$$\mathrm{KL}(p\|q) = \int p(x)\log\frac{p(x)}{q(x)}\mathrm{d}x \tag{10.1}$$

$$\mathrm{KL}(p\|q) = \sum_x p(x)\log\frac{p(x)}{q(x)} \tag{10.2}$$

可以看出,KL 散度具有不对称性,即 $\mathrm{KL}(p\|q)$ 不等于 $\mathrm{KL}(q\|p)$。当且仅当 $p(x)$ 和 $q(x)$ 完全一样时,KL 散度取得最小值 0。

10.1.2　JS 散度

JS 散度又称信息半径或者平均值总偏离,是衡量两个概率分布之间相似度的一种方式。它是 KL 散度的变体,具有可对称性,解决了 KL 散度的不对称性问题。两个概率分布 $p(x)$ 和 $q(x)$ 之间的 JS 散度的计算方式如下:

$$\mathrm{JS}(p\|q) = \frac{1}{2}\mathrm{KL}\left(p\,\middle\|\,\frac{p+q}{2}\right) + \frac{1}{2}\mathrm{KL}\left(q\,\middle\|\,\frac{p+q}{2}\right) \tag{10.3}$$

10.1.3　最大似然估计

最大似然估计(Maximum Likelihood Estimation,MLE)也称极大似然估计,是用来估计一个概率模型参数的一种方法。$P_{\mathrm{data}}(x)$ 是真实训练数据集的概率分布函数(假设数据集中的数据是独立同分布的),这个分布函数是由真实数据 x 决定的;$P_{\mathrm{model}}(x;\theta)$ 为生成模型的概率分布函数,这个分布函数是通过参数变量 θ 定义的。在实际过程中,希望通过改变参数 θ,使得生成模型概率分布函数 $P_{\mathrm{model}}(x;\theta)$ 逼近真实数据概率分布函数 $P_{\mathrm{data}}(x)$,即 $P_{\mathrm{data}}(x)\approx P_{\mathrm{model}}(x;\theta)$。

现在有包含 n 个样本 $\{x_1,x_2,\cdots,x_n\}$ 的数据集,但是不知道样本的概率分布函数 $P_{\mathrm{data}}(x)$ 的具体形式;知道生成模型概率分布函数 $P_{\mathrm{model}}(x;\theta)$ 的形式,但是其表达式中包含未知参数 θ。因此现在的问题是如何使用数据集来估算 $P_{\mathrm{model}}(x;\theta)$ 中的未知参数 θ。此时,利用最大似然估计来求解这个问题。

似然函数如式(10.4)所示。最大似然估计的目标就是寻找一个 θ^* 使得似然函数 $L(\theta)$ 最大,这样的实际含义是在给出真实训练数据集的情况下,生成模型能够在这些数据上具备最大的概率。此时可以认为在这些训练数据集上,生成模型的概率分布函数逼近真实数据的概率分布函数。

$$L(\theta) = L(x_1, x_2, \cdots, x_n; \theta) = \prod_{i=1}^{n} P_{\text{model}}(x_i; \theta) \tag{10.4}$$

对似然函数 $L(\theta)$ 取对数,将相乘转化为相加,如式(10.5)所示。图 10.1 形象地展示了这个过程,使用最大似然估计时,每个样本 x_i(图中的灰点)都希望拉高它所对应的概率值 $P_{\text{model}}(x_i; \theta)$(图中的箭头)。

$$\begin{aligned}
\theta^* &= \operatorname{argmax}_\theta \log \prod_{i=1}^{n} P_{\text{model}}(x_i; \theta) \\
&= \operatorname{argmax}_\theta \sum_{i=1}^{n} \log P_{\text{model}}(x_i; \theta)
\end{aligned} \tag{10.5}$$

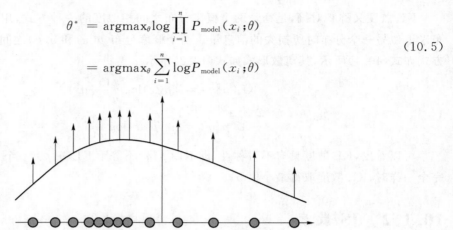

图 10.1 生成模型概率分布和样本间的关系

将式(10.5)中的求和近似转化为求 $\log P_{\text{model}}(x; \theta)$ 的期望值,如式(10.6)所示,其积分形式如式(10.7)所示。$P_{\text{data}}(x)$ 是一个与 θ 无关的常数,因此这个变化并不会影响式(10.5)的求解。进一步,在式(10.7)的基础上减去一个与 θ 无关的常数项 $\int P_{\text{data}}(x) \log P_{\text{data}}(x) \mathrm{d}x$,如式(10.8)所示,此时也没有影响 θ^* 的求解。对式(10.8)进行整理变形,可以推导出最大化生成模型概率密度函数的似然函数 $L(\theta)$ 等同于最小化真实数据概率分布和生成模型概率分布之间的 KL 散度,如式(10.9)所示。但实际的生成模型一般不可能提前知道 $P_{\text{model}}(x; \theta)$ 的表达式形式而只需要估计表达式中的参数,实际中的生成模型非常复杂,往往对 $P_{\text{model}}(x; \theta)$ 无任何先验知识,只能对其进行一些形式上的假设或近似。

$$\begin{aligned}
\theta^* &= \operatorname{argmax}_\theta \mathbb{E}_{P_{\text{data}}(x)} \log P_{\text{model}}(x; \theta) \\
&= \operatorname{argmax}_\theta \sum_{i=1}^{n} P_{\text{data}}(x_i) \log P_{\text{model}}(x_i; \theta) \tag{10.6} \\
&= \operatorname{argmax}_\theta \int P_{\text{data}}(x) \log P_{\text{model}}(x; \theta) \mathrm{d}x \tag{10.7} \\
&= \operatorname{argmax}_\theta \int P_{\text{data}}(x) (\log P_{\text{model}}(x; \theta) - \log P_{\text{data}}(x)) \mathrm{d}x \tag{10.8} \\
&= \operatorname{argmax}_\theta \int P_{\text{data}}(x) \log \frac{P_{\text{model}}(x; \theta)}{P_{\text{data}}(x)} \mathrm{d}x \\
&= \operatorname{argmax}_\theta (-\text{KL}(P_{\text{data}}(x) \| P_{\text{model}}(x; \theta))) \\
&= \operatorname{argmin}_\theta (\text{KL}(P_{\text{data}}(x) \| P_{\text{model}}(x; \theta))) \tag{10.9}
\end{aligned}$$

I. Goodfellow 等人在 2016 年的一篇 NIPS 文章中给出了基于似然估计的生成模型的分类,如图 10.2 所示。基于最大似然估计的生成模型主要分为 2 类:一类是显式概率密度模型,该模型会给出似然函数 $L(\theta)$ 的确定表达式或近似表达式；另一类是隐式概率密度模型,该模型不会给出似然函数 $L(\theta)$ 的表达式。这两类模型的主要区别在于是否估计出一个明确的概率分布函数。

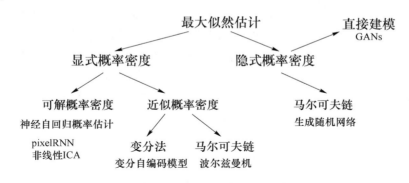

图 10.2　基于似然估计的生成模型的分类

10.1.4　纳什均衡

纳什均衡(Nash Equilibrium)又称为非合作博弈均衡,是博弈论中的一个重要术语,以约翰·纳什命名。纳什均衡描述了一种在非合作博弈中可以达到的特殊状态,在这个状态下,博弈中的参与者已经无法通过改变策略增加自身收益。

纳什均衡的一个经典例子是囚徒困境,假设两名犯罪嫌疑人 A 和 B 因为犯罪被捕,警方将两人置于不同的房间进行审讯。由于目前掌握的证据较少,只能给他们定较轻的罪,因此警方给他们提供了如下选择:

① 犯罪嫌疑人 A 和 B 都坦白交代犯罪过程,两人都会被判有罪,被判刑 10 年;

② 犯罪嫌疑人 A 坦白交代犯罪过程,犯罪嫌疑人 B 抵赖拒不交代,A 减轻处罚被判 1 年,B 由于拒不认罪而加判 2 年,一共判 12 年,反之亦然;

③ 犯罪嫌疑人 A 和 B 都保持沉默,他们因较小的罪名而被判 3 年。

从上面条件来看,如果双方选择保持沉默,两人整体被判的罪最轻,如果只有一人坦白,那么坦白的那个人处罚最轻,只判 1 年。双方由于被隔离而无法交流,都会怀疑对方会出卖自己以求自保。两个人都会这么想:假如对方坦白,此时如果我抵赖的话,要被判 12 年,如果我坦白才被判 10 年;假如对方抵赖,此时如果我也抵赖的话,要被判 3 年,如果我坦白可以只判 1 年,如图 10.3 所示。综合以上考虑,无论对方做什么选择,相对而言都是坦白更划算。囚徒困境的纳什均衡只能是两个人都坦白,共同被判 10 年。

	A坦白	A抗拒
B坦白	A服刑10年；B服刑10年	A服刑12年；B服刑1年
B抗拒	A服刑1年；B服刑12年	A服刑3年；B服刑3年

图 10.3　囚徒困境

10.1.5 图像生成模型的评价指标

因为判别模型有 Ground Truth 的标签,所以可以很方便地利用各种评价准则去衡量模型的好坏,那对于生成模型,它能生成很多原本不存在的图像,在没有 Ground Truth 的标签的情况下,应该如何去衡量图像生成模型的好坏呢? 评价指标首先要评价生成图像的质量,但是图像质量是一个非常主观的概念,线条明确但是组成"奇怪"的图片和不够清晰的图片均应算作质量差的图片,但计算机不太容易认识到这个问题,最好可以设计一个可计算的量化指标。

1. Inception Score

Inception Score(IS)是常用的评价图像生成模型的算法。它通过生成图像的质量和生成图像的多样性等两个方面联合评价生成模型的好坏。IS 使用一个在 ImageNet 上训练的 Inception-V3 网络分别获得生成图像的分类概率(这里需要生成模型也是在 ImageNet 上进行训练的)。分类概率是一个 1 000 维的向量,向量的每一维表示输入样本属于某类别的概率。下面将介绍如何衡量生成图像的质量和多样性。

训练好的 Inception-V3 网络能够正确地将图片进行分类,对于质量高的生成图像 x,网络也可将其以很高的概率分成某类,即分类概率 $p(y|x)$ 中的数值比较集中,可以用信息熵来量化该指标,如式(10.10)所示,其中 $p(y_i|x)$ 表示 x 属于第 i 类,也就是 y_i 的概率。根据熵的性质可知,分类概率 $p(y|x)$ 越集中,即分类器能够明确给出类别判断,其信息熵 $H(y|x)$ 越小;分类概率 $p(y|x)$ 越均匀,即分类器无法明确给出类别判断,其信息熵 $H(y|x)$ 越大。也就是说,生成图像质量越高,分类器越容易判断出类别,其信息熵越小。

$$H(y|x) = -\sum_i p(y_i|x)\log p(y_i|x) \tag{10.10}$$

IS 衡量生成模型好坏的另一个角度是生成图像的多样性。若生成模型生成了很大一批图像样本,那这批样本的类别要尽可能得多,也就是整体的类别分布应该比较均匀(假设训练样本的类别是均匀的)。类别概率 $p(y_i)$ 表示生成图像为类别 y_i 的概率,其计算方式如下:

$$p(y_i) = \frac{1}{N}\sum_{j=1}^{N} p(y_i|x_j) \tag{10.11}$$

同样,可以用信息熵来衡量类别概率 $p(y)$ 的分布,如式(10.12)所示。生成样本的多样性越好(涵盖的类别越多),类别概率 $p(y)$ 的信息熵 $H(y)$ 越大;反之亦然。

$$H(y) = -\sum_{i=1}^{n} p(y_i)\log(p(y_i)) \tag{10.12}$$

互信息(Mutual Information)是信息论里一种有用的信息度量,它可以看成是一个随机变量中包含的关于另一个随机变量的信息量,或者说是一个随机变量由于另一个已知随机变量而减少的不确定性。综合考虑图像质量和多样性两个指标,可以将样本和标签的互信息 $I(x,y)$ 作为生成模型的评价指标。互信息 $I(x,y)$ 如式(10.13)所示,它是类别概率 $p(y)$ 的信息熵 $H(y)$ 与分类概率 $p(y|x)$ 的信息熵 $H(y|x)$ 的差值。$H(y)$ 越大(生成图像类别涵盖越多),信息熵 $H(y|x)$ 越小(生成图像质量越高),互信息 $I(x,y)$ 越大。将式(10.13)整理和变形,可以获得式(10.14)的形式,即条件分布 $p(y|x)$ 和边缘分布 $p(y)$ 之间 KL 散度的期望。

$$I(x,y) = H(y) - H(y|x) \tag{10.13}$$

$$= \sum_x \sum_i p(x,y_i) \log \frac{p(x,y_i)}{p(x)p(y_i)}$$

$$= \sum_x p(x) \sum_i p(y_i|x) \log \frac{p(y_i|x)}{p(y_i)}$$

$$= \sum_x p(x) \mathrm{KL}(p(y|x) \| p(y))$$

$$= \mathbb{E}_{x \sim p_g} \mathrm{KL}(p(y|x) \| p(y)) \tag{10.14}$$

为了便于计算和衡量,IS 最终的表达式为互信息的指数形式,如下所示:

$$\mathrm{IS} = \exp(\mathbb{E}_{x \sim p_g} \mathrm{KL}(p(y|x) \| p(y))) \tag{10.15}$$

在实际计算时,使用式(10.16)进行计算:

$$\mathrm{IS} = \exp\left(\frac{1}{N} \sum_{i=1}^{N} \mathrm{KL}(p(y|x_i) \| p(y)) \right) \tag{10.16}$$

IS 作为生成模型的评价指标(实际上主要是 GAN),自 2016 年提出以来被广泛使用,但它也存在一些缺陷。比如:

① 只有生成模型的训练集和 Inception-V3 网络的训练集一致时,Inception-V3 网络预测的分类概率才具有很高的可信度,这是 IS 的根本假设;

② 生成模型过拟合,只能很好地生成训练集的样本,泛化性能很差,但是由于样本质量和多样性都比较好,所以 IS 仍然会很高;

③ 若生成类别的多样性足够,但是类内发生崩溃问题时,IS 无法探测。

针对上述问题,人们又提出了其他一些性能测度指标,接下来介绍其中几种。

2. Fréchet Inception Distance

为了弥补 Inception Score 的一些缺陷,M. Heusel 等人于 2017 年提出了 Fréchet Inception Distance(FID)。其核心思想是分别把真实图像集和生成的图像集输到 Inception-V3 分类网络中,抽取分类器中间层的图像特征(假设该特征符合多元高斯分布),分别估计生成图像集的高斯分布均值 μ_g 和协方差 Σ_g,以及真实图像集的高斯分布均值 μ_{data} 和协方差 Σ_{data},计算两个高斯分布的弗雷歇距离,此距离值即 FID,如下所示:

$$\mathrm{FID} = \| \mu_{\text{data}} - \mu_g \|^2 + \mathrm{tr}\left[\Sigma_{\text{data}} + \Sigma_g - 2(\Sigma_{\text{data}} \Sigma_g)^{\frac{1}{2}} \right] \tag{10.17}$$

FID 的数值越小,表示两个高斯分布越接近,生成模型的性能越好。在实践中发现 FID 优于 IS 之处在于对噪声的鲁棒性较好,并且能够对生成图像的质量有比较好的评价,其给出的分数与人类的视觉判断比较一致。但是特征符合多元高斯分布是一个很严格的假设,在实践中有时候并不一定成立。

3. AM Score

AMS(AM Score)由 Z. Zhou 等人于 2018 年提出,其解决的是当训练样本类别分布不均匀时 IS 的局限性问题。IS 假设类别标签具有均匀性,生成模型生成类别的概率大致相等,故可使用类别的信息熵来量化该项,但当数据在类别分布中不均匀时,IS 评价指标是不合理的,更为合理的选择是计算训练数据集的类别标签分布与生成数据集的类别标签分布的 KL 散度,如式(10.18)所示。其中 $p^*(y)$ 表示经过训练数据集的图像得到的标签向量的类别概率,关于图像质量的一项和 IS 中保持一致,显然,AMS 分数越小,生成模型性能越好。

$$\mathrm{AMS} = \mathrm{KL}(p^*(y) \| p(y)) + \mathbb{E}_x(H(y|x)) \tag{10.18}$$

生成模型的评价指标还有很多,这里就不一一介绍了。遇到上述评价指标无法衡量的情况,读者可以去找相应的评价指标进行了解。评价指标随着技术的进步和使用场景的改变也在不停变化着。

10.2　VAE

自编码器是一种神经网络结构,其核心思想是通过编码器网络把一些真实样本变换成一个理想的数据分布(维度小于原数据),然后这个数据分布再通过一个解码器网络得到一些与真实样本足够接近的生成样本。变分自编码器(Variational Auto-Encoder,VAE)就是在自编码器模型的基础上加了一些限制,要求产生的隐含向量能够遵循高斯分布,这一限制不仅能够帮助自编码器真正读懂数据的潜在规律,还能够使其基于训练数据学习到参数的概率分布。

VAE 的网络结构如图 10.4 所示,以卷积神经网络为例。编码器由一系列卷积神经网络组成,输入数据(图片)经过编码器后输出两个向量,分别对应目标分布的均值和标准差。均值向量和标准差向量可以组成一个高斯分布概率模型,从高斯分布概率模型中随机采样可以获得隐含变量,隐含变量通过一个由多个卷积层组成的解码器后还原原始图片。当解码器训练好后,就可以用它来生成图像。将一个从高斯分布中随机采样的隐含变量输入解码器就可以生成一张图片。

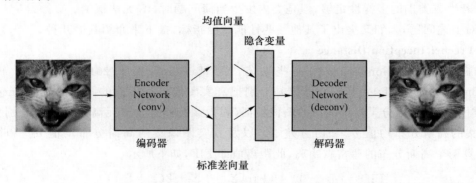

图 10.4　VAE 的网络结构

在 VAE 的训练过程中需要约束 2 个地方:第一个是网络整体的准确程度,即解码器的还原程度,解码器生成的图片和原图片尽可能地相似;第二个是隐含变量是否符合高斯分布。因此 VAE 也有 2 个损失函数,一个是衡量生成图像和原图像之间差距的重构损失函数,另一个是衡量隐含变量和高斯分布相似程度的 KL 损失。因为用 KL 散度(Kullback-Leibler Divergence)来衡量隐含变量和高斯分布的相似程度,所以称为 KL 损失。VAE 最小化隐含变量和高斯分布之间的 KL 散度意味着让隐含变量趋于高斯分布。VAE 的最终损失函数是这两个损失函数的加权求和,优化这个最终的损失函数,可使模型达到最优的结果。

VAE 的解码器起到数据生成的作用,当模型训练好后,从高斯分布中随机采样一个隐含变量输入解码器就可以生成全新的数据。在 MNIST 手写数字识别数据集上训练 VAE 模型,将图片编码成二维数据,随机采样后生成的结果如图 10.5 所示,可以看到随着分布的变化,手写数字也在逐渐变化。

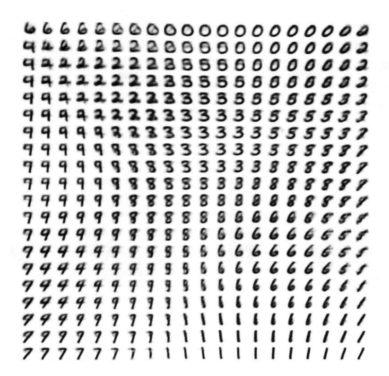

图 10.5　VAE 在 MNIST 数据库上的生成结果

10.2.1　CVAE

目前 VAE 是无监督训练的，对于有标签的数据，能不能把标签信息加进去辅助生成样本呢？解决这个问题的方法是通过控制某个变量来生成某一类图像，因此将这种方法叫作条件变分自编码器（Conditional VAE，CVAE），如图 10.6 所示。CVAE 不是一个特定的模型，而是一类模型的总称，CVAE 整体的框架和 VAE 很相似，但是在编码和解码的过程中，将标签信息融入 VAE 中的方式有很多，目的也不一样。

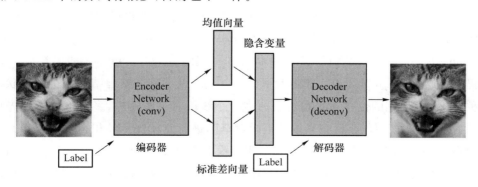

图 10.6　CVAE 的框架图

这里基于前面的讨论给出一种非常简单的 CVAE。在训练时，数字（标签信息）被提供给编码器和解码器,如图 10.6 所示,标签信息可以表示为一个 One-hot 向量(向量中只有 1 维为 1,其余都是 0)。此时,CVAE 不再依赖隐含空间来编码要处理的数字(标签信息)。相反,隐含空间对其他信息进行编码,如数字的角度等。如果要生成特定数字(类别)的图像,只需将该数字(标签信息)和从标准正态分布中采样的隐含变量一起输入解码器即可,如图 10.7 所示,输入相同的点但是结合不同的标签信息能产生两个不同的数字。

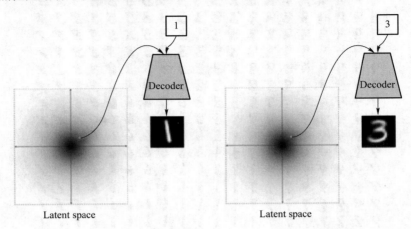

图 10.7   CVAE 的解码器根据给定的标签生成不同的图片

10.2.2   Sketch-RNN

利用上述变分自编码器或者其他图像的生成器可以逐像素地生成草图(草图相关介绍见图 7.28),这里将草图视为图片(由黑色和白色两种像素点组成),然而草图和图片是有本质区别的。图片是由相机成像获得的,由彩色像素点组成,而草图由人体手绘获得,是由白色背景和黑色线条组成的,基本组成单元是笔画(线条)。上述方法生成的草图由像素点构成,体现不出笔画的感觉,这也是上述生成模型生成的草图和真实草图最大的区别。

人手绘草图时是逐笔画地绘画,多个笔画一起构成一个完整的草图。为了模拟人体手绘草图的过程,首先需要对笔画进行建模。任何一种形状的线条都可以利用多个折线去逼近,同理可以将笔画拆解为多个小线段的组合,即 $(\Delta x, \Delta y, p_1, p_2, p_3)$。$\Delta x$、$\Delta y$ 表示相对于上一个点的位移,p_1、p_2、p_3 是 3 种笔画状态,3 种状态在一起组成一组 One-hot 的向量。p_1 表示这一笔画仍然在绘画中;p_2 表示这一笔画绘画结束了;p_3 表示整个绘画结束。这 3 种状态有且只有一种是 1。利用笔的位移和状态表示的多个小线段对笔画建模,多个笔画按照先后次序组成草图,接下来应该用什么模型来按照笔画对草图进行建模呢?卷积神经网络都是单独处理一个个输入,前一个输入和后一个输入是完全没有关系的,所以无法处理笔画间的前后关系。因此,下面先简单介绍常用的处理时间序列的循环神经网络(Recurrent Neural Network,RNN)。

一个简单的循环神经网络如图 10.8 左侧所示,它由输入层 X、一个隐藏层 S 和一个输出层 O 组成。从图中可以看出,和普通的神经网络相比,RNN 多了一个关于权重矩阵 W 的循环层。将 RNN 的结构按照时间线展开,如图 10.8 右侧所示,上一时刻隐藏层的值 s_{t-1} 通过权重矩阵 $\boldsymbol{W}$ 影响当前时刻隐藏层的值 s_t,即当前时刻隐藏层的值 s_t 不仅取决于当前时刻的输入 x_t,还取决于上一时刻隐藏层的值 s_{t-1}。也就是说,RNN 当前时刻的输出 o_t 由当前时刻的输入 x_t 和之前时刻的输入 $x_{t-1,t-2,\cdots,1}$ 共同决定。

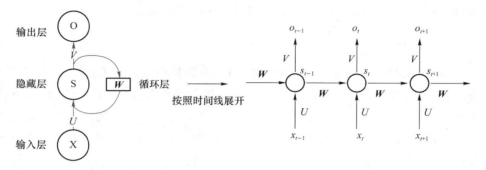

图 10.8　RNN 的结构示意图

Sketch-RNN 的网络结构如图 10.9 所示,它是基于序列到序列的变分自编码器(Sequence-to-Sequence VAE)。编码器 RNN 是双向 RNN,以草图的笔画为输入,输出隐含变量 z;解码器是自回归混合密度 RNN,输入是隐含变量 z 和上一时刻生成的笔画,输出是当前时刻的笔画。在解码器中,利用 M 个混合高斯模型对 Δx、Δy 的均值和方差进行建模和预测,同时使用一个分类器对笔画状态进行预测。

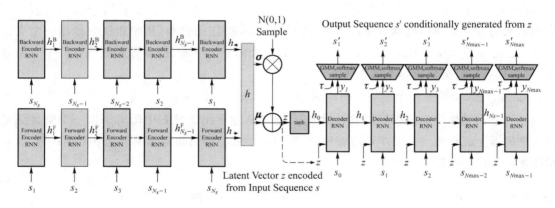

图 10.9　Sketch-RNN 的网络结构

编码器中双向的含义是指将草图笔画按照正序和反序同时输入 2 个 RNN 模型,s_i 就是前面提到的 $(\Delta x,\Delta y,p_1,p_2,p_3)$,将两个 RNN 模型的输出 h 拼接在一起,通过全连接层投影出均值向量 $\boldsymbol{\mu}$ 和均方差向量 $\boldsymbol{\sigma}$,利用和变分自编码器一样的流程(混合噪声和采样)获得隐含变量 z。

解码器 RNN 在 i 时刻的输入为隐含变量 z 和 s_{i-1} 拼接后的向量,其中 s_0 设定为 $(0,0,1,0,0)$,隐含变量 z 经过 tanh 函数后作为解码器 RNN 的初始状态,解码器 RNN 的输出分别进入高斯混合模型和笔画状态分类器。将 Δx、Δy 建模为具有 M 个正态分布的高斯混合模型,每个正态分布都由 5 个参数 $(\mu_x,\mu_y,\sigma_x,\sigma_y,\rho_{xy})$ 组成,其中 μ_x、μ_y 分别为 Δx 和 Δy 的均值,σ_x、

σ_y 分别为 Δx 和 Δy 的标准差, ρ_{xy} 为协方差。

Δx、Δy 的生成概率分布 $p(\Delta x, \Delta y)$ 可以按照式(10.19)的方式进行计算,其中 $\mathcal{N}(\Delta x, \Delta y | \mu_x, \mu_y, \sigma_x, \sigma_y, \rho_{xy})$ 为二元正态分布的概率分布函数, Π_i 为第 i 个正态分布的概率, M 个正态分布的概率和为 1。解码器 RNN 输出向量 y 的长度为 $6M+3$, 其分别为 M 个正态分布预测的高斯参数($\Pi_i, \mu_x, \mu_y, \sigma_x, \sigma_y, \rho_{xy}$)和分类器预测的笔画状态($q_1, q_2, q_3$)。

$$p(\Delta x, \Delta y) = \sum_{j=1}^{M} \Pi_j \, \mathcal{N}(\Delta x, \Delta y | \mu_{x,j}, \mu_{y,j}, \sigma_{x,j}, \sigma_{y,j}, \sigma_{xy,j}), \quad \sum_{j=1}^{M} \Pi_j = 1 \qquad (10.19)$$

Sketch-RNN 的目标函数和变分自编码器一样,由重构损失函数 L_R 和 KL 损失 L_{KL} 加权相加获得。L_R 由笔画位移损失函数 L_s 和笔画状态损失函数 L_p 两部分组成。L_s 是最大化生成概率分布 $p(\Delta x, \Delta y)$, 其中 N_{max} 是模型超参数——解码器 RNN 的最大长度。L_p 为真实笔画状态 p_i 和预测笔画状态 q_i 之间的交叉熵。L_{KL} 如式(10.21)所示,其为隐含变量 z 与标准正态分布(均值为 0、均方差为 1 的正态分布)的 KL 散度。

$$L_s = -\frac{1}{N_{max}} \sum_{i=1}^{N_s} \log \left(\sum_{j=1}^{M} \Pi_{j,i} \, \mathcal{N}(\Delta x_i, \Delta y_i | \mu_{x,j,i}, \mu_{y,j,i}, \sigma_{x,j,i}, \sigma_{y,j,i}, \rho_{xy,j,i}) \right)$$
$$\qquad (10.20)$$

$$L_p = -\frac{1}{N_{max}} \sum_{i=1}^{N_{max}} \sum_{k=1}^{3} p_{k,i} \log(q_{k,i}), \quad L_R = L_s + L_p$$

$$L_{KL} = -\frac{1}{2N_z}(1 + \hat{\sigma} - \mu^2 - \exp(\hat{\sigma})) \qquad (10.21)$$

Sketch-RNN 利用混合高斯模型对笔画位移进行建模,通过预测位移所满足的高斯分布的均值和均方差来预测位移。在训练时,选取 Π_i 最大的正态分布,从中随机采样出一个点作为 Δx、Δy。在推理时,可以和训练一样选择 Π_i 最大的正态分布,也可以随机选择一个正态分布,然后从中随机采样出一个点作为 Δx、Δy。

Sketch-RNN 无条件生成的草图如图 10.10 所示。Sketch-RNN 是一个类别训练了一个生成模型。无条件生成是指只用解码器部分,通过从标准正态分布中随机采样一个隐含变量输入解码器生成草图。从图中可以看出,按照笔画生成的草图和人体手绘的草图很一致,这是按照像素生成的草图所不具备的。

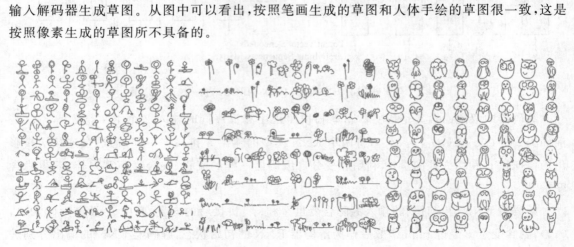

图 10.10　无条件生成的草图

Sketch-RNN 有条件生成的草图如图 10.11 所示。这里的有条件生成是指在输入草图编码出的隐含变量的条件下生成草图。图左右两侧是通过输入不同的草图,分别生成猫和狗。从图中展示的结果可以看出,即使输入牙刷或者卡车这种和猫、狗完全无关的草图,解码器的输出也具备了很多猫和狗的特征。

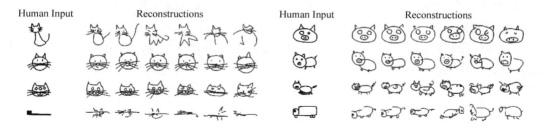

图 10.11　有条件生成的草图

Sketch-RNN 的一个很有意思的应用就是草图补齐,也就是自动画图,如图 10.12 所示,图左侧是输入的笔画,右侧是基于已提供的笔画自动补齐的草图。

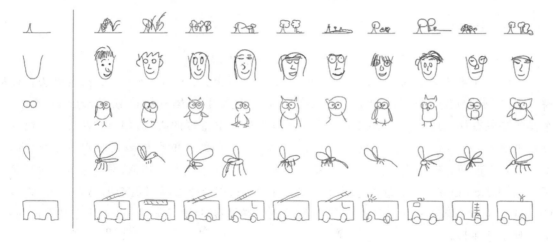

图 10.12　通过 Sketch-RNN 进行草图自动补齐

Sketch-RNN 通过序列到序列的变分自编码器对手绘草图的过程进行建模,能够生成和手绘草图一致的草图,极大地推动了图像生成领域的发展。但是它也存在一定的问题,比如由于 RNN 的限制而无法对笔画数目过多的草图进行建模。

10.2.3　VQ-VAE

向量量化变分自编码器(Vector Quantization VAE,VQ-VAE)是对变分自编码器进行改进得来的,在 VAE 中,隐含变量 z 的每一维都是一个连续的值,而 VQ-VAE 最大的特点就是,z 的每一维都是离散的整数。这样符合自然界中的一些模态,比如语言就是由一串符号组成的。

VQ-VAE 的网络结构如图 10.13 所示,该网络由编码器和解码器构成,但是隐含变量

z 是离散的,由与特征最近的编码表序号组成。VQ-VAE 的处理流程如下:

① 编码表是由 K 个 D 维向量 $e_1,e_2,\cdots,e_K$ 组成的矩阵,最初是随机生成的,如图 10.13 中间上侧的表格所示;

② 将图片输入编码器后获得特征图 $z_e(x)\in\mathcal{R}^{H\times W\times D}$,将特征图视为 $H\times W$ 个 D 维向量;

③ 为 $H\times W$ 个 D 维向量分别在编码表里查找距离最近的 e_i,用其索引 i 表示 $z_e(x)$,获得条件索引矩阵 $q(z|x)$,如图 10.13 中间下侧的矩阵所示;

④ 解码器的输入特征 $z_q(x)$ 由将 $z_e(x)$ 中的 D 维向量替换为编码表中最近的 e_i 而获得,将 $Z_q(x)$ 输入解码器重建图片。

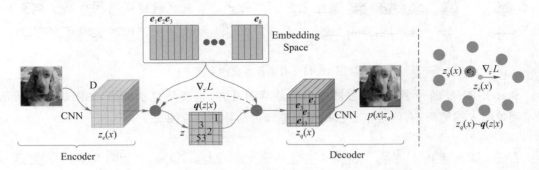

图 10.13　VQ-VAE 的网络结构

按照上述步骤会出现一个很明显的问题,就是重构损失 $\|x-D(Z_q)\|_2^2$ 的梯度无法直接从解码器 D 回传到编码器 E,因为从 $z_e(x)$ 到 $z_q(x)$ 的过程中包含 argmin 或者 argmax 操作,这个操作是没有梯度的。VQ-VAE 使用了一个很精巧也很直接的方法,即直接将 $z_q(x)$ 处的梯度拷贝给 $z_e(x)$,如图 10.13 中的虚线所示。VQ-VAE 最终总的目标函数如式(10.22)所示,第一项就是前面介绍的重构损失函数,第二项和第三项在形式上很相似,只是 sg[·] 的对象变了。sg 是 stop gradient 的意思,即梯度回传到此结束,因此第二项只更新编码表,让编码表中的向量 e_i 向各自最近的 $z_e(x)$ 靠近;第三项只更新编码器,目的是鼓励 $z_e(x)$ 靠近其选择的 e_i,不再频繁地在编码向量之间反复横跳。

$$L_R = \|x-D(z_q)\|_2^2 + \|\text{sg}[z_e(x)]-e\|_2^2 + \beta\|z_e(x)-\text{sg}[e]\|_2^2 \tag{10.22}$$

VQ-VAE 和 VAE 的重构图像结果对比如图 10.14 所示,从结果可以很明显地看出 VQ-VAE 比 VAE 生成的图像更清晰,细节更加丰富。

(a) VQ-VAE　　　　　　　　　　　　　　(b) VAE

图 10.14　VQ-VAE 和 VAE 的重构图像结果对比

10.3　GAN

对抗生成网络(Generative Adversarial Network,GAN)主要由两部分组成:一个生成器(Generator)和一个判别器(Discriminator),如图 10.15 所示。虽然 GAN 和 VAE 都是生成模型,但是两者区别很大。GAN 不再具有编码器,生成器(解码器)的输入是随机产生的噪声,输出是生成的图片。判别器的输入是生成图片和真实图片,输出是二分类结果,用于预测是不是真实图片。

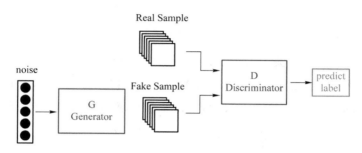

图 10.15　GAN 的网络结构

GAN 的核心思想是生成器和判别器的纳什均衡,生成器需要生成尽可能真实的图片去"骗"过判别器,而判别器要增强自己的识别能力,正确识别出哪些图片是生成的。GAN 的目标函数如式(10.23)所示,对于生成器 G 来说,$V(D,G)$越小越好,也就是"骗"过了判别器;对于判别器 D 来说,$V(D,G)$越大越好,也就是正确识别了图片的真假。因此在 GAN 中要计算的纳什均衡点就是使得一个生成器 G 与判别器 D 的代价函数最小的点,即寻找 $V(D,G)$的极大极小值$\min_G \max_D V(D,G)$问题。

$$V(D,G) = \mathbb{E}_{x \sim P_{\text{data}}} \log D(x) + \mathbb{E}_{x \sim P_z} \log(1 - D(G(z))) \tag{10.23}$$

极大极小值的一个常见的例子就是鞍点,如图 10.16 所示,其中一个方向是函数的极大值点,而另一个方向是函数的极小值点。现在将这个极大极小值的求解问题拆分为 2 步:第一步假设生成器是固定的极大值,即求解此时最优的判别器;第二步是在第一步的判别器的基础上求解极小值,即求解此时最优的生成器。假设理想的判别器为 D^*,理想的生成器为 G^*,则根据式(10.23)有式(10.24)所示的对应关系。

$$D^* = \text{argmax}_D V(D,G)$$

$$G^* = \text{argmin}_G \max_D V(D,G) = \text{argmin}_G V(D^*,G) \tag{10.24}$$

假设生成器 G 固定时,可以令 $G(z)=x$,则 $V(D,G)$可以进一步简化为

$$\begin{aligned}
V(D,G) &= \mathbb{E}_{x \sim P_{\text{data}}} \log D(x) + \mathbb{E}_{x \sim P_z} \log(1 - D(G(z))) \\
&= \mathbb{E}_{x \sim P_{\text{data}}} \log D(x) + \mathbb{E}_{x \sim P_z} \log(1 - D(x)) \\
&= \int P_{\text{data}} \log D(x) \mathrm{d}x + \int p_g(x) \log(1 - D(x)) \mathrm{d}x \\
&= \int P_{\text{data}}(x) \log D(x) + P_g(x) \log(1 - D(x)) \mathrm{d}x
\end{aligned} \tag{10.25}$$

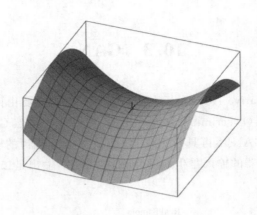

图 10.16 鞍点

求解 D^* 就是令 $V(D,G)$ 关于 $D(x)$ 的导数等于零。已知 P_{data} 是固定的,之前已经假设生成器 G 固定,也就是 P_g 也是固定的。令 $f(x)=P_{\text{data}}(x)\log D(x)+P_g(x)\log(1-D(x))$,求解 $D(x)$ 的过程等同于令 $f(x)$ 关于 $D(x)$ 的导数等于零,推导如式(10.26)所示。

$$\frac{\mathrm{d}f(x)}{\mathrm{d}D(x)}=\frac{P_{\text{data}}(x)}{D(x)}-\frac{P_g(x)}{1-D(x)} \tag{10.26}$$

令 $\dfrac{\mathrm{d}f(x)}{\mathrm{d}D(x)}=0$,$D^*(x)$ 的形式如式(10.27)所示。从式(10.27)可知,$D^*(x)$ 的值域为 0 到 1,当输入真实数据时,判别器输出 1,当输入生成数据时,判别器输出 0,当生成数据分布与真实数据分布非常接近时,判别器输出 0.5,这和判别器的决策方式是一致的。

$$D^*(x)=\frac{P_{\text{data}}(x)}{P_{\text{data}}(x)+P_g(x)} \tag{10.27}$$

找到 D^* 之后,利用同样的方式求解 G^*。将 $D^*(x)$ 带入式(10.23)后,可以获得 $V(D^*,G)$,如式(10.28)所示。

$$V(D^*,G)=\int P_{\text{data}}(x)\log\frac{P_{\text{data}}(x)}{P_{\text{data}}(x)+P_g(x)}\mathrm{d}x+\int P_g(x)\log\frac{P_g(x)}{P_{\text{data}}(x)+P_g(x)}\mathrm{d}x$$

$$\tag{10.28}$$

$V(D^*,G)$ 表达式中的这两项正好就是两个 KL 散度的形式,与 $P_{\text{data}}(x)$ 和 $P_g(x)$ 之间的 JS 散度非常相似。由于 $\int P_{\text{data}}(x)\mathrm{d}x=1$ 和 $\int P_g(x)\mathrm{d}x=1$,所以可以将 $V(D^*,G)$ 变换成 $P_{\text{data}}(x)$ 和 $P_g(x)$ 之间的 JS 散度,推导过程如式(10.29)所示,其中 JS 散度如式(10.3)所示。

$$V(D^*,G)=-\log 4+\int P_{\text{data}}(x)\log\frac{P_{\text{data}}(x)}{\frac{1}{2}(P_{\text{data}}(x)+P_g(x))}\mathrm{d}x+$$

$$\int P_g(x)\log\frac{P_g(x)}{\frac{1}{2}(P_{\text{data}}(x)+P_g(x))}\mathrm{d}x \tag{10.29}$$

$$=-\log 4+2\mathrm{JS}(P_{\text{data}}(x)\parallel P_g(x))$$

从上面的公式推导可以看出,最大化最小化 $V(D,G)$ 的过程等同于生成器的分布 $P_g(x)$

靠近真实数据分布 $P_{data}(x)$ 的过程,这从理论上证明了 GAN 是成立的。

　　GAN 训练流程是一个多步迭代的过程,即先循环训练多次判别器,再训练一次生成器。GAN 生成结果如图 10.17 所示,其中每张图的最右侧为与生成结果最相似的训练集样本。从图中可以看出,生成的结果具有多样性,细节突出(和当年的那些生成方法相比)。但是 GAN 存在一个很大的问题,那就是训练不稳定。

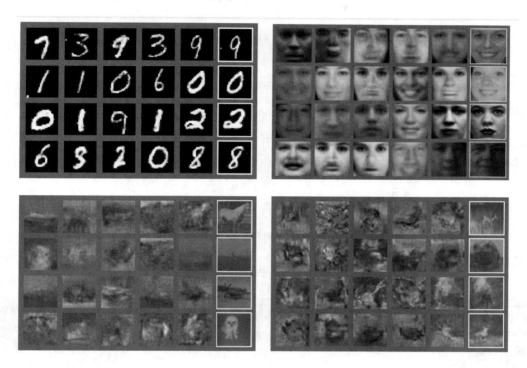

图 10.17　GAN 生成结果示意图

10.3.1　DCGAN

　　DCGAN 由 A. Radford 等人于 2015 年提出,是基于 GAN 的全新的 DCGAN 框架,是后续 GAN 模型的基础版本。DCGAN 训练稳定,并且能生成高质量的图像,其网络结构如图 10.18 所示。该网络由生成器和判别器组成,两个模块都是由一系列的卷积层组成的。在模型结构上,DCGAN 利用卷积层取代了池化层,即上下采样都通过卷积层来实现;移除了全连接层,全连接层不仅参数多而且容易过拟合;使用 BN 对数据分布进行归一化处理;在生成器中除在输出层使用 Tanh(Sigmoid)激活函数外,其余层全部使用 ReLu 激活函数;在判别器的所有层都使用 LeakyReLU 激活函数,以防梯度消失。

　　DCGAN 的图像生成结果如图 10.19 所示,可以很明显地看出,生成的图像细节更加丰富、准确,但是还有很大的提升空间。

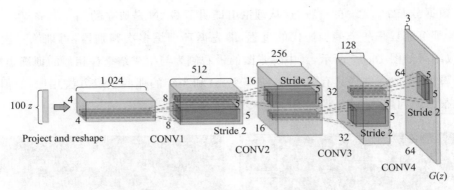

(a) 生成器

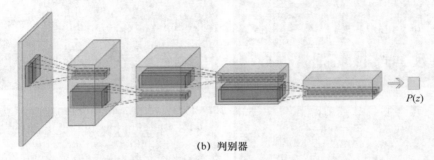

(b) 判别器

图 10.18 DCGAN 的网络结构

图 10.19 DCGAN 的图像生成结果

DCGAN 还有一个很有意思的应用就是图像表情矢量计算,如图 10.20 所示,将微笑的女人脸减去正常的女人脸再加上正常的男人脸后可获得男人笑脸,这和矢量加减法一样。

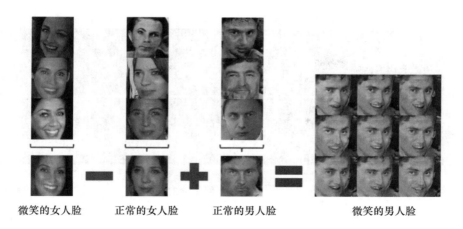

图 10.20 基于 DCGAN 的图像表情矢量计算

10.3.2 Age-cGAN

条件 GAN 是 GAN 模型的一种扩展形式,在生成器和判别器的输入上都额外添加一个辅助信息,可以生成符合辅助信息条件或特征的图像,这个辅助信息可以是性别、面部表情、配饰(如墨镜、帽子等),也可以是年龄等。Age-cGAN 通过指定年龄来生成对应的人脸图像,其网络结构如图 10.21 所示。Age-cGAN 由 4 部分构成,分别是编码器、人脸识别网络、生成器和判别器。编码器用于学习人脸图像的年龄和隐含变量 z 之间的反向映射关系。人脸识别网络使得同一人的生成图像和原图像的身份特征尽可能相似,这样生成图像才是一个人的不同年龄阶段的人脸。判别器用于区分真实图像和生成图像。

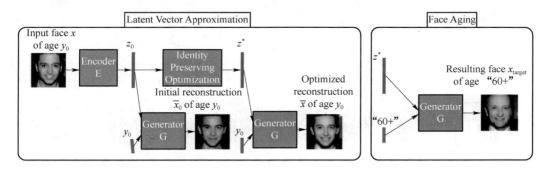

图 10.21 Age-cGAN 的网络结构

Age-cGAN 的训练是多阶段训练:首先是训练 cGAN,主要是训练生成网络和判别网络;其次是训练编码网络,利用第一步生成的图像和真实图像训练编码器,让编码器从学习到的概率分布中生成隐含变量;最后是利用人脸识别网络,同时训练编码网络和生成网络。

将两个随机隐含变量 z 和对应的年龄条件输入 Age-cGAN 生成的结果如图 10.22 所示,可以看到生成的结果还是比较符合人对年龄的评估的。

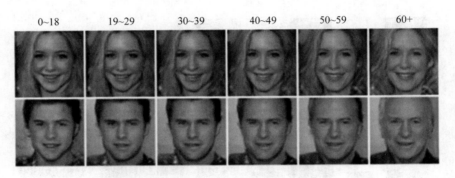

图 10.22　生成的不同年龄的人脸

10.3.3　StackGAN

前面介绍的都是关于单纯图像生成的网络，这里介绍一个基于文本生成图像的网络——StackGAN。StackGAN 是一种层级式网络结构，是由两个 GAN 堆叠而成的可根据文本生成高分辨率图像的网络。StackGAN 的核心思想是将任务分解为 2 步：第一步是先生成具有基础颜色、物体、环境等的低分辨率图像；第二步是在低分辨率图像的基础上添加丰富的细节，生成具有高分辨率的清晰图像。

StackGAN 的网络结构如图 10.23 所示，由条件增强（Conditioning Augmentation，CA）模块、Stage-I GAN 和 Stage-II GAN 三部分构成。

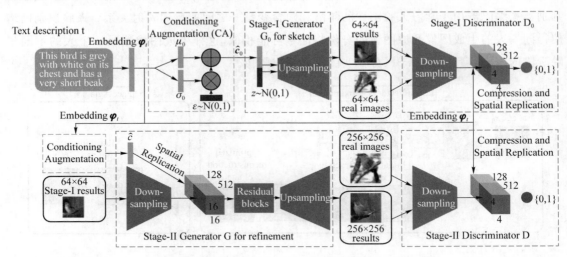

图 10.23　StackGAN 的网络结构

条件增强模块利用高斯分布对文本的嵌入向量进行建模。条件增强模块通过文本的嵌入向量 φ_t 预测高斯分布的均值 μ_0 和方差 σ_0，再从高斯分布中随机采样出一个向量 $\hat{c}_0$ 作为文本新的嵌入向量。条件增强模块解决了在训练数据有限的情况下，文本的嵌入向量 φ_t 维度很高导致模型难训的问题。同时采样操作能产生更多的文本数据，具有类似于数据增广的作用。

Stage-I GAN 的生成器根据给定的文本描述和随机噪声生成一个低分辨率的图像，判别器在文本描述的条件下判断图片真假。

Stage-II GAN 的生成器根据给定的文本描述和低分辨率图像生成高分辨率图像,判别器在文本描述的条件下判断图片真假。Stage-II GAN 中的生成器和普通 GAN 是有区别的,它的输入不再包含随机噪声,因为随机噪声已经包含在低分辨率图像中,也正是因为它的输入是图像,所以需要一个下采样卷积模块(编码器)将输入图像编码为隐含变量。

StackGAN 和其他生成器在 CUB 数据集上的结果对比如图 10.24 所示,从图中可以明显地发现,StackGAN 的细节更清晰且更加符合文本的描述。但是其作为一个多阶段的组合框架,还有很大的提升空间。

图 10.24　StackGAN 和其他生成器在 CUB 数据集上的结果对比

10.3.4　Pix2Pix

在实际生活中,人们往往希望生成模型能够生成自己希望的图像,很多时候这种意愿无法直接用一个确定的量化信息来实现,而是需要进行图像对图像的变换,将一种表示变换为另一种表示,比如将黑白图像变为彩色图像,将航拍图片转为地图图片,将白天图片转为黑夜图片等。Pix2Pix 就是其中的佼佼者,它也是 cGAN 的一种变体,其网络结构如图 10.25 所示。生成器通过边缘图(Edgemap)生成彩色图像。判别器的输入是边缘图和图像(真实图像或者生成图像),输出用于判断这个图像的真假。

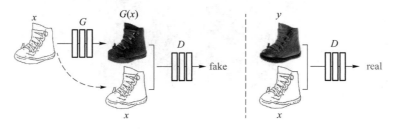

图 10.25　Pix2Pix 的网络结构

　　因为 Pix2Pix 的生成器是一个图像到图像的过程,因此它由编码器和解码器共同构成,其可选的两种网络结构如图 10.26 所示。U-Net 网络在细节还原上比传统编解码器更具优势,因此 Pix2Pix 选用 U-Net 网络的编解码器作为生成器,同时增加一个 L_1 范数作为损失函数来约束生成器的输出和输入图像之间的关系。

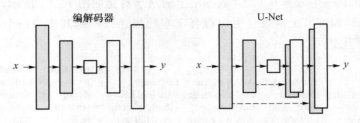

图 10.26　两种可选的网络结构

　　Pix2Pix 在不同领域的图像转换结果如图 10.27 所示,其转化的结果符合人们的认知,生成图像的细节也比较丰富。

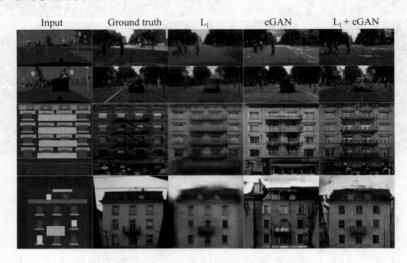

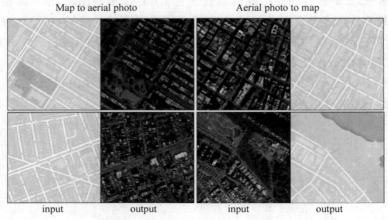

图 10.27　Pix2Pix 在不同领域的图像转换结果

10.3.5　CycleGAN

前面介绍的条件生成模型都需要匹配数据集,比如 Age-cGAN 需要知道每张人脸的年龄,StackGAN 需要和每张图像相匹配的文字描述,Pix2Pix 需要两个图像领域中相匹配的图像,但是收集匹配数据集费时费力,非匹配数据集是大量存在的。CycleGAN 就是一种处理非匹配数据的图像生成网络,其网络结构如图 10.28(a)所示,它由 2 个 GAN 组成。

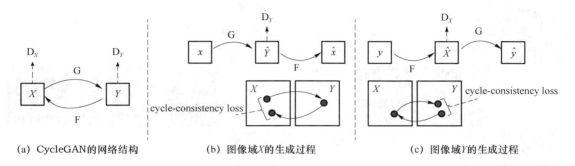

| (a) CycleGAN的网络结构 | (b) 图像域 X 的生成过程 | (c) 图像域 Y 的生成过程 |

图 10.28　CycleGAN 的网络结构、图像域 X 的生成过程、图像域 Y 的生成过程

CycleGAN 包含 2 个 GAN,即 2 个生成器和 2 个判别器,训练数据是分别来自图像域 X 和 Y 的图像。生成器 G 负责从图像域 X 的图像生成图像域 Y 的图像,判别器 D_Y 负责判断生成的图像是否属于图像域 Y;生成器 F 负责将生成的图像域 Y 的图像还原为图像域 X 的图像,判别器 D_X 负责判断生成的图像是否属于图像域 X,过程如图 10.28(b)所示。同样可以先从图像域 Y 开始,过程如图 10.28(c)所示。CycleGAN 增加了一个 cycle-consistency loss,用于约束原始图像和生成图像之间的 L_1 距离。

CycleGAN 在非匹配数据集上的生成结果如图 10.29 所示,由图可知,不仅最终的还原结果很逼真,图像域转换的结果也很逼真。CycleGAN 和其他生成模型在匹配数据集上的生成结果对比如图 10.30 所示,由图可知,其生成的结果能和 Pix2Pix 相媲美。CycleGAN 能利用非匹配数据来训练生成模型,这极大地扩大了生成模型的应用范围。

输入 x　　　输出 $G(x)$　　　重构 $F(G(x))$

图 10.29　CycleGAN 在非匹配数据集上的生成结果

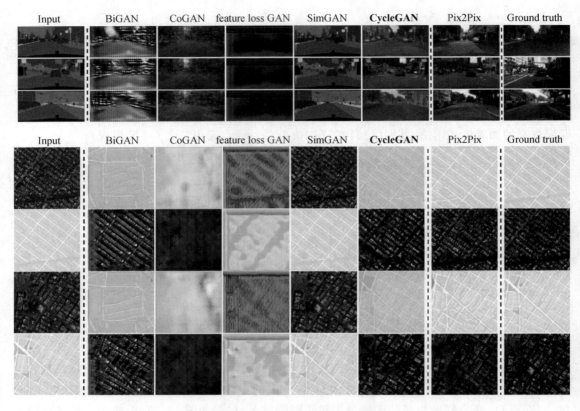

图 10.30　CycleGAN 和其他生成模型在匹配数据集上的生成结果对比

图像生成一直是深度学习中很引人注目的一个领域,它能帮助解决数据量不足等问题。除了上面介绍的生成图像的方式外,生成模型还可以直接生成图像特征向量,让模型具备更好的细节捕捉能力,同时在一定程度上实现"创造性"。关于图像生成的研究一直在进行着,有兴趣的读者可以关注相关领域的文章。

习　题　10

1. 在 MNIST 数据集上训练 VAE 并尝试生成各类数字。
2. 在 MNIST 数据集上训练 GAN 并尝试生成各类数字。
3. 对比 VAE 和 GAN 在 MNIST 数据集上的生成结果,并进行分析。
4. 利用 StackGAN 生成符合自己文字描述的图片。
5. 在艺术画和图片数据集中训练 CycleGAN,并生成各种艺术风格的画。

参考文献

[1] 苏光大.图像并行处理技术[M].北京:清华大学出版社,2002.

[2] 朱秀昌,刘封,胡栋.数字图像处理与图像通信[M].北京:北京邮电大学出版社,2002.

[3] 李弼程,彭天强,彭波.智能图像处理技术[M].北京:电子工业出版社,2004.

[4] 章毓晋.图像处理和分析基础[M].北京:高等教育出版社,2002.

[5] 阮秋琦.数字图像处理学[M].北京:电子工业出版社,2001.

[6] 沈庭芝,方子文.数字图像处理及模式识别[M].北京:北京理工大学出版社,1998.

[7] 姚敏.数字图像处理[M].北京:机械工业出版社,2006.

[8] 刘禾.数字图像处理及应用[M].北京:中国电力出版社,2006.

[9] 黄爱民,安向京,骆力.数字图像处理与分析基础[M].北京:中国水利水电出版社,2005.

[10] 王耀南,李树涛,毛建旭.计算机图像处理与识别技术[M].北京:高等教育出版社,2001.

[11] CASTLEMAN K R.数字图像处理[M].朱志刚,林学闻,石定机,等译.北京:电子工业出版社,1998.

[12] 夏良正.数字图像处理[M].南京:东南大学出版社,1999.

[13] 霍宏涛,林小竹,何薇.数字图像处理[M].北京:北京理工大学出版社,2002.

[14] 贾云得.机器视觉[M].北京:科学出版社,2003.

[15] 章毓晋.图像工程[M].北京:清华大学出版社,1999.

[16] JAIN A K. Fundamentals of digital image processing[M].NewJersey:Prentice Hall,International Inc. ,1989.

[17] CASTLEMAN K R. Digital image processing[M].Beijing:Tsinghua University Press,1998.

[18] 王润生.图像理解[M].长沙:国防科技大学出版社,1992.

[19] 程民德.图像识别导论[M].上海:上海科学技术出版社,1983.

[20] 蔡元龙.模式识别[M].西安:西北电讯工程学院出版社,1986.

[21] 郭桂蓉.模糊模式识别[M].长沙:国防科技大学出版社,1992.

[22] 黄振华,吴诚一.模式识别原理[M].杭州:浙江大学出版社,1991.

[23] 黄德双.神经网络模式识别系统理论[M].北京:电子工业出版社,1996.

[24] 郭军.智能信息技术[M].北京:北京邮电大学出版社,1999.

[25] GUO J, SUN N, NEMOTO Y, et al. Recognition of handwritten characters using pattern transformation method with cosine function[J]. IEICE Trans. , 1993, J76-D-

II(4)：835-842.

[26] GUO J, SUN N, NEMOTO Y, et al. Recognition of handwritten character database ETL9B using pattern transformation method[J]. IEICE Trans. , 1993, J76-D-II(5)：1015-1022.

[27] SUN N, GUO J, NEMOTO Y, et al. A new algorithm of handwritten character recognition by estimating the standard deviation of input pattern[J]. IEICE Trans. ，1994，J77-D-II(1)：79-90.

[28] 郭军,马跃,盛立东,等.发展中的文字识别理论与技术[J].电子学报,1995,23（10）：184-187.

[29] 郭军,蔺志青,张洪刚.一个新的脱机手写汉字数据库模型及其应用[J].电子学报,2000,28(5):115-116.

[30] 张洪刚,刘刚,郭军.FCM-VKNN 聚类算法的研究[J].自动化学报,2002,28(4)：631-636.

[31] 张洪刚,吴铭,刘刚,等.基于模具的手写汉字串切分及应用[J].计算机学报,2003,26（7）:819-824.

[32] 张洪刚,刘刚,郭军.一种手写汉字识别结果可信度的测定方法及应用[J].计算机学报,2003,26(5):636-640.

[33] 梁路宏,艾海舟,徐光佑,等.人脸检测研究综述[J].计算机学报,2002,25(5):449-458.

[34] VIOLA P, JONES M. Rapid object detection using a boosted cascade of simple features[C]//Proceedings of the 2001 IEEE computer society conference on computer vision and pattern recognition. 2001，1：I-I.

[35] 周杰,卢春雨,张长水,等.人脸自动识别方法综述[J].电子学报,2000,28(4):102-106.

[36] BRUNELLI R, POGGIO T. Face recognition：Features versus templates[J]. IEEE transactions on pattern analysis and machine intelligence，1993，15(10)：1042-1052.

[37] TURK M, PENTLAND A. Eigenfaces for recognition[J]. Journal of cognitive neuroscience，1991，3(1)：71-86.

[38] 史丹青.生成对抗网络入门指南[M].北京:机械工业出版社,2019.

[39] 阿伊瓦.生成对抗网络项目实战[M].倪琛,译.北京:人民邮电出版社,2020.

[40] RUSSAKOVSKY O, DENG J, SU H, et al. Imagenet Large scale visual recognition challenge[J]. International journal of computer vision, 2015，115：211-252.

[41] KRIZHEVSKY A, SUTSKEVER I, HINTON G E. Imagenet classification with deep convolutional neural networks[C]//Advances in neural information processing systems. 2012：1106-1114.

[42] LECUN Y, BOTTOU L, BENGIO Y, et al. Gradient-based learning applied to document recognition[J]. Proceedings of the IEEE，1998：278-324.

[43] SIMONYAN K, ZISSERMAN A. Very deep convolutional networks for large-scale image recognition[C]// 3rd International Conference on Learning Representations. 2015：1-14.

[44] SZEGEDY C, LIU W, JIA Y, et al. Going deeper with convolutions [C]// Proceedings of the IEEE conference on computer vision and pattern recognition.

2015：1-9.

[45] HE K, ZHANG X, REN S, et al. Deep residual learning for image recognition[C]// Proceedings of the IEEE conference on computer vision and pattern recognition. 2016：770-778.

[46] KRIZHEVSKY A, HINTON G. Learning multiple layers of features from tiny images[D]. Toronto：University of Toronto,2009.

[47] GRIFFIN G, HOLUB A, PERONA P. Caltech-256 object category dataset[D]. California：California Institute of Technology,2007.

[48] 古德费洛,本吉奥,库维尔.深度学习[M].赵申剑,黎彧君,符天凡,等译.北京：人民邮电出版社,2017.

[49] 李良福.智能视觉感知技术[M].北京：科学出版社,2018.

[50] 猿辅导研究团队.深度学习核心技术与实践[M].北京：电子工业出版社,2018.

[51] FELZENSZWALB P F, HUTTENLOCHER D P. Efficient graph-based image segmentation[J]. International journal of computer vision, 2004, 59：167-181.

[52] EVERINGHAM M, VAN G L, WILLIAMS C K I, et al. The pascal visual object classes（voc）challenge[J]. International journal of computer vision, 2010, 88：303-338.

[53] LIN T Y, MAIRE M, BELONGIE S, et al. Microsoft coco：Common objects in context[C]//Computer Vision-ECCV 2014：13th European Conference, Zurich, Switzerland, September 6-12, 2014, Proceedings, Part V 13. Springer International Publishing, 2014：740-755.

[54] GIRSHICK R, DONAHUE J, DARRELL T, et al. Rich feature hierarchies for accurate object detection and semantic segmentation[C]//Proceedings of the IEEE conference on computer vision and pattern recognition. 2014：580-587.

[55] SERMANET P, EIGEN D, ZHANG X, et al. Overfeat：Integrated recognition, localization and detection using convolutional networks[C]//2nd International Conference on Learning Representations, 2014.

[56] HE K, ZHANG X, REN S, et al. Spatial pyramid pooling in deep convolutional networks for visual recognition[J]. IEEE transactions on pattern analysis and machine intelligence, 2015, 37(9)：1904-1916.

[57] GIRSHICK R. Fast r-cnn[C]//Proceedings of the IEEE international conference on computer vision. 2015：1440-1448.

[58] REN S, HE K, GIRSHICK R, et al. Faster R-CNN：Towards Real-Time Object Detection with Region Proposal Networks[J]. IEEE Transactions on Pattern Analysis and Machine Intelligence, 2017, 39：137-1149.

[59] LIN T Y, DOLLÁR P, GIRSHICK R, et al. Feature pyramid networks for object detection[C]//Proceedings of the IEEE conference on computer vision and pattern recognition. 2017：2117-2125.

[60] REDMON J, DIVVALA S, GIRSHICK R, et al. You only look once：Unified, real-time object detection[C]//Proceedings of the IEEE conference on computer vision and

pattern recognition. 2016：779-788.

[61] LIU W，ANGUELOV D，ERHAN D，et al. Ssd：Single shot multibox detector [C]//Computer Vision-ECCV 2016：14th European Conference，Amsterdam，The Netherlands，October 11-14，2016，Proceedings，Part I 14. Springer International Publishing，2016：21-37.

[62] REDMON J，FARHADI A. YOLO9000：better，faster，stronger[C]//Proceedings of the IEEE conference on computer vision and pattern recognition. 2017：7263-7271.

[63] REDMON J，FARHADI A. Yolov3：An incremental improvement[J]. arXiv preprint arXiv：1804. 02767，2018.

[64] LAW H，DENG J. Cornernet：Detecting objects as paired keypoints[C]//Proceedings of the European conference on computer vision (ECCV). 2018：734-750.

[65] DUAN K W，BAI S，XIE L，et al. Centernet：Keypoint triplets for object detection [C]//Proceedings of the IEEE/CVF international conference on computer vision. 2019：6569-6578.

[66] TIAN Z，SHEN C，CHEN H，et al. Fcos：Fully convolutional one-stage object detection[C]//Proceedings of the IEEE/CVF international conference on computer vision. 2019：9627-9636.

[67] LONG J，SHELHAMER E，DARRELL T. Fully convolutional networks for semantic segmentation[C]//Proceedings of the IEEE conference on computer vision and pattern recognition. 2015：3431-3440.

[68] NOH H，HONG S，HAN B. Learning deconvolution network for semantic segmentation[C]//Proceedings of the IEEE international conference on computer vision. 2015：1520-1528.

[69] RONNEBERGER O，FISCHER P，BROX T. U-net：Convolutional networks for biomedical image segmentation [C]//Medical Image Computing and Computer-Assisted Intervention-MICCAI 2015：18th International Conference，Munich，Germany，October 5-9，2015，Proceedings，Part III 18. Springer International Publishing，2015：234-241.

[70] CHEN L C，PAPANDREOU G，KOKKINOS I，et al. Semantic Image Segmentation with Deep Convolutional Nets and Fully Connected CRFs[J]. IEEE Transactions on Pattern Analysis and Machine Intelligence，2018，40：834-848.

[71] YU F，KOLTUN V. Multi-scale context aggregation by dilated convolutions[C]// 4th International Conference on Learning Representations，ICLR 2016.

[72] CHEN L C，PAPANDREOU G，KOKKINOS I，et al. Deeplab：Semantic image segmentation with deep convolutional nets，atrous convolution，and fully connected crfs[J]. IEEE transactions on pattern analysis and machine intelligence，2017，40 (4)：834-848.

[73] ZHAO H，SHI J，QI X，et al. Pyramid scene parsing network[C]//Proceedings of the IEEE conference on computer vision and pattern recognition. 2017：2881-2890.

[74] ZHAO H，QI X，SHEN X，et al. Icnet for real-time semantic segmentation on high-

resolution images[C]//Proceedings of the European conference on computer vision (ECCV). 2018: 405-420.

[75] SUN K, ZHAO Y, JIANG B, et al. High-resolution representations for labeling pixels and regions[J]. arXiv preprint arXiv:1904.04514, 2019.

[76] WU H, ZHANG J, HUANG K, et al. Fastfcn: Rethinking dilated convolution in the backbone for semantic segmentation[J]. arXiv preprint arXiv:1903.11816, 2019.

[77] HE K, GKIOXARI G, DOLLÁR P, et al. Mask r-cnn[C]//Proceedings of the IEEE international conference on computer vision. 2017: 2961-2969.

[78] BOLYA D, ZHOU C, XIAO F, et al. Yolact: Real-time instance segmentation[C]// Proceedings of the IEEE/CVF international conference on computer vision. 2019: 9157-9166.

[79] XIE E, SUN P, SONG X, et al. Polarmask: Single shot instance segmentation with polar representation[C]//Proceedings of the IEEE/CVF conference on computer vision and pattern recognition. 2020: 12193-12202.

[80] WANG X, KONG T, SHEN C, et al. Solo: Segmenting objects by locations[C]// Computer Vision-ECCV 2020: 16th European Conference, Glasgow, UK, August 23-28, 2020, Proceedings, Part XVIII 16. Springer International Publishing, 2020: 649-665.

[81] KINGMA D P, WELLING M. Auto-encoding variational bayes [C]//2nd International Conference on Learning Representations, ICLR 2014.

[82] HA D, ECK D. A neural representation of sketch drawings[C]//6th International Conference on Learning Representations, ICLR 2018.

[83] BOWMAN S R, VILNIS L, VINYALS O, et al. Generating sentences from a continuous space[C]// Proceedings of the 20th SIGNLL Conference on Computational Natural Language Learning, CoNLL 2016. 2016: 10-21.

[84] VAN D A, VINYALS O. Neural discrete representation learning[J]. Advances in neural information processing systems, 2017, 30:6309-6318.

[85] GOODFELLOW I, POUGET-ABADIE J, MIRZA M, et al. Generative adversarial nets[J]. Advances in neural information processing systems, 2014, 27.

[86] RADFORD A, METZ L, CHINTALA S. Unsupervised representation learning with deep convolutional generative adversarial networks[C]// 4th International Conference on Learning Representations, ICLR 2016.

[87] ANTIPOV G, BACCOUCHE M, DUGELAY J L. Face aging with conditional generative adversarial networks[C]//2017 IEEE international conference on image processing (ICIP). IEEE, 2017: 2089-2093.

[88] ZHANG H, XU T, LI H, et al. Stackgan: Text to photo-realistic image synthesis with stacked generative adversarial networks [C]//Proceedings of the IEEE international conference on computer vision. 2017: 5907-5915.

[89] ISOLA P, ZHU J Y, ZHOU T, et al. Image-to-image translation with conditional adversarial networks[C]//Proceedings of the IEEE conference on computer vision and

pattern recognition. 2017：1125-1134.

[90] ZHU J Y，PARK T，ISOLA P，et al. Unpaired image-to-image translation using cycle-consistent adversarial networks[C]//Proceedings of the IEEE international conference on computer vision. 2017：2223-2232.

[91] 郭军,徐蔚然. 人工智能导论[M].北京:北京邮电大学出版社,2021.

[92] HU J，LI K，QI Y，et al. Scale-Adaptive Diffusion Model for Complex Sketch Synthesis [C]//12th International Conference on Learning Representations，ICLR 2024.

[93] LI K，PANG K，SONG Y. Photo Pre-Training, but for Sketch[C]//Proceedings of the IEEE/CVF Conference on Computer Vision and Pattern Recognition. 2023：2754-2764.

[94] QU Z，GRYADITSKAYA Y，LI K，et al. SketchXAI：A First Look at Explainability for Human Sketches[C]//Proceedings of the IEEE/CVF Conference on Computer Vision and Pattern Recognition. 2023：23327-23337.

[95] XIANG W，LI C，LI K，et al. CDAD：A Common Daily Action Dataset with Collected Hard Negative Samples[C]//Proceedings of the IEEE/CVF Conference on Computer Vision and Pattern Recognition. 2022：3921-3930.

[96] CHEN B，YAN Z，LI K，et al. Variational attention：Propagating domain-specific knowledge for multi-domain learning in crowd counting[C]//Proceedings of the IEEE/CVF International Conference on Computer Vision. 2021：16065-16075.

[97] PANG K，LI K，YANG Y，et al. Generalising fine-grained sketch-based image retrieval[C]//Proceedings of the IEEE/CVF Conference on Computer Vision and Pattern Recognition. 2019：677-686.

[98] LI K，PANG K，SONG Y Z，et al. Toward deep universal sketch perceptual grouper [J]. IEEE Transactions on Image Processing，2019，28(7)：3219-3231.

[99] LI K，PANG K，SONG J，et al. Universal sketch perceptual grouping[C]// Proceedings of the european conference on computer vision (ECCV). 2018：582-597.

[100] LI K，PANG K，SONG Y，et al. Synergistic instance-level subspace alignment for fine-grained sketch-based image retrieval[J]. IEEE Transactions on Image Processing，2017，26(12)：5908-5921.

[101] LI K，PANG K，SONG Y，et al. Fine-grained sketch-based image retrieval：The role of part-aware attributes[C]//2016 IEEE Winter Conference on Applications of Computer Vision (WACV). IEEE，2016：1-9.